教育部高等学校航空航天类专业教学指导委员会推荐教材

科学出版社"十三五"普通高等教育本科规划教材
航空宇航科学与技术教材出版工程

U0160479

无 人 机 动 力

Propulsion and Power Systems for Unmanned Aerial Vehicles

闫晓军　黄大伟　王占学　马洪忠　编著

科 学 出 版 社
北 京

内 容 简 介

本书系统介绍了目前无人机使用的各类动力系统,内容涵盖从大型到微型无人机的动力,兼顾动力系统的工作原理及设计方法,介绍无人机动力学科的发展前沿。首先简要介绍无人机的发展概况及无人机的能源,随后针对航空活塞发动机、航空燃气涡轮发动机、航空电力推进系统及微型扑翼无人机的动力系统,系统阐述其工作原理、发展历史、设计方法及未来展望等,对比不同类型动力的技术特点,并以具体的无人机实例来介绍动力系统的性能特征和功能用途。

本书既可作为相关专业本科生、研究生的学习使用教材,也可供无人机动力系统研制单位的工程技术人员参考,还可以作为广大无人机爱好者的兴趣读物。

图书在版编目(CIP)数据

无人机动力/闫晓军等编著. —北京:科学出版社,2020.5
航空宇航科学与技术教材出版工程
教育部高等学校航空航天类专业教学指导委员会
推荐教材
ISBN 978-7-03-064793-1

Ⅰ.①无… Ⅱ.①闫… Ⅲ.①无人驾驶飞机-动力系统-高等学校-教材 Ⅳ.①V279

中国版本图书馆 CIP 数据核字(2020)第 059147 号

责任编辑:徐杨峰 / 责任校对:谭宏宇
责任印制:黄晓鸣 / 封面设计:殷 靓

科 学 出 版 社 出版
北京东黄城根北街 16 号
邮政编码:100717
http://www.sciencep.com
南京展望文化发展有限公司排版
广东虎彩云印刷有限公司印刷
科学出版社发行 各地新华书店经销

*

2020 年 5 月第 一 版 开本:787×1092 1/16
2024 年 3 月第八次印刷 印张:18 1/2
字数:406 000
定价:80.00 元
(如有印装质量问题,我社负责调换)

航空宇航科学与技术教材出版工程
专家委员会

航空宇航科学与技术教材出版工程
编写委员会

丛书序

　　我在清华园中出生,旧航空馆对面北坡静置的一架旧飞机是我童年时流连忘返之处。1973 年,我作为一名陕北延安老区的北京知青,怀揣着一张印有西北工业大学航空类专业的入学通知书来到古城西安,开始了延绵 46 年矢志航宇的研修生涯。1984 年底,我在美国布朗大学工学部固体与结构力学学门通过 Ph. D 的论文答辩,旋即带着在 24 门力学、材料科学和应用数学方面的修课笔记回到清华大学,开始了一名力学学者的登攀之路。1994 年我担任该校工程力学系的系主任。随之不久,清华大学委托我组织一个航天研究中心,并在 2004 年成为该校航天航空学院的首任执行院长。2006 年,我受命到杭州担任浙江大学校长,第二年便在该校组建了航空航天学院。力学学科与航宇学科就像一个交互传递信息的双螺旋,记录下我的学业成长。

　　以我对这两个学科所用教科书的观察:力学教科书有一个推陈出新的问题,航宇教科书有一个宽窄适度的问题。从上世纪 80~90 年代,是我国力学类教科书发展的鼎盛时期,之后便只有局部的推进,未出现整体的推陈出新。力学教科书的现状也确实令人扼腕叹息:近现代的力学新应用还未能有效地融入力学学科的基本教材;在物理、生物、化学中所形成的新认识还没能以学科交叉的形式折射到力学学科;以数据科学、人工智能、深度学习为代表的数据驱动研究方法还没有在力学的知识体系中引起足够的共鸣。

　　如果说力学学科面临着知识固结的危险,航宇学科却孕育着重新洗牌的机遇。在军民融合发展的教育背景下,随着知识体系的涌动向前,航宇学科出现了重塑架构的可能性。一是知识配置方式的融合。在传统的航宇强校(如哈尔滨工业大学、北京航空航天大学、西北工业大学、国防科技大学等),实行的是航宇学科的密集配置。每门课程专业性强,但知识覆盖面窄,于是必然缺少融会贯通的教科书之作。而 2000 年后在综合型大学(如清华大学、浙江大学、同济大学等)新成立的航空航天学院,其课程体系与教科书知识面较宽,但不够健全,即宽失于泛、窄不概全,缺乏军民融合、深入浅出的上乘之作。若能够将这两类大学的教育名家聚集于一堂,互相切磋,是有可能纲举目张,塑造出一套横跨航空和宇航领域,体系完备、粒度适中的经典教科书。于是在郑耀教授的热心倡导和推动下,我们聚得 22 所高校和 5 个工业部门(航天科技、航天科工、中航、商飞、中航发)的数十位航宇专家为一堂,开启"航空宇航科学与技术教材出版工程"。在科学出版社的大力促进下,为航空与宇航一级学科编纂这套教科书。

考虑到多所高校的航宇学科,或以力学作为理论基础,或由其原有的工程力学系改造而成,所以有必要在教学体系上实行航宇与力学这两个一级学科的共融。美国航宇学科之父冯·卡门先生曾经有一句名言:"科学家发现现存的世界,工程师创造未来的世界……而力学则处在最激动人心的地位,即我们可以两者并举!"因此,我们既希望能够表达航宇学科的无垠、神奇与壮美,也得以表达力学学科的严谨和博大。感谢包为民先生、杜善义先生两位学贯中西的航宇大家的加盟,我们这个由 18 位专家(多为两院院士)组成的教材建设专家委员会开始使出十八般武艺,推动这一出版工程。

因此,为满足航宇课程建设和不同类型高校之需,在科学出版社盛情邀请下,我们决心编好这套丛书。本套丛书力争实现三个目标:一是全景式地反映航宇学科在当代的知识全貌;二是为不同类型教研机构的航宇学科提供可剪裁组配的教科书体系;三是为若干传统的基础性课程提供其新貌。我们旨在为移动互联网时代,有志于航空和宇航的初学者提供一个全视野和启发性的学科知识平台。

这里要感谢科学出版社上海分社的潘志坚编审和徐杨峰编辑,他们的大胆提议、不断鼓励、精心编辑和精品意识使得本套丛书的出版成为可能。

是为总序。

2019 年于杭州西湖区求是村、北京海淀区紫竹公寓

前　言

　　无人机是当今信息时代快速发展的一类高科技产品,凭借其对工作环境适应能力强、易于和互联网交互信息、设计自由度大、机动性能优异、性价比高等优势,近年来呈现爆炸式发展,已广泛应用于军事、民用的多个领域,无人机及其相关技术也成为当前世界各国的研究热点。动力系统是无人机的"心脏",决定着无人机的载荷、续航时间、飞行速度、机动性等总体性能,动力系统的设计也是无人机设计中的关键环节。自无人机问世以来,新的动力推进原理、动力系统设计理论与方法,一直是无人机领域的研究热点。

　　对航空宇航科学与技术专业的本科生、研究生而言,不仅要全面掌握无人机动力系统的工作原理,还要认识、了解和掌握相关的设计理论和方法,同时紧跟学科的前沿发展趋势,这也是对无人机动力相关教材的要求。目前国内相关专业的教学内容相对滞后,缺少系统介绍无人机动力的专业教材,在此背景下,作者在北京航空航天大学开设"无人机动力"课程的同时,编写了本书,并力求突出以下特点。

　　涵盖从大型到微型无人机的动力。不同尺寸无人机采用的动力系统具有显著区别,本书涵盖从翼展 35.4 m 的"全球鹰"(Global Hawk)无人机到翼展 3 cm 的微型扑翼无人机的动力,详细介绍航空活塞发动机、航空燃气涡轮发动机、电动机、压电驱动器、静电驱动器等不同尺寸无人机动力系统的工作原理。

　　工作原理与设计方法兼顾。针对不同类型的无人机动力系统,本书在系统介绍工作原理的同时,阐述动力系统的设计理论与设计方法,并以航空活塞发动机、涡轮喷气发动机和多旋翼无人机的电力推进系统为例,详细介绍设计过程,给出设计实例。

　　从历史发展角度介绍无人机动力的发展。本书详细阐述不同类型无人机动力系统的发展历程,重点介绍体现动力形式创新、技术升级的代表性事件,力求清晰地展现无人机动力装置的演变过程,引导读者形成"提出问题、分析问题、解决问题"的创新思维。

　　紧跟无人机动力学科发展前沿。本书在介绍传统动力系统的基础上,兼顾介绍无人机动力的最新研究进展,详细介绍新原理、新构型的动力系统,包括离子风推进装置、油电混合推进系统,以及用于微型扑翼无人机的微型压电驱动器、静电驱动器等。

　　北京航空航天大学能源与动力工程学院航空推进系的部分博士生和硕士生参加了本书文字、图片和资料的收集、整理工作,在此表示感谢! 他们是博士生丁鑫、饶智祥、郭子绪、张恒瑜、刘志伟、竹阳升;硕士生苏宁、江宽、于圣杰、刘宏卓、潘毅飞、王翰林、陈铁刚、郭凯敏。

感谢科学出版社为本书做出的严谨、细致、周到的安排和工作！

限于编者水平,疏漏和不足之处在所难免,恳请读者指正！

《无人机动力》编写组

2019 年夏

目　　录

第1章
无人机

学习要点

(1) 掌握无人机的定义,了解不同划分标准(如:尺寸/质量、航程、飞行高度、飞行速度等)下无人机的参数范围和特点。

(2) 掌握无人机动力系统的发展历史,了解动力系统在无人机发展历程中的作用。

(3) 掌握无人机机体、动力系统、通信系统、导航系统、飞行控制(简称飞控)系统、任务载荷系统等的功能及其工作原理。

(4) 了解无人机在军事、民用领域的用途及未来技术发展趋势。

费时三年,以木制木鸢,飞升天空。

——《韩非子·外储说》

　　风筝是中国古代的发明,至今已有2000多年的历史。《韩非子·外储说》中记载,墨子耗时三年,用木板制成了一只木鸢,并成功放飞到空中,这只木鸢被认为是世界上最早的风筝[1,2]。自问世以来,风筝主要用作户外玩具或工艺品,也被用来传递信息或作为武器等[3]。风筝结构简单,一般包括骨架、蒙面、风筝线等部分,虽然密度大于空气,但借助自然风力可实现飞行。风筝在传入欧洲后,对飞机及后续无人机的发明起到了重要的启发作用。

1.1 概　　述

　　自古以来,人类对飞行的渴望和追求就从未停止。澳大利亚原住民使用的飞去来器、中国古代的风筝和孔明灯等(图1.1),都是人类早期探索和发明的飞行器代表,这些发明不断启发、丰富了人类翱翔天空的梦想。之后,"万户飞天"(中国明朝的万户在椅子上绑定多支火箭筒)、滑翔机、人力扑翼机等飞行器相继出现,但由于缺少持续、可控的动力,这些飞行尝试的效果都不尽如人意[4,5]。1903年,得益于工业革命中科技和工业水平的飞速发展,美国Wilbur Wright(1867年4月~1912年5月)、Orville Wright(1871年8月~1948年1月)兄弟(莱特兄弟)驾驶装载活塞发动机的"飞行者Ⅰ号"(Wright Flyer Ⅰ)腾空飞行了12 s,实现了人类历史上密度大于空气的飞行器首次可持续控制飞行[6]。此次飞行之后不久,为研制无人驾驶的进攻武器以及给军队提供训练使用的空中打击目标,英、美两国军方都开始关注无人机(unmanned aerial vehicle,UAV)并投入经费进行研发。1916年,英国研制成功世界上第一架无人机"空中靶标"(Aerial Target),代表着无人机时代的正式开启[7]。

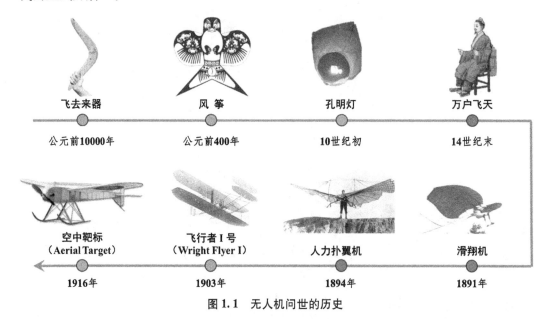

| 飞去来器 | 风筝 | 孔明灯 | 万户飞天 |
| 公元前10000年 | 公元前400年 | 10世纪初 | 14世纪末 |

| 空中靶标
(Aerial Target) | 飞行者Ⅰ号
(Wright Flyer Ⅰ) | 人力扑翼机 | 滑翔机 |
| 1916年 | 1903年 | 1894年 | 1891年 |

图1.1　无人机问世的历史

　　无人机问世以后,限于技术门槛和制造成本,在较长一段时间内仅应用于军事领域。在第一次世界大战、第二次世界大战、越南战争、海湾战争等军事活动的推动下,无人机的动力、通信、控制和导航等关键技术不断升级和进步,无人机也由最初的靶机发展为集多种功能于一身的高级智能武器系统,用于执行侦察、攻击、轰炸、诱骗及预警等军事任务。

20世纪末、21世纪初,随着微电子、信息、动力、制造、能源等技术的进步和发展,微小化、智能化的消费级无人机开始出现。无人机成本大大降低,在民用领域也迎来了爆炸式发展,被用于摄影录像、货物运输、救援救灾、电力巡检、气象监测、植保作业等,并且应用领域还在不断拓宽,对人类生产、生活方式均产生了全面、深刻的影响。

本章首先给出无人机的定义及其分类方法;其次,从动力系统的角度出发,简要介绍其发展历程;再次,重点阐述无人机的组成系统及其工作原理,包括机体、动力系统、通信系统、导航系统、制导系统、飞行控制系统以及任务载荷系统;最后,归纳总结无人机的用途,并对无人机未来的发展进行展望。本章内容旨在为后续介绍无人机动力相关知识奠定基础。

1.2　无人机定义

无人机是指不搭载操作人员,利用空气动力提供所需升力,能够自主飞行或远程操控,可以重复回收使用或者一次性使用,一般能够搭载任务载荷(也叫有效载荷,是指具有特定功能、可执行任务的仪器装备)的一种空中飞行器[8]。

无人机的主要参数包括:尺寸(长度、高度、翼展等)、飞行速度、飞行高度、航程、续航时间、起飞质量以及任务载荷等。表1.1以中国无人机领域的当家明星——"翼龙-Ⅱ"(Wing Loong Ⅱ)无人机为例(图1.2),给出了其主要参数的列表[9]。此外,本书后续会对重要的、经典的无人机进行介绍,并在无人机图片下方注明其名称、发动机型号、研制国别及研制者、首飞时间和主要用途信息。

图1.2　"翼龙-Ⅱ"(Wing Loong Ⅱ),WJ-9涡轮螺旋桨发动机(简称涡桨发动机),中国航空工业成都飞机设计研究所,2017年,侦察/攻击

表1.1　"翼龙-Ⅱ"无人机主要参数(发动机:WJ-9涡桨发动机)

基 本 参 数	数 值	基 本 参 数	数 值
长度/m	11	最大航程/km	6 000
高度/m	4.1	最大续航时间/h	20
翼展/m	20.5	最大起飞质量/kg	4 200
最大飞行速度/(km/h)	370	最大任务载荷/kg	480
最大飞行高度/m	9 000		

根据无人机参数的所属范围,可将无人机划分为不同类别。

根据翼展尺寸和质量,无人机一般可划分为微型(0~0.15 m,0~0.1 kg)、小型(0.15~3 m,0.1~20 kg)、中型(3~10 m,20~500 kg)和大型(>10 m,>500 kg)4类[10]。图

1.3 给出了基于翼展尺寸和质量划分的无人机分类及典型无人机举例。

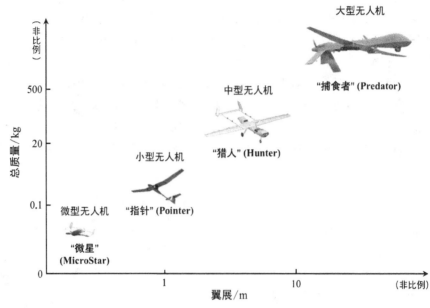

图 1.3　基于翼展尺寸和质量的无人机分类及举例

根据航程远近,无人机可分为超近程、近程、短程、中程和远程 5 类[11]。其中,超近程无人机活动半径在 15 km 以内,近程无人机活动半径在 15~50 km,短程无人机活动半径在 50~200 km,中程无人机活动半径在 200~800 km,远程无人机活动半径大于 800 km。图 1.4 给出了基于航程划分的无人机分类及典型无人机举例。

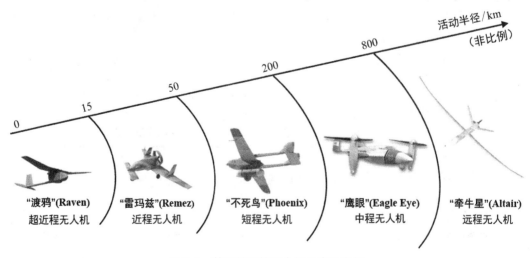

图 1.4　基于航程的无人机分类及举例

根据飞行任务高度,无人机可分为超低空、低空、中空、高空和超高空 5 类[12]。其中,超低空无人机任务高度一般在 0~100 m,低空无人机任务高度一般在 100~1 000 m,中空无人机任务高度一般在 1 000~7 000 m,高空无人机任务高度一般在 7 000~20 000 m,超高空无人机一般飞行在临近空间（near space，20~100 km）。图1.5给出了基于飞行任务高度划分的无人机分类及典型无人机举例。

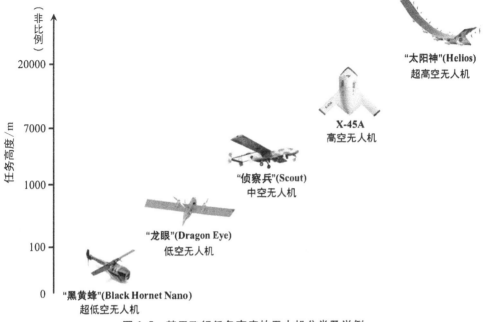

图1.5　基于飞行任务高度的无人机分类及举例

临近空间：

　　临近空间是指距地面20~100 km的空域，地面与临近空间之间的空域一般称为天空，是传统航空飞行器的主要活动空间；而距地面高度大于100 km的空域一般称为太空，是航天飞行器的运行空间，如图1.6所示。临近空间飞行器具有航空、航天飞行器所不具备的优势，特别是在通信保障、情报收集、电子压制、预警等方面极具发展潜力。

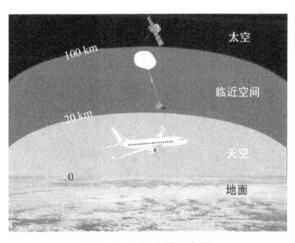

图1.6　不同空域示意图

根据飞行速度,无人机可分为低速、亚声速、跨声速、超声速和高超声速5类。其中,低速无人机飞行速度小于马赫数0.3(马赫数 Ma:物体运动速度与声速之比),亚声速无人机飞行速度在马赫数0.3~0.8,跨声速无人机飞行速度在马赫数0.8~1.2,超声速无人机飞行速度在马赫数1.2~5,高超声速无人机飞行速度大于马赫数5。图1.7给出了基于飞行速度划分的无人机分类及典型无人机举例。

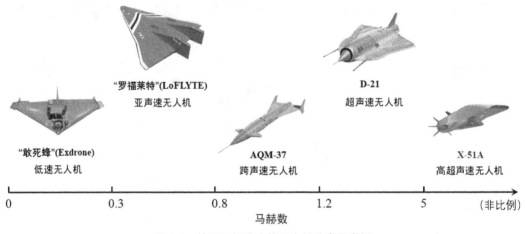

图1.7 基于飞行速度的无人机分类及举例

马赫数:

　　马赫数是衡量物体飞行速度的物理量。其定义如下:

$$Ma = \frac{v}{a}$$

　　其中,Ma 为马赫数;v 为飞行器的飞行速度;a 为当地声速[5]。

1.3 无人机发展历史

无人机问世后,在较长一段时间内主要应用于军事领域。随着技术发展及市场需求扩大,目前也已经广泛应用于民用领域。下面从无人机动力发展的技术角度,分3个阶段介绍无人机的发展历程。

第一阶段:活塞发动机快速发展阶段(20世纪10~30年代)。此阶段的技术特征归纳为:活塞发动机首先应用于无人机,并得到快速发展,其结构形式从单缸发展为多缸,冷却形式从液冷发展到气冷,发动机功率从30 kW发展到200 kW量级。随着活塞发动机技术的进步,无人机从小型发展到中型,航程从近程发展到中程,飞行高度从低空发展到中空。此阶段的典型无人机有:英国的"空中靶标"(图1.8),由 Archibald Montgomery Low(1888年10月~1956年9月)教授于1916年设计,机头可搭载22.5 kg炸药,通过遥控飞行实现对敌方轰炸;美国的"凯特灵虫"(Kettering Bug,图 1.9),由美国发明家 Charles Franklin Kettering(1876 年 8 月~1958 年 11 月)于 1918 年研制,用于轰炸任务,可搭载 85 kg 炸药;英国的"蜂后"(Queen Bee,图 1.10),由英国 De Havilland Aircraft Company 于 1934 年研制,作为靶机供军队训练使用。上述 3 种典型无人机的参数见表 1.2[7,13]。受限于活塞发动机的功率和推进原理,该阶段无人机的飞行速度较慢。同时,由于控制技术不成熟,不容易实现更长距离的飞行。

图 1.8 "空中靶标"(Aerial Target),ABC(All British Company)Gant 活塞发动机,英国 P. Hare Royal Aircraft Factory,1916 年,攻击

图 1.9 "凯特灵虫"(Kettering Bug),De Palma 活塞发动机,美国 General Electric Company,1918 年,攻击

图 1.10 "蜂后"(Queen Bee),Gipsy 活塞发动机,英国 De Havilland Aircraft Company,1934 年,靶机

表 1.2 典型无人机参数(活塞发动机快速发展阶段)

无人机	发动机	翼展/m	质量/kg	航程/km	飞行高度/m	飞行速度/(km/h)
"空中靶标"	ABC Gant 活塞发动机	4.27	272	—	—	—
"凯特灵虫"	De Palma 活塞发动机	4.50	240	64	1 200	80
"蜂后"	Gipsy 活塞发动机	8.94	505	480	5 000	160

第二阶段：喷气发动机快速发展阶段（20世纪30年代~21世纪初）。此阶段的技术特征归纳为：喷气发动机发明并应用于无人机，并演变为包括脉冲喷气、燃气涡轮（涡轮喷气、涡轮螺旋桨、涡轮风扇、涡轮轴等）、冲压等在内的多种类型发动机。无人机从中、小型发展到大型，航程从短、近程发展到中、远程，飞行高度从中、低空发展到高空，飞行速度从低速发展到亚、超声速，功能也由原来的攻击、靶机逐步发展为侦察、打击一体化的武器平台。此阶段的典型无人机包括：1939年德国研制的"V-1导弹"（V-1 Buzz Bomb，图1.11），首次使用脉冲喷气发动机（简称脉冲发动机），飞行速度达到550~600 km/h；1964年苏联研制的"图-123"（Tu-123）超声速无人机（图1.12），采用涡轮喷气发动机（简称涡喷发动机），最大飞行速度达到马赫数2.5，最大飞行高度达到22 800 m[14]；20世纪90年代美国研发的"全球鹰"（图1.13），采用涡轮风扇发动机（简称涡扇发动机），最大航程达到26 000 km[7]。上述3种无人机的典型参数见表1.3。

图1.11 "V-1导弹"（V-1 Buzz Bomb），Argus As 014脉冲发动机，德国 Peenemünde Army Research Center，1939年，轰炸

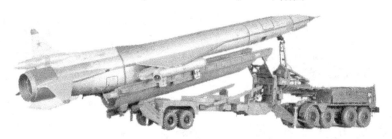

图1.12 "图-123"（Tu-123），KR-15涡喷发动机，苏联 Tupolev Public Joint Stock Company，1964年，侦察

图1.13 "全球鹰"（Global Hawk），AE 3007涡扇发动机，美国 Northrop Grumman Corporation，1998年，侦察

表 1.3　典型无人机参数(喷气发动机快速发展阶段)

无人机	发 动 机	翼展/m	质量/kg	航程/km	飞行高度/m	飞行速度/(km/h)
"V-1 导弹"	Argus As 014 脉冲发动机	5.37	2 450	240	3 000	600
"图-123"	KR-15 涡喷发动机	8.41	11 450	3 200	22 800	2 700
"全球鹰"	AE 3007 涡扇发动机	35.43	4 173	26 000	5 000	650

　　第三阶段:电力推进快速发展阶段(21 世纪初至今)。此阶段的技术特征归纳为:在活塞发动机和燃气涡轮发动机不断改进、完善的同时,电力推进开始大量应用于无人机,为多种不同类型的无人机提供所需动力,电能的来源包括蓄电池(storage battery)、太阳能电池(solar cell)及燃料电池(fuel cell)等;此外,混合推进(例如,采用电力和燃油混合的动力,简称油电混合推进)也开始得到应用。这一阶段,在民用需求的推动下,采用电力推进的微小型、低速、低空、短程的消费级多旋翼无人机得到了快速发展。此阶段的典型无人机包括:德国 Microdrones GmbH 于 2006 年推出的 MD4-200 无人机(图 1.14)[15],开创了电动四旋翼无人机在航拍等专业领域应用的先河;中国深圳市大疆创新科技有限公司

图 1.14　MD4-200,Flat Core 无刷电机,德国 Microdrones GmbH,2006 年,航拍

(简称大疆公司)在 2016 年设计的"精灵 4"(Phantom4)多旋翼无人机(图 1.15)[16],最小质量仅 1 375 g,最大水平飞行速度 72 km/h,可控飞行高度 500 m,最长续航时间约 30 min;美国 Phoenix LiDAR Systems Inc. 于 2017 年研制的 TerraHawk CW-30 垂直起降无人机(图 1.16),采用油电混合推进[17],该无人机单次飞行可覆盖 52 km^2 的地图面积,绝对精度小于 2 cm,续航时间可达 120 min。上述 3 种典型无人机的参数见表 1.4。

图 1.15　"精灵 4"(Phantom4),2312S 无刷电机,中国大疆公司,2016 年,航拍

图 1.16　TerraHawk CW-30,LiDAR 油电混合动力系统,美国 Phoenix LiDAR Systems Inc.,2017 年,测绘

表1.4　典型无人机参数(电力推进快速发展阶段)

无人机	发动机	翼展/m	质量/kg	航程/km	飞行高度/m	飞行速度/(km/h)
MD4-200	Flat Core 无刷电机	0.54	0.8	6	500	8
"精灵4"	2312S 无刷电机	0.35	1.375	7	500	20
TerraHawk CW-30	LiDAR 油电混合动力系统	4.2	33	30	4 000	36

1.4　无人机组成

为了实现飞行任务,无人机除机体及其携带的任务载荷外,还需要地面控制设备、数据通信设备、发射及回收设备、维护设备等,缺少任何一部分都会导致无人机无法正常运转或功能缺失[18,19]。本节围绕无人机机体、动力系统、通信系统、导航系统、制导系统、飞行控制系统、任务载荷系统7个重要的组成系统,简要介绍其工作原理。

1.4.1　机体

无人机机体可产生飞行所需要的升力,执行偏航及转向动作,并提供其他系统的安装空间。从结构上来说,机体主要由机身、机翼、尾翼、起落装置等部分组成,其中机翼是产生升力的核心,包括固定翼、旋翼和扑翼3种形式,图1.17给出了3种形式的机体结构示意图。

1. 固定翼

固定翼是指固定于机身且不产生相对机身运动的机翼。固定翼无人机的空气动力布局包括常规布局、无尾布局、双尾撑布局、鸭式布局、飞翼式布局等,不同的气动布局会带来不同的飞行性能[20,21]。

常规布局是指尾翼(包括平尾、垂尾)后置的布局,该布局的操控性和安全性较高,但机动性较差,适用于无人侦察机。常规布局是有人飞机最常采用的气动布局,在无人机中也得到了广泛应用。如图1.18所示,美国于20世纪50年代装备军队的AN/USD-1无人侦察机就采用常规布局[22-24]。

无尾布局通常指无平尾但有垂尾的布局方式,常采用大三角机翼。由于减去了平尾引起的配平阻力,提高了升阻比(升力与阻力之比),并降低了机身质量,这种布局有利于超声速飞行;但由于缺少鸭翼和平尾,无人机升力下降,起飞、着陆性能较差[25]。如图1.19所示,美国于1964年研制的D-21超声速无人机采用无尾布局,最高时速可达到3倍声速[26-28]。

双尾撑布局是常规布局的一个变化种类,通常机身较短,从机翼后面伸出两个尾撑杆支撑一个平尾和两个垂尾,发动机通常安装在两个尾撑之间。双尾撑的优点在于结构比较稳定,可靠性较高,且发动机后置更利于侦察[29,30]。如图1.20所示,20世纪80年代,由美国 AAI Corporation 和以色列 Israel Aerospace Industries Ltd. 联合研制的"先锋"(Pioneer)无人机采用双尾撑布局[31]。

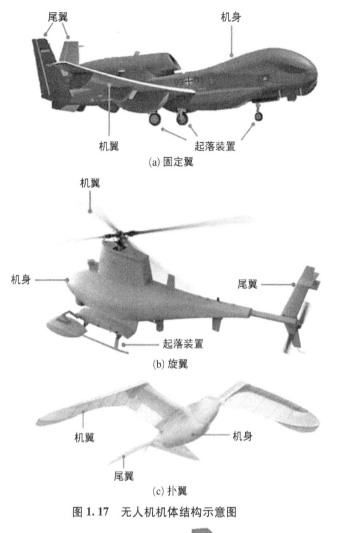

(a) 固定翼

(b) 旋翼

(c) 扑翼

图 1.17　无人机机体结构示意图

图 1.18　AN/USD – 1, McCulloch O – 100 – 1 活 塞 发 动 机, 美 国 Northrop Grumman Corporation,1959 年,侦察

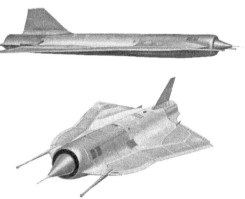

图 1.19　D – 21,RJ43 – MA – 20S4 冲压发动机,美国 Lockheed Corporation[1],1964 年,侦察

①　Lockheed Corporation 于 1995 年改名为 Lockheed Martin Space Systems Company。

鸭式布局是指平尾前置的布局方式,通常垂尾后置或无垂尾。该布局的优点是拉升操纵机动性好,有助于提高升阻比,在无人机做大机动动作时可产生比常规布局更大的升力,但是减小了纵向稳定性[32]。如图 1.21 所示,2006 年,中国设计的"暗剑"(Anjian)无人机采用鸭式布局,具备超声速、超高机动能力和低可探测性[33,34]。

图 1.20 "先锋"(Pioneer),Sach SF350 活塞发动机,美国 AAI Corporation/以色列 Israel Aerospace Industries Ltd.,1986 年,侦察

图 1.21 "暗剑"(Anjian),发动机在研,中国航空工业沈阳飞机设计研究所,2006 年,攻击

飞翼式布局指既无平尾也无垂尾且翼身融合的布局。该布局形式有较高的升阻比,隐身性能好,并减轻了飞机质量,俯仰和横滚航向控制依靠机翼后缘的各种襟翼和副翼[35]。如图 1.22 所示,2011 年首飞的美国 X-47B 无人机采用飞翼式布局,该无人机是第一款实现航母起降的无人机[36-38]。

2. 旋翼

旋翼是指依靠发动机带动螺旋桨,进而产生飞行所需的升力及水平分力的机翼。旋翼无人机虽然飞行速度较低,但与固定翼无人机相比,可实现垂直起降、空中悬停,并且飞行稳定、容易操控。旋翼无人机包括单旋翼、多旋翼、倾转旋翼等不同形式,下面分别进行介绍。

单旋翼无人机只装备一副旋翼,机尾有尾桨或其他平衡装置。该类型无人机起飞着陆场地小,飞行安全性高,能够在中小舰艇和屋顶上起降,在军事和民用领域均得到了广泛应用[39,40]。如图 1.23 所示,2002 年首飞的美国"火力侦察兵"(Fire Scout)无人机采用

图 1.22 X-47B,F100-PW-220U 涡扇发动机,美国 Northrop Grumman Corporation,2011 年,攻击

图 1.23 "火力侦察兵"(Fire Scout),Rolls-Royce 250-C20 涡轮轴发动机(简称涡轴发动机),美国 Northrop Grumman Corporation,2002 年,侦察

单旋翼,大量服役于美国海军和陆军[41,42]。

多旋翼无人机采用三个或三个以上的旋翼提供升力,通过协调不同旋翼之间的转速以实现对无人机的控制。多旋翼无人机成本相对低廉,易于操控,携带方便,可适应各种速度及各种飞行剖面航路的飞行状况,能够在军事和民用领域完成各种复杂、危险的任务[43,44]。如图 1.24 所示,大疆公司 2017 年发布的"晓"(Spark)无人机采用四旋翼,具有极佳的操控性,可以通过手势控制,实现掌上起落、远离并跟随、自拍录像等功能[45]。

倾转旋翼无人机起降时与直升机类似,将安装有螺旋桨的引擎竖立起来以获得升力;飞行时则与固定翼飞机类似,将螺旋桨水平放置来获得推力。因此,倾转旋翼无人机同时具备固定翼和旋翼的优点,可垂直起降、免去起降跑道,又能做高速远程飞行[46,47]。如图 1.25 所示,2015 年韩国研发的 TR‑60 无人机采用倾转旋翼,是第一款实现自主起降的无人倾转旋翼机[48,49]。

图 1.24 "晓"(Spark),1504s 无刷电机,中国大疆公司,2017 年,航拍

图 1.25 TR‑60,TR‑60 涡桨发动机,韩国 Korea Aerospace Research Institute,2015 年,侦察

3. 扑翼

扑翼无人机的灵感来自鸟类和飞行昆虫,是指机翼能像鸟和昆虫翅膀那样上下扑动的飞行器。根据仿生学和空气动力学的研究结果,飞行器翼展小于一定尺寸(15 cm 左右)后,扑翼飞行比固定翼和旋翼飞行更有优势[50],在空中机动性也更好。根据结构尺寸及翅膀振动机制的不同,可将扑翼无人机分为仿鸟扑翼和仿昆虫扑翼两类。

仿鸟扑翼无人机与鸟类的体积大小相仿,一般利用电动机、连杆、减速器等传动机构来驱动翅膀的扑动。仿鸟扑翼的扑动频率低(一般 0~10 Hz),翼面积大,类似鸟类飞行。如图 1.26 所示,2011 年德国 Festo Corporation 设计的"仿生鸟"(Smartbird)依靠翅膀的拍打来实现飞行,主要由碳纤维材料制成,体重仅450 g[51]。

仿昆虫扑翼无人机的尺寸与昆虫近似,质量轻、体积小,扑翼的扑动频率高(一般 10~1 000 Hz)。目前,成功实现自

图 1.26 "仿生鸟"(Smartbird),Compact 135 无刷电机,德国 Festo Corporation,2011 年,仿鸟扑翼无人机

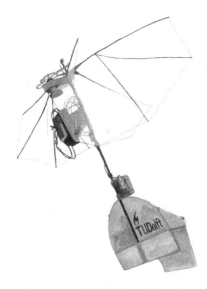

图 1.27 DelFly,某型空心杯电机,荷兰代尔夫特理工大学,2005 年,仿昆虫扑翼无人机

主、可控飞行的仿昆虫扑翼无人机不多,图 1.27 为荷兰代尔夫特理工大学(Delft University of Technology)设计的 DelFly 无人机,采用电动机驱动,模仿果蝇的翅膀拍动[52, 53]。此外,采用静电或压电驱动的仿昆虫扑翼无人机,尺寸更加微小、振翅频率更高,但目前处于研制阶段,尚未实现自主飞行[54]。

1.4.2 动力系统

动力系统由为无人机提供动力的装置及附件组成,包括能源、发动机、固定装置及辅助设备等。能源为动力系统提供初始能量,如燃油、电池等;发动机将化学能、电能等转化为机械能输出,用于驱动螺旋桨或直接产生推力;固定装置将发动机及附件等固定在无人机上;辅助设备包括启动装置、润滑装置、散热装置等。

发动机是无人机动力系统的核心,基于不同的动力需求,已发展成熟的用于无人机的发动机包括活塞发动机、喷气发动机、电动机以及混合动力等,下面分别进行介绍。

1. 活塞发动机

活塞发动机是利用一个或者多个活塞将压力转换成旋转动能的发动机,依靠燃油提供能量,输出的旋转动能一般用来驱动螺旋桨(详细工作原理介绍见本书 3.2 节)。1876 年,德国发明家 Nicolaus Otto(1832 年 6 月~1891 年 1 月)发明了第一台以煤气为燃料的活塞发动机(图 1.28)。早期的无人机均采用活塞发动机,如首架无人机"空中靶标"(图 1.8)、1918 年美国发明家 Elmer Sperry(1860 年 10 月~1930 年 6 月)研发的"空投鱼雷"(Aerial Torpedo,图 1.29)等。此后,应用于无人机的活塞式发动机不断升级,气缸数的增加提高了发动机的输出功率,汽油燃烧抗爆性的增加提高了热效率和输出功率等。目前,活塞式发动机主要用于中型、中程、低空、低速无人机。

图 1.28 第一台活塞发动机,单缸卧式,四冲程

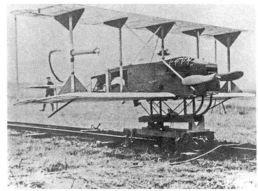

图 1.29 "空投鱼雷"(Aerial Torpedo),De Palma 活塞发动机,美国 Elmer Sperry,1918 年,打击

2. 喷气发动机

喷气发动机是一种利用燃气从尾部高速喷出时所产生的反冲作用推动机身前进的发动机。根据有无压气机,可以分为燃气涡轮发动机、脉冲发动机和冲压发动机等,下面依次介绍几种喷气发动机的特点。

(1) 燃气涡轮发动机

目前,广泛应用于无人机的喷气发动机主要是燃气涡轮发动机,本书第4章、第5章重点介绍燃气涡轮发动机的工作原理及设计方法。根据功率输出方式的区别,燃气涡轮发动机可以分为涡喷发动机、涡桨发动机、涡轴发动机和涡扇发动机等不同种类,下面依次进行介绍。

涡喷发动机中,空气经压气机压缩提高压力后,流入燃烧室与燃油混合后燃烧,将燃料中的化学能转换为热能,形成高温、高压燃气,再进入涡轮中膨胀做功,使涡轮高速旋转并输出驱动压气机及发动机附件所需的功率(详细工作原理见本书4.2节)[55]。与活塞发动机相比,涡喷发动机将往复、间断式做功方式改为旋转、连续式做功方式,提高了功重比(功率/质量)和发动机功率;利用气流直接喷射产生推力,克服了螺旋桨在高速旋转下效率急剧下降的缺点;适合于较高速度($Ma > 2$)飞行,为无人机的高速飞行提供了可能。英国的Frank Whittle(1907年6月~1996年8月)和德国的Hans von Ohain(1911年12月~1998年3月)在1937年分别成功试车涡喷发动机WU和Heinkel Strahltriebwerk-1(He S-1)[56](图1.30),1951年美国首飞的"火蜂"(Firebee)无人机是首款装备涡喷发动机的无人机[57],如图1.31所示。目前,涡喷发动机主要适用于中、大型,中程,中、高空,跨声速及超声速无人机。

(a) WU涡喷发动机

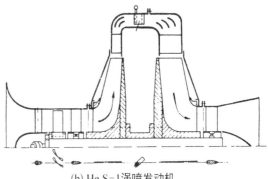

(b) He S-1涡喷发动机

图1.30 最早的涡喷发动机

涡桨发动机的主要结构与涡喷发动机相同,区别在于涡轮输出的功率用于驱动螺旋桨(详细工作原理见本书4.3节)。与活塞发动机相比,涡桨发动机虽然具有更高的功率,但同样不能克服声障,难以实现超声速飞行。如图1.32所示,美国2001年首飞的"死神"(Reaper)无人机上装备了涡桨发动机,可持续备战飞行15 h,是一种极具杀伤力的无人作战飞机[58]。目前,涡桨发动机主要应用于大型,远程,中、高空,低速及亚声速无人机。

涡轴发动机是在涡喷发动机上加装旋翼和尾桨发展而来的,通过驱动旋翼产生升力(详细工作原理见本书4.4节),最大的特点是可以实现无人机的垂直起降。涡轴发动机

图 1.31 "火蜂"（Firebee），J69 - T 涡喷发动机，美国 Ryan Aeronautical Company，1951 年，靶机

图 1.32 "死神"（Reaper），TPE331 - 10T 涡桨发动机，美国 General Atomics
Aeronautical Systems Inc.，2001 年，攻击

多应用于旋翼无人机，如图 1.33 所示，中国的 V750 无人直升机采用涡轴发动机，最大水平飞行速度 161 km/h，最大飞行高度 3 000 m，最大航程 500 km[59]。目前，涡轴发动机适用于中型、短、中程、低、中空、低速的短距/垂直起降无人机和倾转旋翼无人机。

图 1.33 V750 无人直升机，某型涡轴发动机，中国潍坊天翔航空工业有限公司，2012 年，侦察/航拍

涡扇发动机由涡喷发动机加装外涵道改进而成(详细工作原理见本书 4.5 节),与涡喷发动机相比,涡扇发动机具有推力大、推进效率高、噪声低、燃油消耗率低的优点。但涡扇发动机头部截面积大,速度越高阻力越大。如图 1.34 所示,美国 2013 年首飞的 MQ-4C"特里同"(Triton)无人机采用涡扇发动机,是在 RQ-4"全球鹰"无人机的基础上改制而来,最大飞行高度达到 18 288 m,续航时间 30 h[60]。目前,涡扇发动机主要适用于大型,远程,高空、超高空,亚声速无人机。

图 1.34　MQ-4C"特里同"(Triton),Rolls-Royce AE 3007 涡扇发动机,
美国 Northrop Grumman Corporation,2013 年,侦察

(2) 脉冲发动机

脉冲发动机是一种利用间断的油气爆炸产生推力的发动机。脉冲发动机中没有压气机,在进气道中装有单向阀,如图 1.35 所示。在充气状态下,高压空气将单向阀吹开,气流进入燃烧室,同时供应燃油与气流混合;然后油气混合物被点燃、爆炸,发动机进入燃烧状态,单向阀在爆炸压力作用下关闭,燃气从喷管排出产生推力;燃烧完毕后燃烧室内产生负压现象,单向阀被吹开,并重复上述过程。这种发动机可以在原地起动,构造简单,质量轻,造价便宜;但是飞行高度有限,单向阀的工作寿命短,燃油消耗率大,通常应用在靶机、导弹或航空模型上。德国的"V-1 导弹"曾经装备此类发动机。脉冲发动机主要适用于中型、中程、低空、亚声速无人机。

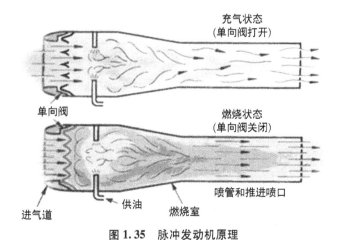

图 1.35　脉冲发动机原理

(3) 冲压发动机

冲压发动机是利用迎面气流进入发动机后减速,提高空气静压来工作的一种空气喷气发动机。冲压发动机也没有压气机,主要由进气道、燃烧室和喷管组成,依靠飞行器高

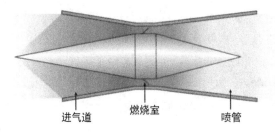

图 1.36　冲压发动机原理

速飞行时的相对气流进入进气道中减速使空气增压,经压缩后的空气进入燃烧室与燃料混合、燃烧,产生高温燃气并在喷管中膨胀加速后排出,产生推力,如图1.36所示。图1.19中的美国D-21超声速无人机装备了冲压发动机,可以达到3倍声速,是当时包括美国自身在内的各国任何一款防空武器理论上都无法击落的无人机[61]。冲压发动机主要适用于大型、远程、高空、超声速及高超声速无人机。

3. 电动机

电动机将电能转化成机械能,驱动螺旋桨转动,进而产生无人机所需的推力或升力,其电能主要来源于化学电池、燃料电池及太阳能等(详细工作原理介绍见本书6.2节)。与活塞发动机相比,电动机具有质量轻、结构简单、噪声小、无污染等优点。1832年,英国物理学家 William Sturgeon(1783年5月~1850年12月)在 Joseph Henry(1797年12月~1878年5月)的振荡电动机基础上进行改进,制作了世界上第一台能产生连续运动的旋转电动机[62];1957年,英国工程师 H. J. Taplin 设计了第一个官方记录的电动无线电控制的无人机 Radio Queen(图1.37),该无人机采用电动机作为动力装置[63];此后,电动机由有刷电机发展为无刷电机,电动机的功率密度(power density)也逐渐提升。20世纪末,以色列研制的"云雀I"(Skylark I,图1.38)无人机采用了电推进作为动力系统,飞行速度达到74 km/h[9]。目前,电动机主要适用于微、小型、超近程、超低空、低速无人机。

图 1.37　Radio Queen, 3.46 ED Hunter diesel 永磁有刷电机,英国 H. J. Taplin,1957年,航模

图 1.38　"云雀I"(Skylark I),某型电动机,以色列 Elbit Systems Ltd.,20世纪末,侦察

4. 混合动力

混合动力是指动力装置采用两种或两种以上不同的能源,目前的混合动力无人机多采用油电混合。混合动力具有性能高、能耗低和污染轻的特点,以及经济、环保和续航能力强等综合优势。因为电池能量密度(energy density)低,所以多数情况下把电动机用作

辅助动力,且一般只在无人机需大功率运行时(如起飞滑跑、爬升阶段)由电动机提供辅助力,这样可使作为主动力源的发动机能够始终在高效率范围和低排放区内工作,以保证飞机动力性和排放性最佳、油耗最少。图1.39为广州市华科尔科技股份有限公司研制的混合动力无人机华科尔 QL 1200[64],空载满油最大飞行时间 120 min,是纯电动多旋翼无人机的4倍,航程长达 72 km。

图 1.39 华科尔 QL 1200,Walkera 油电混合动力系统,广州市华科尔
科技股份有限公司,2017 年,航拍/测绘

归纳上述无人机动力系统的工作原理,可以看到,不同的发动机适用于不同尺寸、航程、飞行高度、飞行速度的无人机,几种主要发动机在无人机上的适用范围如表1.5所示[65]。

表 1.5 无人机发动机的主要应用范围

发动机	翼展/质量	航 程	飞行高度	飞行速度
活塞发动机	中型	中程	低空	低速
涡喷发动机	中、大型	中程	中、高空	跨声速、超声速
涡桨发动机	大型	远程	中、高空	低速、亚声速
涡轴发动机	中型	短、中程	低、中空	低速
涡扇发动机	大型	远程	高空、超高空	亚声速
脉冲发动机	中型	中程	低空	亚声速
冲压发动机	大型	远程	高空	超声速、高超声速
电动机	微、小型	超近程	超低空	低速

1.4.3 通信系统

通信系统用于实现无人机与地面控制站之间的双向信息传输,包括用于地面控制站对无人机控制的上行链路和用于接收无人机遥测信息的下行链路。上行链路主要传输地面控制站至无人机的遥控指令,下行链路主要传输无人机至地面控制站的遥测数据,一般下行链路的传输速率要远远高于上行链路。

无人机通信系统由机载设备和地面设备组成,机载设备包括机载数据终端(包括射频接收机、发射机以及调制解调器等)和天线;地面设备包含地面数据终端(包括射频接收机、发射机以及调制解调器等)和天线。根据信号传输距离的远近,可将无人机通信系统分为两种:视距通信和超视距通信[66]。

1. 视距通信

视距通信应用于无人机在地面控制站的视距范围内,同时要求在第一菲涅耳区(以发射机和接收机为焦点,以这两点连成的线为轴心的椭圆球内的区域称为菲涅耳区)内没有对无线电波造成遮挡的物体,无线信号就可以在发信端与接收端之间直线传播,信号强度一般不会下降,如图1.40所示。该通信方式主要应用于小型无人机,如美国于1991年首飞的RQ-7"影子"(Shadow,图1.41)无人机,装备的通信系统包括窄带视距链路和宽带视距数据链,窄带视距链路用于指挥控制信息传输,宽带视距数据链传输指挥控制信息和传感器数据[67]。

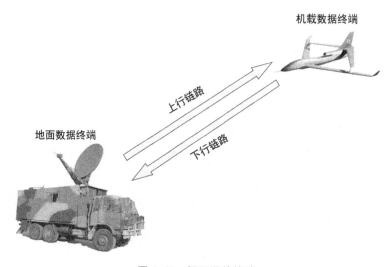

图 1.40　视距通信线路

图 1.41　RQ-7"影子"(Shadow),AR741-1100 活塞发动机,
美国 AAI Corporation,1991 年,侦察

2. 超视距通信

高空、长航时无人机一般超出地面控制站的视距范围,信号只能通过反射、散射和衍射后到达接收端,该通信方式称为超视距通信。此时的无线信号通过多种途径被接收,而多径效应会带来时延不同步、信号衰减、链路不稳定等一系列问题。空中通信中继(卫星中继、飞机中继等)是解决上述问题最有效的方式之一,既能实现无线电在地面控制站与无人机间持续传播,又能保证信号传播不衰减、安全等性能,如图1.42和图1.43所示。"神经元"(图1.44)等大型无人机采用卫星数据链路(data link),以卫星为中继站[67],而无人机群多采用中继飞机。

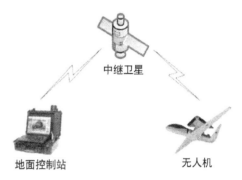

图 1.42 卫星中继通信

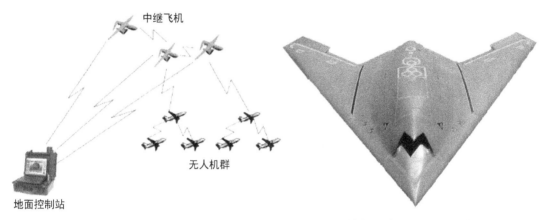

图 1.43 飞机中继通信

图 1.44 "神经元",Adour 涡扇发动机,法国 Dassault Aviation SA,2011 年,侦察

数据链路:

数据链路是指在数据通信网中,按一种链路协议的技术要求连接两个或多个数据站的电信设施,简称数据链。在无人机通信系统中,数据链路包括上行链路和下行链路,上行链路主要传输地面控制站至无人机的遥控指令,下行链路主要传输无人机至地面控制站的遥测数据。

1.4.4 导航系统

导航系统用于获取无人机的位置、速度、航向、姿态等信息。导航系统、制导系统与飞行控制系统是无人机实现飞行控制的保障,三者的关系如图1.45所示。制导系统根据既定任务或者目标位置、速度等信息,同时基于自己的位置、速度以及内部性能和外部环境的约束条件,获得抵达目标所需的位置或速度指令;而飞行控制系统根据当前的速度、姿态等信息,通过执行机构作用来改变速度、姿态等参数,进而实现稳定飞行或跟踪制导指令。

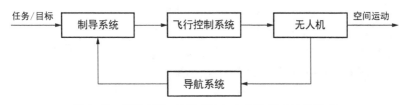

图 1.45 导航系统、制导系统与飞行控制系统的关系

无人机导航系统一般由传感器和定位模块组成。传感器主要包括陀螺仪、加速度计和高度计,可以感知无人机目前的位置、姿态、速度等参数,给无人机提供信息反馈;定位模块从外部系统(如卫星、雷达等)获取位置信息,与传感器配合,使无人机感知的各种参数更加精确。根据导航原理的不同,无人机主要有 4 种导航方式,分别是惯性导航、外测量导航、卫星导航以及视觉导航。

1. 惯性导航

惯性导航是 20 世纪初发展起来的导航定位技术,通过陀螺仪和加速度计测量载体的角速率和加速度信息,经积分运算得到载体的速度和位置信息。惯性导航系统的主要优点是不依赖任何外界系统的支持而能独立自主地进行导航,能连续地提供包括姿态参数在内的全部导航参数,具有良好的短期精度和短期稳定性。1934 年德国研制的"V－1"导弹首次采用惯性导航装置,引导飞行器按指定的方向飞行,如图 1.46 所示,其机身中装有磁罗盘、陀螺仪、加速度计等导航装置。

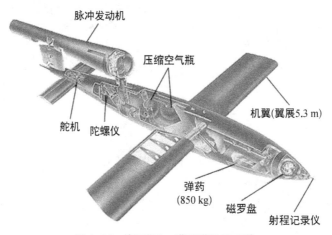

图 1.46 德国"V‐1"导弹导航系统

2. 外测量导航

外测量导航是对于飞行高度较低的无人机,采用测量无人机相对地面控制站的距离和方位的方法确定其在空中位置的导航方式。外测量导航主要通过雷达来实现,地面雷达发射无线电波,无人机接收之后进行放大反射,然后通过雷达接收到反射电波的时间差和方向确定无人机的方位。美国 1965 年设计研发的 BQM－74"石鸡"(Chukar)无人机采用雷达导航技术,作为靶机为反舰导弹和战斗机提供真实的威胁模拟[68],如图 1.47 所示。

图 1.47 BQM - 74"石鸡"(Chukar),Williams J400 涡喷发动机,
美国 Northrop Grumman Corporation,1965 年,靶机

3. 卫星导航

卫星导航的基本原理是测量出已知位置的卫星到用户接收机之间的距离,然后综合多颗卫星的数据就可得到接收机的具体位置。卫星导航从最初的定位精度低、不能实时定位,发展到如今的高精度全球定位系统,如美国全球定位系统(global positioning system,GPS)、中国北斗卫星导航系统、俄罗斯 GLONASS 系统、欧洲 Galileo 系统等,实现了在任意时刻、地球上任意一点都可以同时观测到 4 颗卫星。如图 1.48 所示,1994 年首飞的美国"捕食者"(Predator)无人机采用 GPS 卫星导航[69]。

4. 视觉导航

视觉导航是一种辅助导航技术,主要应用于微小型无人机中。当微小型无人机处于建筑物内部、地下室等封闭的场所中时,无法获取卫星导航信号,这种情况下无人机通过自身携带的传感器和摄像头感知周围环境,得到与障碍物的相对位置,配合惯性导航进行避障飞行。如图 1.49 所示,2015 年大疆公司推出的一款 Matrice100 无人机[70],配合

图 1.48 "捕食者"(Predator),Rotax 914F 活塞发动机,美国 General Atomics Aeronautical Systems Inc.,1994 年,侦察/攻击

图 1.49 Matrice100,DJI3510 无刷电机,中国大疆公司,2015 年,开放式飞行平台

DJI Guidance 视觉导航系统,可实现自主避障飞行。

1.4.5 制导系统

如前所述,制导系统引导无人机沿预定的轨迹飞向目标。根据制导信号形成的方式,可将无人机常用的制导方式分为自主制导、遥控制导、寻的制导 3 种,下面分别介绍。

1. 自主制导

自主制导是指仅由机载制导设备根据导航系统测得的无人机位置、速度等信息,按照一定的制导规律计算出无人机相对预定航线或目标的偏差,并形成控制指令的一种制导技术。在这种制导系统中,导引信号的产生不依赖于目标或指挥站,仅由装在无人机内的测量仪器测出无人机的物理特性,从而决定无人机的飞行轨迹。自主式制导系统的特点是它不与目标或指挥站联系,因而不易受到干扰。早期的无人机,如"空投鱼雷"(图 1.29)就采用自主制导。

2. 遥控制导

遥控制导是指由地面指挥站向无人机发出制导指令,由无人机根据接收的飞行指令控制自身飞向目标的制导方式。具体过程如下:地面指挥站的制导指令计算装置,根据无人机的运动参数、选定的导引规律和对制导过程的动态要求,形成制导指令,通过指令发送设备不断发送给无人机,机上的接收机接收制导指令并进行解调,引导无人机到目的地。遥控制导的优点是机上设备简单,在一定范围内可获得较高的制导精度;缺点是飞行范围受跟踪测量系统作用距离的限制,制导精度随飞行距离的增加而降低,并易受干扰。1966 年我国研制的"长空一号"遥控靶机采用遥控制导方式[71],如图 1.50 所示。

图 1.50 "长空一号",WP-6 涡喷发动机,南京航空航天大学,1966 年,靶机

3. 寻的制导

寻的制导是指无人机通过接收目标辐射或反射的某种特征信号,确定目标和无人机的相对位置,计算形成制导信号,引导控制无人机飞向目标的制导方式。采用这种制导方

式的无人机能够自主地搜索、捕获、识别、跟踪和攻击目标,具有自主性好、系统简单、制导精度高等优点。1944 年美国研制的"蝙蝠"(Bat)导弹就采用寻的制导[72],可以利用弹头的雷达接收目标信号,自动杀向海面目标,类似利用超声波寻食的蝙蝠,如图 1.51 所示。

图 1.51 "蝙蝠"(Bat),发动机不明,美国 U. S. Army Research Laboratory,1944 年,轰炸

1.4.6 飞行控制系统

飞行控制系统的基本任务是保持无人机姿态与航迹的稳定,并根据飞行指令,改变飞机的姿态与航迹,同时完成遥测数据传送、任务控制与管理等。飞行控制系统主要包括机械飞行控制系统、电传飞行控制系统和微机电系统(micro electro mechanical system,MEMS)飞行控制系统 3 种,下面依次介绍。

1. 机械飞行控制系统

机械飞行控制系统通过机械传动的方式实现控制系统的负反馈,进而实现自动驾驶,是最早出现的无人机自主飞行控制方式。1914 年,美国 Elmer Sperry 设计的第一台无人机自动驾驶仪即机械飞行控制系统,它根据陀螺仪和膜盒式气压表调整自身姿态,这种飞行控制系统的控制精度不高,而且体积、质量大。1917 年,这台飞行控制系统被用于"空投鱼雷"无人机(图 1.29),但由于没有制导系统,"空投鱼雷"只能根据目标距离设置发动机转数,如果能够顺利飞行,当达到发动机转数后直线坠落式投弹。

2. 电传飞行控制系统

电传飞行控制系统的出现得益于计算机和电气技术的发展,这种飞行控制系统接收到的反馈信号由机械式反馈变为电信号反馈,然后通过电缆传输到执行机构。电传飞行控制系统的体积相对于机械飞行控制系统小了很多,对于无人机的控制也更加精确。但是相比于 MEMS 飞行控制系统,电传飞行控制系统的体积还是偏大,所以只能用于中大型无人机。图 1.52 为美国采用电传飞行控制系统的 TDR - 1 无人机[73,74],可对自身姿态进

图 1.52 TDR -1 无人机,Lycoming O -435 六缸航空活塞发动机,美国 Interstate Aircraft and Engineering Corporation,1942 年,轰炸

行较为精确的控制,不但可以实现自主控制,而且可以通过影像进行实时传输,进行人工辅助控制。

3. MEMS 飞行控制系统

MEMS 飞行控制系统即微机电系统飞行控制系统,利用 MEMS 技术能够将陀螺仪和加速度计等各类传感器整合在一块很小的芯片上,进而与控制电路做成一体。MEMS 飞

行控制系统的体积极小,通过相应的控制算法,可对无人机反馈的状态信息进行计算,根据状态数据,结合算法计算控制量并输出,可对无人机进行更加精确的控制。图 1.53 为法国 2012 年生产的 LA100 无人机[75],它采用 MEMS 飞行控制系统,可进行自身状态监控、环境信息收集、数据分析并做出相应的响应,从而完全自主地完成特定任务。

图 1.53　LA100 无人机,某型无刷电机,法国
Lehmann Aviation Ltd. ,2012 年,航拍

MEMS:

MEMS 指微机电系统,是集微传感器、微执行机构、微机械机构、微能源、信号处理和微控制电路、高性能电子集成器件、接口、通信等于一体的微型器件或系统。MEMS 的内部结构一般在微米甚至纳米量级,是一个独立的智能系统,图 1.54 为某MEMS 结构示意图。

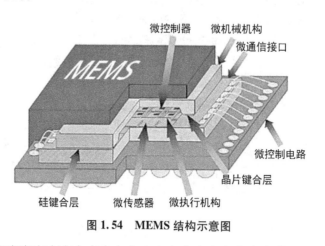

图 1.54　MEMS 结构示意图

1.4.7　任务载荷系统

基于上述动力系统、通信系统、导航系统、制导系统和飞行控制系统等,无人机即可实现可控飞行及通信等基本功能,对于具有特定用途的无人机,还需要搭载相应的任务载荷系统,来执行特定的任务。任务载荷系统是指具有特定功能的仪器设备,可以简单地分为

成像型任务载荷系统和非成像型任务载荷系统,下面分别介绍。

1. 成像型任务载荷系统

成像型任务载荷系统主要通过获取图像来完成指定任务,包括航空相机、红外成像设备、电视摄像机、雷达成像设备、遥感设备及各种成像传感器等。如图 1.55 所示,我国 2017 年总装下线的北京航空航天大学 TYW-1"天鹰"无人机[76],装载先进的光电侦察瞄准设备,可广泛用于陆地和海洋环境下任务作业,即使在 3 000 m 的高度上飞行,也能够捕捉到汽车车牌。

图 1.55　TYW-1"天鹰",某型活塞发动机,北京航空航天大学,2017 年,侦察

2. 非成像型任务载荷系统

非成像型任务载荷系统主要针对成像外的某一特定任务,包括电子干扰设备、气象探测设备、农药喷洒设备、通信中继设备、炮弹及其他各种武器装备等。图 1.56 为我国 2016 年研制的"彩虹-5"无人机[77],可搭载武器、电子干扰设备等多种任务载荷系统,执行轰炸、打击、通信干扰等任务。

图 1.56　"彩虹-5",宗申重油活塞发动机,中国航天空气
动力技术研究院,2016 年,轰炸/打击

1.5　无人机用途

与有人驾驶飞机相比,无人机具有如下明显优势:① 环境适应能力强。无人机不需要驾驶人员在机上进行操作,工作时不受人类生理条件限制。② 设计自由度大。无人机在设计上没有驾驶舱及相关的环控、救生设备,放宽了飞机设计的一些限制,如发动机位置可以更加合理。③ 机动性能优异。无人机飞行灵活、机动性能好,可以到达人类无法

到达或无法及时有效执行任务的地方。④ 造价低廉,性价比高。通常无人机的造价是有人驾驶飞机的百分之十甚至百分之几[9]。

凭借上述优势,无人机在军事、民用领域得到广泛发展,并极大地影响了当前军事作战模式、人类生产及生活方式。

1.5.1 军事领域

在军事领域,无人机具备靶机、侦察、攻击、轰炸、诱饵、预警等多重功能,极大地改进了现代军事作战模式,成为无法替代的一类军事装备。

图 1.57 "B-2"型无人靶机,HS-280 活塞发动机,西北工业大学,1968 年,靶机

靶机:在军事演习或武器试射时,需要无人机模拟敌军的航空器或来袭导弹,利用遥控或是预先设定好的飞行路径与模式,为各类型火炮或是导弹系统提供假想的目标与射击的机会。图 1.57 中的"B-2"型无人靶机是西北工业大学于 1968 年研制的小型遥控靶机,该机是一种低空低速小型飞机,主要用作地面防空部队战术训练的目标机[78]。

侦察:无人机可搭载合成孔径雷达、电视摄像机、红外探测器等侦察设备,完成侦察搜索、定位跟踪、实时监控的任务。美国 AeroVironment Inc. 研制的"美洲狮"(Puma,图 1.58)小型无人侦察机于 2007 年完成首飞[79],该无人机可适应海洋和陆地环境,能够遥控飞行或使用 GPS 导航系统独立飞行,航行时间 9 h,并且装备防水、稳定、高分辨率的光电摄像机,可近似垂直地降落到地面或水面上。

图 1.58 "美洲狮"(Puma),Aveox 电动机,美国 AeroVironment Inc.,2007 年,侦察

攻击:无人机搭载导弹(空地导弹、精确制导火箭弹、精确制导炸弹)等精确打击武器开展攻击任务。中国航天科技集团有限公司于 2014 年研发的"彩虹-4"无人机(图 1.59)[80],可挂载精确制导武器对地面固定和低移动目标进行打击,现已出口至伊拉克、沙特、约旦等国家,并得到了实战应用。

轰炸:无人机搭载炸药、导弹等作战装备执行轰炸任务,对地面、海面目标进行轰炸。该类无人机具备较大的承载能力、较强的安全防护措施和定位打击能力。美国 The Boeing Company 研制的 X-45 无人轰炸机[81,82](图 1.60)于 2002 年实现首飞,该机载弹

图 1.59 "彩虹-4",宗申 TD0 活塞发动机,中国航天空气动力技术研究院,2014 年,攻击

量可达 1 360 kg,在约 10 000 m 的高空以约 700 km/h 的飞行速度投下了 250 lb① 的制导炸弹,炸弹落在距目标 1 m 左右的地方,定位打击精度非常高。

诱饵:无人机可诱使敌方雷达等电子侦察设备开机,获取有关信息;在敌方雷达中模拟显示飞机特征,引诱敌方防空武器射击,吸引敌方火力,掩护己方机群突防。美国 McDonnell Aircraft Corporation 研制的 ADM-20"鹌鹑"(Quail,图 1.61)诱饵无人机于 1960 年正式服役[83],该机可在敌方雷达屏幕

图 1.60 X-45,F124-GA-100 涡扇发动机,美国 The Boeing Company,2002 年,轰炸

上呈现轰炸机的形态,继而诱导敌方防空系统无法辨识攻击实际轰炸目标。

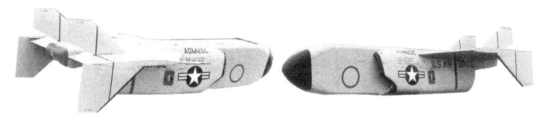

图 1.61 ADM-20"鹌鹑"(Quail),GE-J85 涡喷发动机,美国 McDonnell Aircraft Corporation,1960 年,诱饵

预警:无人机可搜索、监视空中或海上目标,指挥并引导己方飞机执行作战任务。2018 年,中国电子科技集团公司第三十八研究所公开了首款研制成功的无人预警机"天哨"JY-300(图 1.62)[84],可对海面舰船、舰载直升机、反舰导弹等目标进行长时间、远距离以及大范围的侦察监视[85]。

---

① 1 lb = 0.453 592 kg。

图1.62 "天哨"JY-300,某型涡桨发动机,中国电子科技集团公司
第三十八研究所,2018年,预警

1.5.2 民用领域

在民用领域,无人机被广泛应用于摄影录像、货物运输、救援救灾、电力巡检、气象监测、植保作业等任务,对国民经济的发展起到了巨大的促进作用。

摄影录像:搭载了高精度相机及图像传输系统的无人机,可用于自然景观、火山岩熔、野生动物等的拍摄,以及综艺、体育、电影等场景的录制,从崭新的视角获取图像资源。图1.63为2014年索契冬奥会上,无人机拍摄体育比赛的场景。

图1.63 无人机拍摄体育节目

货物运输:利用无线电遥控或既定程序操纵无人机运载包裹,自动送达目的地。这种运输方式不受地形和交通的限制,可解决偏远地区的物品配送问题,提高配送效率,同时减少人力成本。图1.64为德国DHL(Dalsey, Hillblom and Lynn)International GmbH正在对Paketkopter无人机进行运送包裹测试[86]。

救援救灾:救援部队无法及时到达的地区开展救援时,可以使用无人机进行水上救援、进行消防、及时送达救灾物资等。该类无人机需要反应及时,且需要较高的定位精度。图1.65为美国纽约消防局使用配备红外热成像摄像机的无人机协助消防员灭火[87]。

电力巡检:无人机可装载微型摄像机和热成像仪,对输电线路、铁塔、绝缘子等进行扫描、录像、拍照,从而巡察异常情况,高效判读、识别故障点。无人机可穿越高山、河流等对输电线路进行快速检查(图1.66),大大提高巡检效率[88,89]。

图 1.64 DHL 运输无人机

图 1.65 消防救援无人机

气象监测：无人机可用于气象测量、恶劣天气监测、大气臭氧监测等。此外,通过无人机自身的气象探测仪器探测到的温度、湿度等气象参数,还可选择作业点,发出遥控指令让无人机进行人工降雨作业。我国气象探测无人机 UAV6000(图 1.67),可支持温度、湿度、气压、风速、风向等多个要素测量[89]。

植保作业：植保无人机可用于农业施药、灌溉等,作业效率高,具有全地形作业能力和节水省药等独特优势,在农业生产中得到了广泛应用。图 1.68 为我国"3WSZ - 15"型18 旋翼植保无人机正在开展植保作业[90]。

图 1.66　无人机电力巡检

图 1.67　UAV6000,某型无刷电机,杭州佐格通信设备有限公司,2018 年,气象监测

图 1.68　"3WSZ－15"型无人机植保作业

1.6 无人机未来展望

目前,随着无人机的应用领域不断拓宽,现有无人机需要在关键技术上进行突破、创新,才能满足日益复杂、苛刻的应用需求。根据无人机的不同应用场合,未来无人机的发展有如下几个方面的趋势:智能化、便携化、微型化、长航时、太空化、高隐身等[91]。下面分别进行介绍。

1.6.1 智能化

随着人工智能技术的发展以及"蜂群"技术的不断突破,未来的无人机将更加智能化[92]。智能化无人机不仅可以读取人的手势、表情,做出相应的命令,还可以进行自主决策、多架无人机协同合作。2018 年,平昌冬奥会上,1 218 架无人机在空中编织奥运五环、和平鸽等动图画面,给世界带来强烈的视觉震撼,如图 1.69 所示。

图 1.69　智能无人机"蜂群"编队形成奥运五环

1.6.2 便携化

得益于柔性电路板等新技术的出现,未来的无人机将更加便携化,不仅能够随身携带,还可以随时变形,甚至可以与手表等合为一体。现有便携式无人机多为折叠式无人机,如图 1.70 所示,2017 年法国 Parrot Drones SAS 发布的航拍无人机 Disco[93] 轻巧紧凑,坚固耐用,可折叠放入胶囊状的收纳包中,非常精巧便捷。

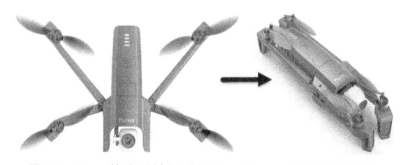

图 1.70　Disco,某型无刷电机,法国 Parrot Drones SAS,2017 年,航拍

1.6.3 微型化

随着 MEMS 技术的发展,无人机将向微型化发展,体积的减小使无人机可穿梭于人类无法触及的地方,如在复杂的环境中搜索生命的气息,也可进入敌方核心位置开展攻击或破坏。2014 年,美国军方装备了大量"黑黄蜂"(Black Hornet Nano,图 1.71)无人机,该无人机长约 10 cm,高约 2.5 cm,质量 16 g[94],可以大于 21 km/h 的速度飞行 2 km。该机装备微型摄像机以及多个热成像摄像机,可将拍摄到的画面即时传送到手持式控制终端,为作战部队、特警人员提供情报。

图 1.71 "黑黄蜂"(Black Hornet Nano),某型空心杯电机,挪威 Prox Dynamics AS,2012 年,侦察

1.6.4 长航时

长航时无人机是指续航时间可以达到十几、几十小时乃至几天的无人机。该类无人机适用于高技术战争中的情报侦察和监视任务,可以长时间连续无故障工作。"苍鹭"(Heron,图 1.72)无人机是以色列 Israel Aerospace Industries Ltd. 研制的高空、长航时战略无人机[95],于 1994 年完成首飞,该机以 150 km/h 的速度,在 7 620 m 的高空巡逻时,续航

图 1.72 "苍鹭"(Heron),某型活塞发动机,以色列 Israel Aerospace Industries Ltd. ,1994 年,侦察

时间为 36 h;在 4 570 m 的高空巡逻时,续航时间为 52 h。

1.6.5　太空化

太空化无人机通常飞行高度在 10 km 以上,常称其为"大气层人造卫星",这是由于太空化无人机可替换人造卫星,在安全距离内隐现在敌方纵深上空。2010 年,美国 The Boeing Company 发射和回收了 X-37B 太空无人机(图 1.73)[96],该无人机在历时 7 个月的神秘太空之旅后返回地面,创下了无人机高空长航时的新纪录,标志着无人机研发方面的一大进步,被誉为未来太空战斗机的雏形。

1.6.6　高隐身

隐身是利用各种技术减弱雷达反射波、红外辐射等特征信息,使敌方探测系统不易发现无人机的技术,该技术是无人机提高自身生存能力的重要手段之一。美国 McDonnell Douglas Corporation 与 The Boeing Company 2002 年研制出的"猎鸟"(Bird of Prey,图 1.74)无人机具备优秀的隐形能力[97],该机具有极低的雷达反射截面、全新的隐形外观、优秀的隐形特性,它的出现标志着无人机隐形技术达到了一个新的高度。

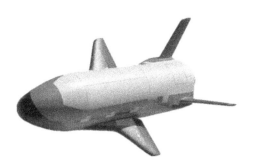

图 1.73　X-37B,AR2-3 喷气发动机,美国 The Boeing Company,2010 年,侦察

图 1.74　"猎鸟"(Bird of Prey),JT15D-5C 涡扇发动机,美国 McDonnell Douglas Corporation/The Boeing Company,2002 年,侦察/攻击

1.7　本书内容安排

发动机是无人机的"心脏",也是动力系统的核心装置。自无人机问世以来,为满足不断发展的动力需求,如何发展新的动力原理、设计动力装置、提高动力装置的性能和可靠性,一直是无人机领域的研究热点。本书围绕航空活塞发动机、航空燃气涡轮发动机、电力推进等无人机动力,阐释其工作原理和设计方法,并介绍无人机动力领域的一些前沿技术与研究,为读者展示一幅完整的无人机动力图谱。各章的具体内容如下。

第 1 章——无人机,给出无人机的定义,并从动力系统的角度简要介绍无人机的发展历程;阐述无人机各系统的工作原理,包括机体、动力系统、通信系统、导航系统、制导系统、飞行控制系统和任务载荷系统;在此基础上,归纳当前无人机的应用现状,并对无人机的未来发展趋势进行展望。

第 2 章——无人机的能源,分别介绍航空汽油(aviation gasoline,AVGAS)、航空煤油(aviation kerosene)、轻质柴油(light diesel fuel)、航空生物燃料(aviation biofuels)、蓄电池、燃料电池与太阳能电池形式的无人机能源的基本特性、发展历程及典型应用,并展望未来的无人机能源形式。

第 3 章——航空活塞发动机,详细阐述往复式、旋转式航空活塞发动机的工作原理,介绍航空活塞发动机的燃油、点火、起动、润滑、冷却及涡轮增压工作系统,简要总结其发展历史,并从选型角度介绍航空活塞发动机与无人机的匹配设计方法。

第 4 章——航空燃气涡轮发动机原理,围绕 4 种航空燃气涡轮发动机——涡喷发动机、涡桨发动机、涡轴发动机和涡扇发动机,介绍其基本工作原理、结构特点,并简要梳理各自的发展进程。

第 5 章——航空燃气涡轮发动机设计,以涡喷发动机为例,简要介绍航空燃气涡轮发动机设计,从总体性能设计、总体结构设计和部件设计角度,分析各自的设计流程、设计原理和方法。

第 6 章——航空电力推进系统原理,首先介绍无人机全电推进系统的组成和工作原理,总结电动机发展历史,并介绍电调、推进器的工作原理和特点;然后,围绕无人机的油电混合推进,阐述其工作原理和发展历史,并介绍其储能系统、能量控制系统。

第 7 章——航空电力推进系统设计,以多旋翼无人机为例,在介绍其飞行原理的基础上,阐述由螺旋桨、电动机、电调、电池组成电力推进系统的工作原理及建模方法,最后介绍电力推进系统的设计流程和设计实例。

第 8 章——微型扑翼无人机动力,首先介绍电机动力系统的工作原理及应用情况,并给出其发展历史;然后介绍压电动力系统、直线式电磁动力系统、静电动力系统 3 种微型无人机动力形式的工作原理和研制历程。

习　题

1. 简述无人机的定义及分类标准。

2. 简述无人机的发展历史。

3. 根据本章内容,阐述无人机的主要组成系统及其作用。

4. 简述无人机动力系统的发展历史。

5. 简要阐述无人机中发动机的类型及其适用范围。

6. 无人机在民用和军事领域都有哪些应用?随着技术的发展,展望未来无人机还会应用在哪些方面。

7. 查阅资料,详细阐述无人机地面控制站的基本功能。

8. 查阅资料,阐述无人机实现隐身的技术措施。

9. 查阅资料,以"全球鹰"为实例简要说明其机体、动力系统、通信系统、导航系统、飞行控制系统、制导系统以及任务载荷系统是如何协调工作的。

10. 简述无人机未来的技术发展趋势。

参 考 文 献

［ 1 ］ 韩非. 韩非子·外储说. 上海：上海古籍出版社,2016.

［ 2 ］ 张玉书,陈廷敬,凌邵霄,等. 康熙字典. 上海：上海书店,1985.

［ 3 ］ 茅元仪. 武备志·军资乘. 北京：北京图书出版社,2013.

［ 4 ］ ZIM H S. Rockets and jets. New York：Harcourt, Brace and Company, 1945.

［ 5 ］ ACKROYD J A D. Sir george cayley：the invention of the aeroplane near scarborough at the time of trafalgar. Journal of Aeronautical History, 2011, 56(2)：167－181.

［ 6 ］ ANDERSON JR JOHN D. Inventing flight：the wright brothers and their predecessors. Baltimore：Johns Hopkins University Press, 2004.

［ 7 ］ POP S, LUCHIAN A, ZMĂDU R G, et al. The evolution of unmanned aerial vehicles. Review of the Air Force Academy, 2017, 3(35)：125－132.

［ 8 ］ GORTNEY W E. Department of defense dictionary of military and associated terms. Washington D C：United States Department of Defense, 2016.

［ 9 ］ 郝英好. 无人机发展概况. 北京：国防工业出版社,2017.

［10］ ZAKARIA M Y, ABDALLAH M, ELSHAAFI A. Design and production of small tailless unmanned aerial vehicle (SAKR 2). Cairo：15th AMME Conference, 2012：1.

［11］ FAHLSTROM P, GLEASON T. Introduction to UAV systems. Hoboken：John Wiley & Sons, 2012.

［12］ VACHTSEVANOS G J, VALAVANIS K P. Handbook of unmanned aerial vehicles. Dordrecht：Springer, 2015.

［13］ PRISACARIU V. The history and the evolution of uavs from the beginning till the 70s. Journal of Defense Resources Management, 2017, 8(1)：181－189.

［14］ ZALOGA S J. Unmanned aerial vehicles：robotic air warfare 1917－2007. London：Bloomsbury Publishing, 2011.

［15］ LEHMANN J R F, NIEBERDING F, PRINZ T, et al. Analysis of unmanned aerial system-based CIR images in forestry — a new perspective to monitor pest infestation levels. Forests, 2015, 6(3)：594－612.

［16］ 吴敏一. 大疆精灵4正式发布最智能的无人机来了. 计算机与网络,2016,42(5)：36.

［17］ PHOENIX LIDAR SYSTEMS. TerraHawk CW－30. (2017－11－18)［2019－06－13］. https：// www.phoenixlidar.com/terrahawk-cw30/.

［18］ 魏瑞轩. 先进无人机系统与作战应用. 北京：国防工业出版社,2014.

［19］ AUSTIN R. Unmanned aircraft systems：UAVs design, development and deployment. Hoboken：John Wiley & Sons, 2011.

［20］ 焦方金. 作战飞机的气动布局. 国防科技,2003,(5)：84.

［21］ 秦博,王蕾. 无人机发展综述. 飞航导弹,2002,(8)：4－10.

［22］ PRETTY R T, ARCHER D H R. Jane's weapon systems 1972－73. London：Macdonald and Jane's Publishers Limited, 1973.

［23］ MUNSON K. World unmanned aircraft. London：Janes Information Group, 1988.

［24］ ORDWAY F I, WAKEFORD R C. International missile and spacecraft guide. London：McGraw-Hill, 1960.

[25] 冯立好,王晋军,于东升. 多操纵面无尾布局飞机横航向控制. 北京航空航天大学学报,2010,36(9):1038-1042.

[26] MCCUE J. Lockheed's SR-71"Blackbird" family:A-12,F-12,M-21,D-21,SR-71. Air & Space Power Journal,2008,22(1):112-114.

[27] GORDON Y, GORDON E, RIGMANT V. OKB Tupolev:a history of the design bureau and its aircraft. Leicester:Midland Publisher,2005.

[28] 保罗·克里科摩尔. 洛克希德的"黑鸟"——A-12、YF-12和SR-71(三). 宇骅,译. 航空档案,2008,(9):38-47.

[29] 肖志鹏,万志强,梁猛,等. 双尾撑布局飞机飞行载荷分析. 北京航空航天大学学报,2008,34(4):456-459.

[30] 邓扬晨,詹光,刘艳华,等. 无人机单、双尾撑布局的结构效率研究. 飞机设计,2005,(4):18-21.

[31] NEWCOME L R. Unmanned aviation:a brief history of unmanned aerial vehicles. Reston:American Institute of Aeronautics and Astronautics,2004.

[32] 马宝峰,刘沛清,邓学鋆. 近距耦合鸭式布局气动研究进展. 空气动力学学报,2003,21(3):320-329.

[33] BUZHINSKY E. The outlook for UAV research and development. Security Index:a Russian Journal on International Security,2013,19(3):59-65.

[34] 王综. 我国"暗剑"无人机出国亮相. 军民两用技术与产品,2007,(7):8.

[35] 李林,马超,王立新. 小展弦比飞翼布局飞机稳定特性. 航空学报,2007,28(6):1312-1317.

[36] BUMILLER E, SHANKER T. War evolves with drones, some tiny as bugs. The New York Times,2011,6:19-24.

[37] 张洋,高纪朝,周昊,等. X-47B——美国海军舰载无人战斗机. 飞航导弹,2009,(1):12-14.

[38] WHITTENBURY J. Configuration design development of the navy UCAS-D X-47B. Virginia Beach:AIAA Centennial of Naval Aviation Forum "100 Years of Achievement and Progress",2011.

[39] 宋子善,沈为群. 无人直升机综合飞行控制系统设计. 北京航空航天大学学报,1999,25(3):280-283.

[40] 周建军,陈超,崔麦会. 无人直升机的发展及其军事应用. 航空科学技术,2003,(1):38-40.

[41] RAYMER M K. A comparative analysis of the army MQ-8B fire scout vertical takeoff unmanned aerial vehicle(VTUAV)and navy MQ-8B manpower and training requirements. Monterey:Naval Postgraduate School,2009.

[42] STRACKER M C. An operational manpower analysis of the RQ-8 fire scout vertical take-off unmanned aerial vehicle(VTUAV). Monterey:Naval Postgraduate School,2007.

[43] 岳基隆,张庆杰,朱华勇. 微小型四旋翼无人机研究进展及关键技术浅析. 电光与控制,2010,17(10):46-52.

[44] 聂博文,马宏绪,王剑,等. 微小型四旋翼飞行器的研究现状与关键技术. 电光与控制,2007,14(6):113-117.

[45] RUSSO M, CARNEVALI L, RUSSO V, et al. Modeling and deterioration mapping of facades in historical urban context by close-range ultra-lightweight UAVs photogrammetry. International Journal of Architectural Heritage,2019,13(4):549-568.

[46] 沙虹伟. 无人倾转旋翼机飞行力学建模与姿态控制技术研究. 南京:南京航空航天大学,2007.

[47] 徐敏. 倾转旋翼机的发展与关键技术综述. 直升机技术,2003,(2):40-44.

［48］YOO C S, PARK B J, CHO A, et al. Simulation based on motion platform for tilt rotor UAV shipboard landing. Busan：2015 15th International Conference on Control, Automation and Systems（ICCAS）, 2015：1747 - 1750.

［49］KANG Y S, PARK B J, CHO A, et al. Envelop expansion flight test of flight control systems for TR - 60 tilt-rotor UAV. Gwangju：2013 13th International Conference on Control, Automation and Systems（ICCAS）, 2013：1866 - 1871.

［50］周骥平,武立新,朱兴龙.仿生扑翼飞行器的研究现状及关键技术.机器人技术与应用,2004,（6）：12 - 17.

［51］MACKENZIE D. A flapping of wings. Science, 2012, 335（6075）：1430 - 1433.

［52］CAETANO J V, REMES B D, DE VISSER C C, et al. Modeling a flapping wing MAV：flight path reconstruction of the Delfly II. Boston：AIAA Modeling and Simulation Technologies（MST）Conference, 2013.

［53］PERCIN M, VAN OUDHEUSDEN B W, DE CROON G, et al. Force generation and wing deformation characteristics of a flapping-wing micro air vehicle "DelFly II" in hovering flight. Bioinspiration & Biomimetics, 2016, 11（3）：036014.

［54］YAN J, WOOD R J, AVADHANULA S, et al. Towards flapping wing control for a micromechanical flying insect. Proceedings-IEEE International Conference on Robotics and Automation, 2001, 4：3901 - 3908.

［55］洪杰,马艳红,张大义.航空燃气轮机总体结构设计与动力学分析.北京：北京航空航天大学出版社,2014.

［56］CONSTANT E W. The origins of the turbojet revolution. Baltimore：Johns Hopkins University Press, 1980.

［57］谭远方,杨智边.火蜂 I 靶机简介与展望.现代防御技术,1984,（6）：3 - 9.

［58］柴水萍.MQ - 9"死神"无人机.现代军事,2008,（9）：57 - 58.

［59］潍坊天翔航空工业有限公司.V750 无人机,完备设计让"雄鹰"翱翔.工业设计,2011,（11）：48 - 51.

［60］张翼麟.美国 MQ - 4C 无人机发展特点及趋势分析.飞航导弹,2014,（1）：45 - 48.

［61］朱宝鎏.美国 D - 21 无人机覆灭记.兵器知识,2011,（8）：66 - 69.

［62］YADAV A K, SINGH S, GUPTA G, et al. Generation of electricity through staircase. Advanced Science Letters, 2014, 20（7/8）：1303 - 1306.

［63］BOUCHER R. History of solar flight. Cincinnati：20th Joint Propulsion Conference, 1984：1429.

［64］WALKERA. QL 1200 超长续航飞行作业平台.（2017 - 12 - 03）［2019 - 07 - 05］. http：//cn. walkera. com/index. php/Goods/info/id/522. html.

［65］尹泽勇,李上福,李概奇.无人机动力装置的现状与发展.航空发动机,2007,33（1）：10 - 15.

［66］PATIAS P. Introduction to unmanned aircraft systems. Photogrammetric Engineering & Remote Sensing, 2016, 82（2）：89 - 92.

［67］关中锋.美军无人机通信系统发展现状及趋势.通信技术,2014,（10）：1109 - 1113.

［68］铁血图文.战空幽灵：世界现役无人机大观.北京：人民邮电出版社,2014.

［69］包强,姜为学,刘小松,等.全球鹰无人机导航系统分析.飞航导弹,2009,（11）：60 - 63.

［70］XU Y M, CAI Z Q, PEI W, et al. Speed optimization of UAV vehicle tracking algorithm. Dalian：2017 4th International Conference on Information, Cybernetics and Computational social Systems

（ICCSS），2017：699－705.

［71］孙伟.长空一号（CK－1）高速无人机.世界航空航天博览：B版,2004,2B：35－37.

［72］GIBBONS I F, BOTHA J J. Tactical radar missile challenges. 2015 IEEE Radar Conference, 2015, 10：46－50.

［73］INTERSTATE AIRCRAFT. Interstate TDR－1.（2009－03－10）［2019－07－21］. http：//www. aviastar. org/air/usa/interstate_tdr－1. php.

［74］EVAN FLYS. Interstate TDR.（2010－08－05）［2019－07－21］. https：//military. wikia. org/wiki/Interstate_TDR.

［75］张涛,芦维宁,李一鹏.智能无人机综述.航空制造技术,2013,432（12）：32－35.

［76］参考消息.中国新型天鹰无人机下线能识别 50 公里外汽车牌照.（2010－08－05）［2017－11－16］. http：//mil. news. sina. com. cn/2017－11－16/doc-ifynvxeh5139468. shtml.

［77］采轩.我国量产型彩虹五无人机试飞成功.太空探索,2017,（9）：5.

［78］王会杰,远林.空中骄子 侦察英雄——中国 ASN－104/105 无人侦察机.现代兵器,1999,（10）：12－13.

［79］高辰.美军"美洲狮"无人机动力升级 飞行时间增 75%.（2013－10－25）［2019－07－22］. http：//www. chinanews. com/mil/2013/10－25/5426600. shtml.

［80］俞奕佳.国产"彩虹－4"无人机成功完成多型弹药实弹打靶试验.（2018－02－01）［2019－07－25］. http：//military. people. com. cn/n1/2018/0201/c1011－29799705. html.

［81］WISE K. First flight of the X－45A unmanned combat air vehicle（UCAV）. Austin：AIAA atmospheric flight mechanics conference and exhibit, 2003.

［82］YVONNE G. X－45 unmanned combat air vehicle（UCAV）.（2009－10－29）［2019－07－25］. https：//www. nasa. gov/centers/dryden/research/X45A/index. html.

［83］MCDONNELL. ADM－20"Quail".（2016－05－23）［2019－07－25］. https：//www. museumofaviation. org/portfolio/adm－20－quail/.

［84］参考消息.中国 JY300 无人预警机亮相珠海航展,或能探测 F22.（2018－11－06）［2019－07－25］. http：//mil. news. sina. com. cn/2018－11－06/doc-ihmutuea7355540. shtml.

［85］孙盛坤,禹琳琳.无人预警机系统发展思考.信息通信,2017,（6）：269－272.

［86］DEUTSCHE POST. DHL Paketkopter.（2018－12－10）［2019－07－26］. https：//www. dpdhl. com/en/media-relations/specials/dhl-parcelcopter. html.

［87］张华.无人机在消防灭火救援中的应用研究.军民两用技术与产品,2017,（18）：10－12.

［88］严梓扬,张杰雄,陈金栋.基于 M100 平台的电力巡检无人机.科技展望,2017,（11）：156.

［89］姜明,史静,姚巍,等.多旋翼微型无人机气象探测适用性分析.气象科技,2018,46（3）：479－484.

［90］HE X K, BONDS J, HERBST A, et al. Recent development of unmanned aerial vehicle for plant protection in East Asia. International journal of agricultural and biological engineering, 2017, 10（3）：18－30.

［91］周晓群.电子战无人机的未来发展趋势预测.舰船科学技术,2004,（4）：42－45.

［92］BÜRKLE A, SEGOR F, KOLLMANN M. Towards autonomous micro UAV swarms. Journal of Intelligent & Robotic Systems, 2011, 61（1/2/3/4）：339－353.

［93］ACKERMAN E. Parrot's new drone reclaims aniche：the Anafi marks the company's return to the consumerspace-［resources_review］. IEEE Spectrum, 2018, 55（9）：21.

［94］CAI G W, DIAS J, SENEVIRATNE L. A survey of small-scale unmanned aerial vehicles：recent advances and future development trends. Unmanned Systems, 2014, 2(2): 175 - 199.

[95] 曹琪琰. 世界经典无人机概览(9)以色列的战场大鸟"苍鹭". 航空模型, 2015, (10): 84 - 85.

[96] GRANTZ A. X - 37B orbital test vehicle and derivatives. Long Beach: AIAA SPACE 2011 Conference & Exposition, 2011: 7315.

[97] CHAPMAN S. Aerospace world. Air Force Magazine, 2002, 12: 9 - 25.

第 2 章
无人机的能源

学习要点

(1) 掌握无人机的主要能源形式及其适用的动力系统。

(2) 了解无人机不同形式能源的基本特性和应用情况。

(3) 了解无人机未来的能源发展趋势。

车用汽油

"空中靶标"（Aerial Target）

For the first few decades of flight, aircraft engines simply used the same kind of gasoline that powered automobiles.

——Aviation Fuel[1]

莱特兄弟驾驶"飞行者Ⅰ号"成功飞行之后的几十年中,由于航空发动机与汽车发动机基本相同(均为活塞发动机),航空发动机直接使用车用汽油(motor gasoline)作为燃料。第一架无人机"空中靶标"(1916 年)同样使用车用汽油作为能源来源[2]。此后,为了满足飞行器的飞行速度、飞行高度、有效载荷及安全性等方面的需求,产生了专用的航空汽油,并逐步从含铅航空汽油发展到低铅、无铅航空汽油。同时,随着航空燃气涡轮发动机、电力推进等动力形式的出现,航空煤油、电能等其他形式能源也逐渐应用到无人机中。

2.1　概　述

能源是无人机动力系统的能量来源,现有无人机的能源形式主要包括化石能源和电能。化石能源包括航空汽油、航空煤油和轻质柴油等,电能主要由蓄电池、燃料电池和太阳能电池等提供。具体而言,无人机采用何种能源形式,取决于两方面因素:一是能源形式要与无人机的动力形式相匹配,如航空汽油、轻质柴油适用于航空活塞发动机,航空煤油适用于航空燃气涡轮发动机,而电动机则只能输入电能;二是能源的工作温度、能量密度、成本、寿命等,需要满足无人机的使用环境和性能需求。

无人机能源的发展,与无人机动力系统的发展紧密相关。早期的无人机均采用航空活塞发动机驱动,其能源主要是车用汽油和轻质柴油,之后发展为航空活塞发动机专用的航空汽油,1916 年诞生的第一架无人机"空中靶标"的能源就是车用汽油[2]。随着航空燃气涡轮发动机在无人机中的广泛应用,航空煤油也成为无人机使用的一种主要能源[3]。1957 年,由电动机驱动的首架无人机 Radio Queen 问世[4],电能开始成为无人机的能源;随后,为了利用电能,蓄电池、太阳能电池和燃料电池等技术都相继得到了发展。首架采用太阳能电池的无人机 Sunrise Ⅰ在 1974 年试飞成功[5],首架采用燃料电池的民用无人机 Hycopter 于 2015 年问世[6]。在化石燃料和电池发展的同时,为了应对能源危机,可再生的航空生物燃料也得到了研究和发展[7]。

本章重点介绍无人机的能源,针对航空汽油、航空煤油及轻质柴油 3 种化石燃料,航空生物燃料,以及提供电能的蓄电池、燃料电池及太阳能电池,依次介绍各自的基本特性、发展历程及其在无人机中的典型应用,最后对无人机的未来能源形式进行展望。

2.2　航　空　汽　油

航空汽油由多种石油产物和添加剂混合而成,具有安定性好、能量密度高等特点。航空汽油在无人机中的应用经历了百余年的历史,目前主要应用于以航空活塞发动机为动力的无人机中。

2.2.1　基本特性

对于不同类型的化石燃料而言,化学成分是区分燃料类型的重要依据,也决定了燃料的性能表现,而燃料的性能可以用相关物理化学指标(简称物化指标)定量描述。

1. 化学成分

最早的航空汽油是直馏汽油,即直接加热石油得到馏程在 35~200℃ 的成分作为航空汽油使用。目前的航空汽油是由多种汽油和添加剂混合而成:首先通过不同化学过程加工石油,得到催化裂化汽油、催化重整汽油、加氢裂化汽油、焦化汽油、异构化汽油、烷基化汽油等多种不同汽油;其次,为了满足一定的性能要求,将上述汽油中的两种或多种混合在一起,并添加一些可以改善其使用性能的添加剂,最终得到成品航空汽油[8,9]。航空汽油中的添加剂主要包括抗爆震剂、防冰剂、抗氧化剂、染色剂等,每种添加剂可以改善航空汽油的某一方面性能。下面重点介绍几种核心添加剂的功能及原理。

抗爆震剂的功能是实现燃料平稳、正常燃烧,避免爆震。抗爆震剂可以通过降低燃烧过程中产生的过氧化物浓度来使燃料平稳燃烧。目前,常用的抗爆震剂包括四乙基铅、烷基铅、甲基环戊二烯三羰基锰、甲基叔丁基醚、甲醇等[10]。

爆震:

　　爆震是航空活塞发动机中的一种非正常燃烧现象。如图2.1所示,当汽油和空气的混合物进入发动机气缸后,被活塞压缩,正常的燃烧是:火花塞点火点燃混合物,火焰由火花塞逐渐扩散到整个气缸中,燃烧产物的体积膨胀稳定。发生爆震燃烧时,在火花塞点火后,气缸中的部分混合物在火焰尚未到达时即自发燃烧,导致燃烧不可控,燃烧产物的体积急剧膨胀,产生剧烈的冲击波并引发高频振动。爆震会影响发动机的输出功率,并可能损伤气缸[11]。

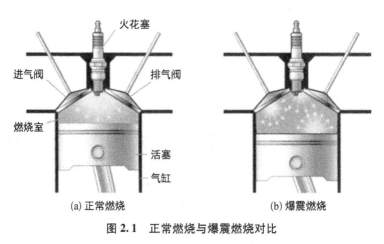

图2.1　正常燃烧与爆震燃烧对比

防冰剂的功能是防止航空汽油在输送管道中结冰。化石燃料中含有水分,包括溶解水、非溶解水两种状态,随着温度的降低,溶解水会转化为非溶解水,而非溶解水会在一定的低温下转变为冰晶(图2.2)。防冰剂可以与化石燃料中的微量水分子形成氢键结合,增大燃料对水的溶解度,使燃料对水的溶解性由可逆过程变为不可逆过程,达到防冰的效果。常用的防冰剂包括乙二醇甲醚、二乙二醇甲醚、乙二醇乙醚等[12]。

抗氧化剂的主要功能是延缓航空汽油氧化。航空汽油中含有多种烃类和非烃类的不安定组分,这些组分在生产、运输和使用过程中,可能会由于接触金属或空气中的氧而被氧化,并产生胶质和沉渣。抗氧化剂可以有效减少由氧化产生的胶质,提高航空汽油的安定性。常用的抗氧化剂主要包括酚型抗氧化剂、胺型抗氧化剂和酚胺型抗氧化剂。

染色剂的功能是使不同牌号的航空汽油便于区分。航空汽油具有多种不同的牌号,

图 2.2　结冰的航空汽油

在航空汽油中加入染色剂使其呈现一定的颜色,便于快速分辨航空汽油种类。图 2.3 为美国不同牌号航空汽油的颜色,其中,80 号航空汽油为红色,100 号航空汽油为绿色,100LL 号航空汽油为蓝色。在我国最新的国家标准《航空活塞式发动机燃料》(GB 1787—2018)中,除 100 号和 100LL 号航空汽油外,还有无色的 75 号、UL91 号,以及橙色的95 号。

图 2.3　美国不同牌号航空汽油的颜色

2. 物化指标

评价航空汽油的物化指标包括辛烷值、颜色、含铅量、净热值、冰点等。目前,世界范围内广泛应用的航空汽油包括 100 号和 100LL 号两种,表 2.1 详细对比了国产和进口航空汽油的部分物化指标[13]。

表 2.1 三种航空汽油部分物化指标对比

物 化 指 标	国产航空汽油（100 号）	国产航空汽油（100LL 号）	进口航空汽油（100LL 号）
辛烷值	100	103	100.7
四乙基铅	2.16 g/kg	1.11 g/kg	0.48 g/L
颜色	橘黄色	橘黄色	蓝色
密度/(kg/m^3)	720.1	709.9	705.1
净热值/(MJ/kg)	43.528	43.867	44.176
初馏点/℃	45.0	43.0	41.0
终馏点/℃	≤170.0	≤170.0	≤170.0
冰点/℃	<-59	<-59	-70
实际胶质/（mg/100 mL）	2.0	1.6	0.6
显见铅沉淀/（mg/100 mL）	0.5	0.5	0

上述指标中,部分重要指标的具体含义如下。

辛烷值:表征航空汽油抗爆性能的指标。具体而言,辛烷值是指与这种航空汽油抗爆性相当的标准燃料中所含异辛烷的百分数。辛烷值越高,抗爆性能越好。

四乙基铅:航空汽油常用的抗爆震剂,其含量受到严格限制。国产 100LL 号航空汽油与 100 号相比,辛烷值相近但四乙基铅含量大致降低一半。

净热值:表征航空汽油能量密度的指标。具体指单位质量或体积的燃料完全燃烧时所放出的总热量,减去燃烧过程中水汽化消耗的热量得到的热值。

初馏点:初馏点是指航空汽油被加热蒸馏时,出来第一滴油品对应的油蒸汽温度。它表征了航空汽油的蒸发性能。

终馏点:终馏点是汽油全部蒸馏出来时,油蒸汽温度达到的最高温度,也是用于表征航空汽油蒸发性能的参数。

冰点:航空汽油的凝固温度,表征其低温性能。在温度降低时,航空汽油中的烃分子会固化、形成蜡晶体;而随着温度升高,蜡晶体会完全消失。

实际胶质:表征航空汽油安定性的指标。实际胶质的含量可以通过在规定条件下蒸发燃料,测试残留物中的胶质得到。

3. 性能特点

航空汽油具有抗爆性高、安定性好、蒸发性好、腐蚀性小等优点,此外,航空汽油具有较高的能量密度、足够低的结晶点,非常适合作为航空燃油。

航空汽油的主要缺点是高污染性。航空汽油常用的抗爆剂——四乙基铅是一种剧毒物质,不仅影响环境,而且会严重干扰人体新陈代谢活动、危害人类健康。此外,长期使用四乙基铅还会腐蚀航空活塞发动机部件。

2.2.2 发展历程

为了满足飞行器的性能需求,航空汽油的发展大致经历了车用汽油、含铅汽油、低铅/无铅汽油 3 个阶段。

第一阶段:车用汽油阶段(20 世纪初~20 年代)。此阶段航空汽油的特点为:化学成分与车用汽油基本相同,使用时安全性较差。图 2.4 是这一时期英国 Royal Dutch Shell

PLC 的广告明信片,从中可以看到,车用汽油被广泛应用到英国空军的飞机中。随着航空活塞发动机的发展,车用汽油逐渐难以满足飞行的安全性和可靠性需求,航空汽油的概念被提出,第一种航空汽油 8G1B 诞生并被投入使用;此后,航空汽油与车用汽车开始分离,并发展出一套独立的能源供应体系[14]。

第二阶段:含铅汽油阶段(20 世纪 20~50 年代)。此阶段航空汽油的特点为:为减少爆震问题,添加了含铅抗爆震剂。在第一次世界大战期间,航空活塞发动机由于燃油不当频繁出现部件损坏(图 2.5),在多起飞行事故之后,航空汽油的爆震问题开始引起重视。1921 年,美国 General Motors Corporation 首次发现添加四乙基铅可显著减少航空汽油的爆震,此后含铅抗爆震剂开始广泛应用,航空汽油的辛烷值也不断提升。在 20 世纪 40 年代,80/87 号航空汽油成为第一种满足美国材料与试验协会(American Society for Testing and Materials,ASTM)标准的航空汽油,开始应用到航空活塞发动机中[15]。

第三阶段:低铅/无铅汽油阶段(20 世纪 50 年代至今)。此阶段航空汽油的特点为:为了降低污染,含铅量被严格控制。由于铅是一种对人体有害的剧毒物质,尽管到目前为止含铅航空汽油仍在使用,但是研发低铅、无铅汽油的脚步从未停止。20 世纪 90 年代,100 号低铅航空汽油通过美国联邦航空

图 2.4　英国 **Royal Dutch Shell PLC** 的广告明信片

图 2.5　由爆震损坏的航空活塞发动机部件

管理局的适航批准,开始广泛应用于航空活塞发动机。进入 21 世纪,各航空汽油生产企业开始了无铅航空汽油的研制,UL91 号无铅航空汽油在 2009 年正式进入市场,该牌号汽油也是目前唯一的商业化无铅汽油[16,17],图 2.6 为采用 UL91 号无铅航空汽油的飞机。

图 2.6　采用 **UL91** 号无铅航空汽油的飞机

2.2.3 应用举例

航空汽油广泛应用于以航空活塞发动机为动力装置的无人机中。一般情况下,轻负荷、低速度的无人机可选用抗爆性稍低的航空汽油,重负荷、高速度的无人机应当选用抗爆性好的航空汽油。

"先锋"无人机(图2.7),由美国 AAI Corporation 和以色列 Israel Aerospace Industries Ltd. 联合研制,翼展4.0 m,最大起飞质量205 kg,最大飞行速度200 km/h。该无人机采用一台 Sachs SF-350 活塞发动机作为动力装置,以80号航空汽油为燃料,航程为185 km,续航时间可达9 h[18]。

图2.7 "先锋"(Pioneer),Sachs SF-350 活塞发动机,美国 AAI Corporation/以色列 Israel Aerospace Industries Ltd.,1986年,侦察

"捕食者"无人机(图2.8),由美国 General Atomics Aeronautical Systems Inc. 研制,翼展14.8 m,最大起飞质量1 020 kg,最大飞行速度217 km/h。该无人机采用一台 Rotax 914F 四缸活塞发动机作为动力装置,以100LL号航空汽油为燃料,航程大于2 000 km,续航时间可达24 h[19]。

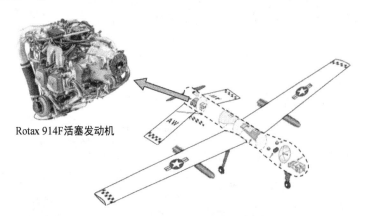

Rotax 914F活塞发动机

图2.8 "捕食者"(Predator),Rotax 914F 活塞发动机,美国 General Atomics Aeronautical Systems Inc.,1994年,侦察/攻击

2.3 航空煤油

航空煤油也叫喷气燃料(jet fuel),与航空汽油相比,航空煤油具有较好的低温性、安

定性、蒸发性、润滑性,能在高空、低温、低压条件下连续、平稳、迅速和完全地燃烧。在喷气发动机诞生以后,航空煤油广泛应用于以航空燃气涡轮发动机和冲压发动机为动力的无人机中。

2.3.1 基本特性

航空煤油与航空汽油一样,主要成分也是石油蒸馏产物,区别在于航空汽油的馏分主要是在低于170℃的温度下得到的,而航空煤油的馏分主要是在170~230℃的温度范围内得到的。

1. 化学成分

航空煤油是对石油直馏馏分利用加氢裂化、加氢精制等工艺加工后,混合一定添加剂调和而成。具体而言,航空煤油主要由多种石油烃类、少量非烃及添加剂组成,由于原油来源及加工工艺的区别,航空煤油中的烃类和非烃含量可能会存在一定差异。其中,烃类主要包括烷烃、环烷烃、芳香烃和少量的烯烃,由于芳香烃会影响燃料的燃烧性,GB6537—2018《3号喷气燃料》规定其体积分数不大于20.0%;此外,烯烃会影响燃料的安定性,GB 6537—2018 规定其体积分数不大于5.0%。航空煤油中的非烃主要包括含氧化合物、含硫化合物、含氮化合物和有机金属化合物,这些非烃属于非理想成分(杂质),可能会影响燃料的燃烧性、安定性、腐蚀性等,以含硫化合物为例,GB 6537—2018 规定总硫的质量分数不大于0.2%[20]。

与航空汽油类似,航空煤油中也含有多种添加剂,用以改善燃油的某些使用性能,主要包括抗氧化剂、防冰剂、防静电剂、抗磨剂、防腐蚀剂等。航空煤油中没有抗爆震剂,此外,即使添加剂的类型一样,航空煤油添加剂的具体成分与航空汽油也并不完全一样。下面重点介绍航空煤油的两种核心添加剂。

防静电剂的功能是提高航空煤油的导电性能,有效消除静电并防止电火花产生。航空煤油在加注和运输过程中,在与储存、运输容器内壁摩擦时可能产生静电,而由于航空煤油在洁净状态下是电的不良导体,静电不能及时转移,存在危险隐患。防静电剂可以提高航空煤油的导电率,有助于电荷传导,避免电荷集聚。目前,常

图 2.9 防静电剂 **Stadis 450**

用的防静电剂主要是美国 E. I. du Pont de Nemours and Company Inc. 生产的 Stadis 450,如图 2.9 所示。

抗磨剂的主要功能是提高航空煤油的润滑性。航空煤油是经过多重精制工艺加工得到的,天然抗磨组分在生产过程中被除掉,本身的润滑性变差,可能会磨损其他精密部件。抗磨剂一般是含有极性基团的有机物,可以吸附在摩擦部件的表面,减少磨损。航空煤油常用的抗磨剂包括 T305、T1602 等。

2. 物化指标

目前,世界各国使用不同的航空煤油标准。我国航空煤油(军用、民用)采用 RP 系列编号;美、英等国家军用航空煤油主要采用 JP 系列编号,民用航空煤油采用 JET 系列编号。其中,JET A-1 是当前国际民用航空的主要用油(图2.10),它与我国生产的3号航

空煤油(RP-3)类似,表 2.2 对比了 RP-3 与 JET A-1 的部分物化指标标准值[21],两者基本一致。

图 2.10　运输 JET A-1 航空煤油的加油车

表 2.2　RP-3 与 JET A-1 的部分物化指标对比

物 化 指 标	RP-3	JET A-1
颜色	清澈透明	清澈透明
终馏点/℃	≤300	≤300
闪点/℃	≥38	≥38
密度/(kg/m³)	775~830	775~840
冰点/℃	≤-47	≤-47
净热值/(MJ/kg)	≥42.8	≥42.8
实际胶质/(mg/100 mL)	≤7	≤7

上述物化指标中,终馏点、冰点、净热值及实际胶质的含义与航空汽油一致,闪点的含义如下。

闪点:使航空煤油汽化而着火的最低温度。当燃料表面产生足够的蒸气,并与空气混合形成可燃气体时,遇到火源会产生火光,发生闪燃,闪燃发生的最低温度即闪点。闪点是衡量可燃性液体挥发性的指标,闪点越低,挥发性就会越高,储存、运输和使用过程中的安全性越差。

3. 性能特点

航空煤油具有以下优点:第一,热值高、燃烧性能好,能够迅速、稳定、连续、完全燃烧;第二,低温流动性好,可以满足寒冷低温地区和高空飞行对油品流动的要求;第三,安定性和抗氧化性好,可以满足超声速高速飞行的需要;第四,洁净度高,无机械杂质及水分等有害物质,硫含量尤其是硫醇性硫含量低,对机件腐蚀小。此外,航空煤油不易起静电,且具有较好的润滑性。

2.3.2　发展历程

伴随着航空燃气涡轮发动机的发展,航空煤油大致经历了标准形成、品类丰富以及性能改善 3 个阶段。

第一阶段：标准形成阶段（20 世纪 40~50 年代）。 此阶段的特点为：首个航空煤油标准问世，第一种规范的航空煤油被应用于航空燃气涡轮发动机。航空燃气涡轮发动机在诞生之初并不是以航空煤油为燃料，而主要是以汽油为燃料，但汽油的高挥发性会在高空产生气阻，且汽油润滑性不足会导致部件磨损，同时汽油中的添加剂会侵蚀叶片，上述种种弊端表明汽油并不适用于航空燃气涡轮发动机。1944 年，美国陆军航空兵首次将一种航空煤油用于航空燃气涡轮发动机，并制定了燃油标准 AN－F－32，这种航空煤油被命名为 JP－1；随后，美国于 1945 年和 1947 年相继制定了 JP－2、JP－3 航空煤油的规范，尝试逐步改良燃油性能，但收效不佳。与此同时，英国在二战末期出台了自己的第一个航空煤油标准 RDE/F/KER（临时标准），苏联于 1949 年生产出了直馏航空煤油 T－1，并制定了相应的生产标准[22]。

第二阶段：品类丰富阶段（20 世纪 50~80 年代）。 此阶段的特点为：多种不同种类的军用、民用航空煤油问世，以满足特定的使用环境需求。以美国为例，美军在这一阶段相继推出了 JP－4、JP－5、JP－6 和 JP－7 等多种航空煤油，其中，JP－4 在诞生后的 40 年中广泛应用于美国空军（图 2.11），JP－5 用于航母舰载机，JP－6 和 JP－7 则是专门用于高空高速侦察机和轰炸机。在20 世纪 60 年代，与 JP－1 类似的一种航空煤油 JET A 首次应用于商业航空。我国在这一时期生产了 RP－1 和 RP－2 两种航空煤油，随后扩展了不同用途的若干型号，如专用于舰载飞机的 RP－5[23]。

图 2.11　越南战场的美军 JP－4 航空煤油桶

第三阶段：性能改善阶段（20 世纪 80 年代至今）。 此阶段的特点为：多种添加剂被用于航空煤油中，其综合性能显著提高。以 JP－8 航空煤油为例，JP－8 是在 JET A 航空煤油的基础上，根据 ASTM、英国国防部、国际航空运输协会及多家石油公司联合制定的技术规范，添加防冰剂、防静电剂等多种添加剂制成的。JP－8 目前是美国和北约空军的主要航空燃油，如图 2.12 所示。此后，美国在 JP－8 的基础上又开发了 JP－8+100 热安定性燃料、JP－900 等一系列新型的航空煤油，其中"+100"是指将 JP－8 的最高耐热温度提高 100°F①（约 38℃），从而大大改善 JP－8 的热氧化安定性（抵抗氧和热的作用而保持其性质不发生永久性变化的性能）[24, 25]。

---

① 华氏度与摄氏度的换算关系为：$t°F = \dfrac{5}{9}(t-32)℃$。

图 2.12　某型军用运输机加注的 JP-8 航空煤油

2.3.3　应用举例

航空煤油凭借净热值高、安定性好、低温流动性好等优点,主要应用于以航空燃气涡轮发动机和冲压发动机为动力的无人机中。

RQ-4"全球鹰"无人侦察机,由美国 Northrop Grumman Corporation 研制,翼展39.9 m,最大起飞质量 14 628 kg,最大飞行速度 629 km/h,实用升限 18 000 m。其动力装置为一台 Rolls-Royce F137-RR-100 涡轮风扇发动机(民用代号 AE 3007H),采用 JP-8 航空煤油作为燃料,可以完成洲际飞行[26]。

"云影"(CYunying)无人侦察机(图 2.13),由中国航空工业集团有限公司研制,翼展17.8 m,最大起飞质量约 3 000 kg,最大飞行速度 620 km/h,实用升限 14 000 m。该无人机装备一台 WP-11C 涡喷发动机,以国产 RP-3 航空煤油为燃料[27],可搭载重达 400 kg 的武器[28]。

图 2.13　"云影"(CYunying),WP-11C 涡喷发动机,中国航空工业集团有限公司,2016 年,侦察/攻击

图 2.14　D-21,RJ43-MA-20S4 冲压发动机,美国 Lockheed Corporation,1964 年,侦察

D－21 无人侦察机(图 2.14),由美国 Lockheed Corporation 在 SR－71 高空高速侦察机基础上研制,翼展 5.8 m,最大起飞质量 5 000 kg,最大飞行速度 3 600 km/h,实用升限 29 000 m。该无人机装备一台 Marquardt RJ43－MA－20S4 冲压发动机,以 JP－7 航空煤油为燃料,曾于 1971 年坠落于我国云南省[29]。

2.4 轻 质 柴 油

轻质柴油也叫轻柴油,是一种具有良好发火性和低温流动性的化石燃料。目前,装备航空活塞发动机的无人机,采用的化石燃料主要是航空汽油,轻质柴油凭借其安全性高、成本低等优势也得到了一定应用。

2.4.1 基本特性

根据馏程范围的不同,柴油分为轻质柴油(馏程在 180~370℃)和重质柴油(馏程在 350~410℃),轻质柴油主要应用在车辆、船舶和铁路机车中,少量用于无人机中。本节依次介绍其化学组成、物化指标和性能特点。

1. 化学组成

作为一种石油产品,轻质柴油是复杂的烃类混合物,主要由原油蒸馏、催化裂化、热裂化、加氢裂化、石油焦化等过程生产的柴油馏分调配而成。许多国家对轻质柴油中的芳烃含量进行了严格规定,例如,美国环境保护局规定轻质柴油中的芳烃体积分数不大于35%;欧盟规定轻质柴油中的多环芳烃体积分数不大于 11%[30]。

2. 物化指标

根据 GB 252—2015《普通柴油》国家标准规定,我国轻质柴油按凝点分为 6 个牌号:5 号、0 号、－10 号、－20 号、－35 号和－50 号。表 2.3 列出了这几种轻质柴油的关键物化指标[31]。

表 2.3 轻质柴油的关键物化指标

物 化 指 标	5 号	0 号	－10 号	－20 号	－35 号	－50 号
十六烷值	≥45	≥45	≥45	≥45	≥45	≥45
凝点/℃	≤5	≤0	≤-10	≤-20	≤-35	≤-50
闪点/℃	≥55	≥55	≥55	≥55	≥45	≥45
总不溶物/(mg/100 mL)	≤2.5	≤2.5	≤2.5	≤2.5	≤2.5	≤2.5
硫含量/(mg/kg)	≤10	≤10	≤10	≤10	≤10	≤10
运动黏度/(mm²/s)	3.0~8.0	3.0~8.0	3.0~8.0	2.5~8.0	1.8~7.0	1.8~7.0
密度/(kg/m³)	810~845	810~845	810~845	790~840	790~840	790~840

上述指标中,部分重要指标的具体含义如下。

十六烷值:表征轻质柴油发火性能的指标。十六烷值越高,轻质柴油越容易点燃,活塞发动机工作越平稳、柔和,低温起动性越好,轻质柴油的十六烷值一般以 40~50为宜。

凝点：表征轻质柴油低温流动性的指标。凝点是指轻质柴油在规定条件下冷却至丧失流动性时的最高温度,选用轻质柴油时,一般要求凝点低于环境温度 3~5℃。

硫含量：轻质柴油中硫及其衍生物的含量。硫的燃烧产物会显著影响活塞发动机的寿命,并导致环境污染,因此,轻质柴油中的硫含量会被严格控制。

3. 性能特点

轻质柴油具有以下优点：第一,闪点和燃点高,与航空汽油相比,轻质柴油的闪点和燃点都更高,在遇到意外情况后发生燃烧和爆炸的概率大大降低,因此安全性相比航空汽油有很大提高,便于存储和运输；第二,低污染,轻质柴油没有高毒性和污染性的铅添加剂,且含硫量较低,有利于环境保护；第三,来源广泛,成本低,轻质柴油最常见的来源是石油,但生物质、动物脂肪、沼气、天然气等也可用于加工轻质柴油。

轻质柴油的缺点在于：燃烧时需要较高的着火能量,且低温流动性和油气混合质量较差。这些因素给轻质柴油在航空活塞发动机及无人机中的普及带来了诸多障碍。

2.4.2 发展历程

与航空汽油类似,轻质柴油的发展历程很大程度上取决于航空活塞发动机的发展,大致经历了车用柴油、综合性能提升及环境友好 3 个阶段。

图 2.15 采用轻质柴油的 Packard DR-980 九缸航空活塞发动机

第一阶段：车用柴油阶段（20 世纪 10~40 年代）。 此阶段的特点为：应用于航空活塞发动机的轻质柴油与车用柴油基本一致,使用广泛但存在安全隐患。第一次世界大战期间,数量庞大的战斗机需要使用大量的燃料,而且要保障飞行的稳定性。柴油因为生产工艺成熟、来源广泛、储备丰富,得到了广泛应用。这一时期的航空用柴油与汽车用柴油没有明显区别,闪点较低,在运输和使用方面存在安全隐患,且含硫量较高、污染较大。图 2.15 为某型固定翼飞机装备的 Packard DR-980 九缸航空活塞发动机,该活塞发动机以轻质柴油为燃料,于 1928 年首飞成功[32]。

第二阶段：综合性能提升阶段（20 世纪 40~80 年代）。 此阶段的特点为：轻质柴油的综合性能大幅提升,但在航空领域的应用比例大幅减少。第二次世界大战期间,轻质柴油因为一些较为明显的缺点,逐渐被生产工艺成熟、热值较高、安全性较好、更适于航空活塞发动机的航空汽油替代。随着涡喷发动机的发明,航空飞行器进入喷气时代,轻质柴油随航空活塞发动机一同逐步退出主要航空领域,仅少量被用于轻型低速飞机、直升机和低空无人机。为了提升轻质柴油的性能、扩大其应用范围,一系列新的轻质柴油型号在这一时期出现,轻质柴油也逐步具备了清净分散性、热稳定性、极压抗磨性、高温抗氧化性等优异性能[33]。

第三阶段：环境友好阶段（20 世纪 80 年代至今）。 此阶段的特点为：轻质柴油的含硫量等被严格限制,轻质柴油再次在航空领域得到重视和应用。在军用方面,美国于

20 世纪 80 年代提出了"战场统一燃料计划",以 JP - 8 航空煤油替代了部分轻质柴油,减少了轻质柴油的使用需求量。在民用方面,随着人们对环境保护认识的加深,小型航空活塞发动机中使用的航空汽油已经越来越难以满足要求,轻质柴油以其良好的环境友好性以及较低的成本,逐渐引起了世界各国的重视;随着硫含量、密度、芳烃含量等关键参数被严格限制,轻质柴油得到了越来越多的应用。图 2.16 为奥地利 Diamond Aircraft Industries GmbH 研制的 Diamond DA - 42 Twin Star 飞机,该飞机采用轻质柴油作为燃料,于 2004 年不间断地穿越北大西洋,成为第一架完成此任务的柴油动力固定翼飞机[34]。

图 2.16 使用轻质柴油的 Diamond DA - 42 Twin Star 飞机

2.4.3 应用举例

凭借成本低、环境污染小等优势,轻质柴油目前主要应用于以航空活塞发动机为动力的长航时、中小型无人机。

"灰鹰"(Grey Eagle)无人机(图 2.17)由美国 General Atomics Aeronautical Systems Inc. 根据"捕食者"改进而来,翼展 17 m,最大起飞质量 1 633 kg,最大飞行速度 309 km/h。该无人机采用轻质柴油为燃料,能够携带重达 360 kg 的有效载荷以 240 km/h 的速度在 7 600 m 高度上不间断飞行近 40 h[35]。

VA001 无人机(图 2.18)由美国 Vanilla Unmanned 研制,翼展 11 m,最大起飞质量不

图 2.17 "灰鹰"(Grey Eagle),Thielert Centurion 1.7 航空活塞发动机,美国 General Atomics Aeronautical Systems Inc.,2004 年,攻击

图 2.18 VA001,某型航空活塞发动机,美国 Vanilla Unmanned,2016 年,通用

图 2. 19 "安卡"（ANKA - S），Thielert Centurion 2.0 航空活塞发动机，土耳其 Turkish Aerospace Industries，2010 年，侦察行 24 h[37]。

到 500 kg，最大飞行速度 139 km/h。该无人机以轻质柴油为燃料，能够搭载重 13.6 kg 的有效载荷在 4 600 m 的高度上停留长达 10 d 的时间[36]。

"安卡"（ANKA - S）无人机（图 2.19），由土耳其 Turkish Aerospace Industries 研制，翼展 17.3 m，最大起飞质量达到 1 600 kg，最大飞行速度 217 km/h。该无人机以轻质柴油为燃料，可以搭载 200 kg 的有效载荷在 9 144 m 的高度飞行。

2.5 航空生物燃料

与传统的化石能源不同，航空生物燃料是由生物质组成或萃取的燃料，属于可再生能源。航空生物燃料最早由芬兰 Neste Oil Corporation 于 2003 年提出，之后得到了越来越多的关注和研究，也逐渐应用于载人飞机和无人机中。目前，航空生物燃料尚不能独立支撑航空飞行，多与航空煤油按一定比例混合使用。

2.5.1 基本特性

航空生物燃料主要成分的分子结构与传统化石燃料类似，物化性能也存在一定相似性。下面重点介绍其化学组成、物化指标及性能特点。

1. 化学组成

目前已成功试飞的航空生物燃料均是以动植物油脂或藻类油为原料，采用加氢脱氧工艺生产制备得到的。为了满足航空燃料的低温性能、稳定性能等要求，国内外已开发了多种航空生物燃料生产工艺路线，主要思路是首先将生物质转化为中间产物（生物质油或合成气），再对中间产物（或天然油脂）进行改性来制备航空生物燃料。由于采用了加氢工艺，航空生物燃料中烯烃和芳烃的含量较少，烷烃的含量较高。相比航空煤油，航空生物燃料中氮和硫的含量更低，燃烧后排放的气体污染更小。虽然航空生物燃料可以直接用于航空燃气涡轮发动机，但目前主要是作为调和成分，以 1%~50% 的体积比例与航空煤油混合后进行使用[38,39]。

2. 物化指标

评价航空生物燃料性能的物化指标与传统化石燃料相近，主要包括馏程范围、净热值、密度、运动黏度、冰点等。表 2.4 对比了航空生物燃料 Sundisel 与航空煤油 JET A -1 的物化指标[40]。可以看到，航空生物燃料的净热值、能量密度等指标与航空煤油相近，且具有更高的闪点、更低的硫含量，但航空生物燃料的冰点过高、芳烃含量较低。芳烃含量不仅会影响燃料冰点，还可能引起燃油泄漏。

表 2.4　航空生物燃料 Sundisel 与航空煤油 JET A-1 的物化指标对比

物 化 指 标	Sundisel	JET A-1
密度/(kg/m³)	785	810
馏程范围/℃	210~338	177~300
-20℃时运动黏度/(mm²/s)	—	<8
40℃时运动黏度/(mm²/s)	3.57	1~2
十六烷值	>70	>45
净热值/(MJ/kg)	43.9	43.3
能量密度/(MJ/L)	34.5	35.1
闪点/℃	72	>38
冰点/℃	0	-47
芳烃含量/%	0.3(质量分数)	8.0~26.5(体积分数)
硫含量(质量分数)/%	<0.05	≈0.3
胶含量/(mg/100 mL)	0.2	<7.0

3. 性能特点

航空生物燃料具有以下优点：第一，通用性好，航空生物燃料可以单独或与航空煤油混合后，直接用于现有的航空燃气涡轮发动机，无须制造商重新设计引擎或飞机，航空公司和机场也无须开发新的燃料运输系统；第二，污染小，航空生物燃料的硫和氮含量较低，燃烧后排放的气体污染小，且可以减少 60%~80% 的二氧化碳排放量，具有良好的环境效益。

航空生物燃料的主要缺点是冰点过高，低温性能不佳。目前主要通过与航空煤油混合，或者与大量轻馏分的汽油混合来降低冰点。

2.5.2　发展历程

为应对化石能源危机，航空生物燃料作为传统航空燃油的一种替代燃料，逐渐受到各国重视。目前，航空生物燃料大致经历了试验研发、标准形成两个阶段。

第一阶段：试验研发阶段（2003~2012 年）。 此阶段的特点为：以多种动植物油脂为原料的航空生物燃料问世，并经历了多次飞行试验。2003 年，芬兰的 Neste Oil Corporation 最先提出了一种航空生物燃料的制备方法，随后，美国及欧洲各国从 2008 年起开始了航空生物燃料的正式研发，所用原料主要为：椰子油、棕榈油、麻风子油、亚麻油、海藻油、餐饮废油、动物脂肪等。在 2008~2011 年，包括新西兰 Air New Zealand Limited、美国 Continental Airlines Inc.、日本 Japan Airlines Co. Ltd.、墨西哥 Aerovias de México, S.A. de C.V. 等在内的多家航空公司，先后在大型客机上对航空生物燃料与航空煤油的混合燃料进行了飞行测试。我国自 2009 年开始研发航空生物燃料技术，曾以棕榈油为原料首次生产航空生物燃料产品；此后，于 2011 年首次在北京首都国际机场进行了航空生物燃料的验证飞行（图 2.20），使用传统航空煤油燃料与航空生物燃料按照 1：1 的比例调和而成的混合燃料，试飞持续了 58 min[41]。

第二阶段：标准形成阶段（2012 年至今）。 此阶段的特点为：首个航空生物燃料标准问世，航空生物燃料开始迈入商业化。2011 年末，ASTM 颁布了航空生物燃料的首个生

图 2.20　我国首次航空生物燃料验证飞行

产标准。同年,国际航空运输协会提出,在完成相关安全性测试和认证后,航空生物燃料在 2012 年开始正式进入商用领域。2013 年 4 月 24 日,我国自主研发生产的 1 号航空生物燃料在某型商业客机中成功试飞,此后,我国民航局为 1 号航空生物燃料颁发了技术标准规定项目批准书,航空生物燃料在我国也迈入了商业化阶段[42]。

2.5.3　应用举例

由于航空生物燃料尚处于研发和初步商业化阶段,其在无人机上的应用以试验测试为主,目前仅有一例飞行记录。

"火力侦察兵"无人直升机(图 2.21),由美国 Northrop Grumman Corporation 研制,最大起飞质量 1 430 kg,巡航速度 200 km/h。该无人机采用一台 Rolls - Royce 250 - C20 涡轴发动机作为动力装置,曾于 2011 年 10 月首次采用航空生物燃料试飞,该航空生物燃料是由 JP - 5 航空煤油和亚麻荠提取物混合制成的[43,44]。

图 2.21　"火力侦察兵"(Fire Scout),Rolls - Royce 250 - C20 涡轴发动机,
美国 Northrop Grumman Corporation,2002 年,侦察

2.6 蓄 电 池

蓄电池泛指所有在电量用到一定程度之后可以被再次充电、反复使用的发电装置,可以将化学能直接转换成电能。凭借能量密度高、质量轻等优势,蓄电池目前主要应用于微小型电力推进无人机中。

2.6.1 基本特性

常见的蓄电池包括锂离子电池、镍镉电池、锌银电池等。目前,作为无人机电动机能量来源的主要是锂离子电池,镍镉电池、锌银电池由于能量密度有限,主要用于机载航电设备和辅助动力系统。下面简要介绍蓄电池的工作原理、物化指标及性能特点。

1. 工作原理

蓄电池在充电过程中,利用外部的电能使其内部的活性物质再生,把电能转换成化学能存储起来;放电时,再把化学能转换成电能输出。以锂离子电池为例(图 2.22),在充电过程中,锂离子从正极脱出,经过电解液后运动到负极;负极呈层状结构,有很多微孔,到达负极的锂离子嵌入微孔中,使负极处于富锂状态,正极处于贫锂状态,同时电子的补偿电荷从外电路供给到负极。放电时则相反,锂离子从负极移出至电解液,再进入正极;同时电子从外电路由负极运动到正极,形成电流。

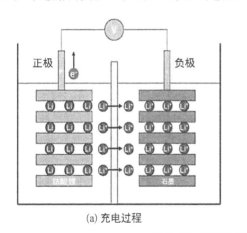
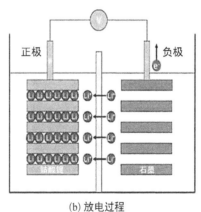

(a) 充电过程   (b) 放电过程

图 2.22 锂离子电池工作原理

从结构上来说,单个蓄电池主要由正极材料、负极材料以及电解质溶液组成。以锂离子电池为例,目前常用的正极材料包括钴酸锂($LiCoO_2$)、锰酸锂($LiMn_2O_4$)、镍酸锂($LiNiO_2$)及磷酸锂铁($LiFePO_4$)等;负极材料则大多使用焦炭和石墨等碳材料;电解质溶液的溶质常采用锂盐,如高氯酸锂($LiClO_4$)、六氟磷酸锂($LiPF_6$)和四氟硼酸锂($LiBF_4$),溶剂主要采用碳酸酯类有机溶剂[45]。

单个蓄电池能够提供的能量有限,无人机中采用的蓄电池一般是由多个蓄电池通过串联或并联方式组成的电池组,如图 2.23 所示。串联电池组可以提供较高的电压,要保证每个电池的容量相差不大;并联电池组能提供更强的电流,要求每个电池电压相同。

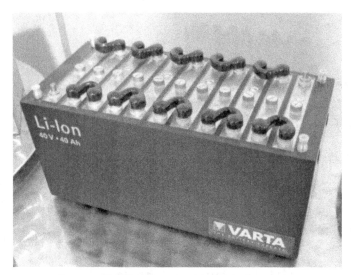

图 2.23　德国 VARTA AG. 生产的锂离子电池组

2. 物化指标

电力推进无人机中常用的蓄电池包括锂离子电池、聚合物锂离子电池及锂硫电池,表 2.5 对比了这 3 种电池的主要物化指标,包括标称电压、比能量、效率、使用寿命等[46]。

表 2.5　无人机用蓄电池的主要物化指标

物化指标	锂离子电池	聚合物锂离子电池	锂硫电池
标称电压/V	3.7	3.7	2.1
工作电压/V	3.4~4.2	2.75~4.2	1.5~2.3
理论比能量/(W·h/kg)	448	739	2 600
质量比能量/(W·h/kg)	180~250	130~200	300~600
体积比能量/(W·h/L)	500~800	300	350
功率密度/(W/kg)	1 000~4 000	<3 000	—
循环寿命/次	>1 000	500~1 000	100~500
使用寿命/年	3~5	2~3	—
效率/%	>95	99.8	—
比容量/(mA·h/g)	100~285	275	1 675

上述指标中,部分重要指标的具体含义如下。

标称电压:即额定电压,通常指的是蓄电池引线开路的输出电压,也就是不接任何负载、没有电流输出的电压值,是该电源的输出电压上限,该参数可用来鉴别电池类型。

工作电压:工作电压是指蓄电池接通负载后,在放电过程中的显示电压,它在放电过程中是变化的,例如,锂离子电池充满电时工作电压是 4.2 V,放完电后工作电压则变为 3.4 V。

比能量:衡量电池能量密度的指标。比能量指参与电极反应的单位质量或单位体积的电极材料放出电能的大小,包括理论比能量、质量比能量和体积比能量等不同表述方式,比能量的单位为 W·h/kg 或 W·h/L,其中 1 W·h = 3 600 J。

比容量:单位质量的电池或活性物质全部反应所能放出的电量。电池的实际容量取决于电池中活性物质的多少和活性物质的利用率。活性物质越多、利用率越高,电池的容量也就越大。电池的容量越大,其储存的可用电能就越多。

能量密度与功率密度:

　　能量密度是指单位体积或质量物质中储存能量的大小,本章中出现的净热值、比能量等均是能量密度的度量形式。功率密度则是系统能够输出的最大功率与系统质量或体积的比值。图 2.24 是几种电池、电容器及内燃机的能量密度与功率密度的对比。

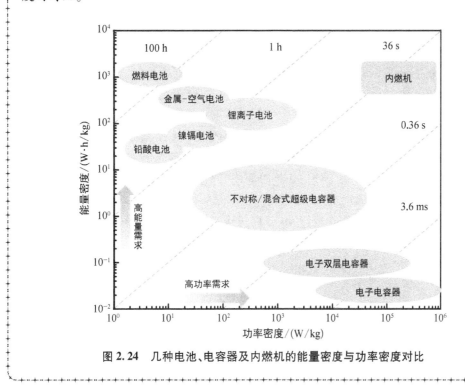

图 2.24　几种电池、电容器及内燃机的能量密度与功率密度对比

3. 性能特点

　　蓄电池作为一种高能量密度的装置,具有质量轻、储存寿命长、工作效率高等特点,在无人机中得到了广泛应用,不仅可作为微、小型无人机的动力系统能量来源,也常常配置在大型无人机中作为应急能源或备用能源。下面分别介绍锂离子电池、聚合物锂离子电池及锂硫电池 3 类蓄电池的特点。

　　锂离子电池是近 40 年来快速发展的新型高比能量电池,该类电池具有结构可燃性低、体积小、质量轻、输出功率大、低自放电等特点,而且无记忆效应,电池在未放空电的情况下可随时充放电,使用维护简便。锂离子电池的工作温度范围宽,可在 $-20 \sim 60℃$ 正常工作,因而非常适用于航空飞行器。但锂离子电池的制造成本比其他广泛使用的蓄电池高[47]。

　　聚合物锂离子电池,又称高分子锂电池,具有能量密度高、更小型化、超薄化、轻量化,以及高安全性和低成本等多种明显优势。聚合物锂离子电池的基本结构与锂离子电池相同,区别在于聚合物锂离子电池以固态的聚合物取代锂离子电池中的有机溶液;在形状上,聚合物锂离子电池具有超薄化特征,可以配合各种产品的需要,制作成任何形状与容量的电池,外包装为铝塑包装,有别于锂离子电池的金属外壳,其内部质量隐患也可立即通过外包装变形如鼓胀等而显示出来[48]。

锂硫电池的密度与水接近,十分轻便,能量密度比锂离子电池更高,且使用硫的成本更低,因而将来有望取代锂离子电池作为更高效的无人机动力能源。这种电池面临的关键问题是硫阴极的低导电性,寻找高导电性的阴极是发展这类电池的研究重点[49]。

2.6.2 发展历程

在首架电力推进无人机于 1957 年问世以后,蓄电池经历了漫长的技术发展阶段,综合性能不断提升。在 20 世纪末期,高能量密度的蓄电池技术趋于成熟,蓄电池在无人机中也迎来了广泛应用。

第一阶段:初期发展阶段(1957 年~20 世纪 90 年代)。这一阶段的特点是:蓄电池的能量密度较低,只能用于不携带载荷的飞机模型和无人机的辅助电气设备上。1957年,英国 H. J. Taplin 设计的采用锌银电池驱动的无人机模型 Radio Queen 是有官方报道的第一架电力推进无人机。此后的近 40 年时间内,锌电池、镍电池等多种蓄电池相继问世,蓄电池的性能不断提升,但使用效果均欠佳[4,50]。

第二阶段:快速发展阶段(20 世纪 90 年代至今)。这一阶段的特点是:锂离子电池的相关技术逐步成熟,能量密度满足了电推进动力系统的需要,逐渐应用于各类无人机中。1985 年,由日本化学家 Akira Yoshino(1948 年 1 月至今)领导的研究小组,发明了第一个锂离子电池原型(图 2.25),从此,蓄电池的研究和应用进入了新的阶段。1991 年,日本 Sony Corporation 推出了第一块商用的锂离子电池,经过近 10 年的发展,直到 20 世纪

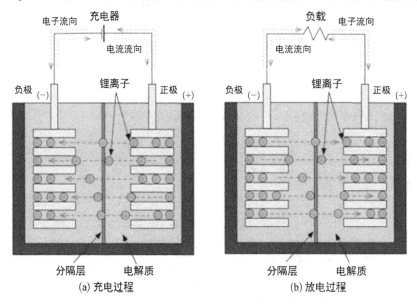

图 2.25 **Akira Yoshino 研究小组提出的锂离子电池工作原理**

90 年代末,高比能量、高能量密度的锂离子电池相关技术才逐渐趋于成熟。美国最早将其应用于军事用途,图 2.26 为美国 2001 年试飞的无人机 RQ -11"渡鸦"(Raven),其以锂离子电池作为动力能源。此后,随着微型多旋翼无人机的问世和快速发展,蓄电池在无人机能源中的地位变得越来越重要,图 2.27 为加拿大 Draganflyer Inc. 成功研制的世界首个以蓄电池为能源的多旋翼航拍无人机 Draganflyer[51]。

图 2.26　RQ -11"渡鸦"(Raven),Aveox 27/26/7 - AV 电动机,美国 AeroVironment Inc.,2001 年,侦察

图 2.27　Draganflyer,某型电动机,加拿大 Draganflyer Inc.,1998 年,航拍

2.6.3　应用举例

蓄电池既可以独立作为电力推进无人机的能量来源,也可以配合其他形式能源共同使用。下面分别举例介绍锂离子电池和聚合物锂离子电池的应用。

"黄蜂"(Wasp Ⅲ)无人机(图 2.28),由美国 AeroVironment Inc. 公司研制,翼展 72.3 cm,质量仅 430 g,最大飞行速度 65 km/h。该无人机采用锂离子电池作为能量来源,最大航程可达 5 km,巡航时间可达 45 min,能够接收 5 km 以外的控制无线电收发机信号[52]。

图 2.28　"黄蜂"(Wasp Ⅲ),某型电动机,美国 AeroVironment Inc.,2007 年,侦察

图 2.29　Paketkopter,某型电动机,德国 DHL International GmbH,2014 年,物流

Paketkopter 快递无人机(图 2.29),由德国 DHL International GmbH 研制,机身尺寸 103.0 cm,载重约 1.2 kg,飞行速度约 43 km/h。该四旋翼无人机采用聚合物锂离子电池作为能量来源,于 2013 年开始送货测试,能够在长达 12 km 的波恩河岸航线内往返配送货物[53]。

2.7　燃料电池

相较于蓄电池,燃料电池具有更高的能量密度,但由于造价昂贵且燃料储存技术发展不足,目前燃料电池在无人机中尚处于测试研发阶段。

2.7.1　基本特性

燃料电池通过氧化剂与燃料之间的氧化还原反应,将燃料中的化学能转换成电能。其中,氧化剂一般是空气中的氧气或纯氧;燃料(还原剂)通常是氢气,或者某些能分解出氢气的碳氢化合物,如天然气、醇、甲烷等。目前,应用于无人机的燃料电池主要是氢燃料电池。下面依次介绍燃料电池的工作原理、物化指标及性能特点。

1. 工作原理

以氢燃料电池为例,燃料电池的一般结构如图 2.30 所示,包括阳极、阴极和质子交换膜。其中,阳极为氢电极,由各种储氢装置供给氢气;阴极为氧电极,从储氧装置或直接从空气中获得氧气,阳极和阴极上都含有一定量的催化剂,用来加速电极上发生的电化学反应;质子交换膜是一种离子聚合物的半透膜,用来分离反应物及传导质子,也可以用其他电解质代替。

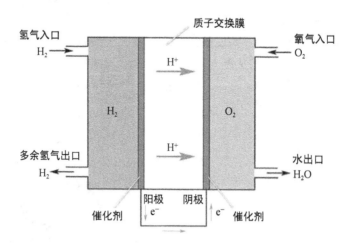

图 2.30　氢燃料电池结构及工作原理

工作过程中,氢气通过催化剂作用在电池阳极处由氢原子变为氢离子和电子,其中,氢离子可通过质子交换膜到达阴极,但电子无法通过质子交换膜,只能由外电路从阳极到达阴极,并形成直流电;之后,在阴极催化剂的作用下,氧分子和氢离子以及到达的电子发生反应生成水。通过上述工作过程,只要源源不断地向阳极、阴极供给氢气、氧气,燃料电池就可以持续输出电能[54]。

2. 物化指标

描述燃料电池的物化指标与蓄电池类似,表 2.6 对比了氢燃料电池与锂离子电池的物化指标[46],可以看到,氢燃料电池的大部分参数与锂离子电池接近。虽然其理论比能量要显著高于锂离子电池,但其质量比能量和体积比能量与锂离子电池相当,功率密度显著低于锂离子电池。

表 2.6　氢燃料电池与锂离子电池物化指标对比

物 化 指 标	氢燃料电池	锂离子电池
标称电压/V	1.25	3.7
工作电压/V	0.4~1.23	3.0~4.2
理论比能量/(W·h/kg)	2 480~32 702	448
质量比能量/(W·h/kg)	160~800	180~250
体积比能量/(W·h/L)	140~450	500~800
功率密度/(W/kg)	10~200	1 000~4 000
循环寿命/次	—	>1 000
使用寿命/年	10	3~5
效率/%	50~80	>95

3. 性能特点

燃料电池具有能量转换效率高(可达 40%~50%)、比能量高、安全性好等优点。使用燃料电池的无人机,具有噪声低、无污染、长航时等优点,并且有较低的热红外特性,不易被发现,非常适合长时间侦察任务或室内作战行动;此外,燃料电池结构紧凑、尺寸灵活,为无人机中电池组的组装和维护带来了便利,并且可以根据需求对单体电池进行组合用以调节发电量。

燃料电池目前的不足有:还原剂泄露会带来一定安全隐患,成本较高。此外,在燃料的存储、功率密度等方面还需要进一步提升技术。

2.7.2　发展历程

燃料电池的原理在 1838 年首次提出,在 20 世纪后半叶开始应用到太空任务、汽车中,在无人机中的应用目前尚处于试验研发阶段。

到目前为止,围绕以燃料电池为能源的无人机的研究,仅有 10 余年的历史。2004年,美国提出了将燃料电池用于小型无人机的动力方案,并计划在长航时无人机上应用燃料电池技术,此后,加利福尼亚大学和佐治亚理工学院分别展开了相关的研究。英国、以色列和新加坡等国家随后也对无人机用燃料电池进行了研究。目前,相关的技术尚未成熟,仍处于研制阶段,仅有 Hornet、"全球观察者"(Global Observer)、Puma、"离子虎"(Ion Tiger)等 10 多个小型/微型燃料电池无人机研制成功。

2.7.3　应用举例

目前,燃料电池在军用和民用无人机中均开展了初步飞行测试,表现出了优异的续航性能。

"离子虎"无人机（图 2.31），由美国海军研究实验室（United States Naval Research Laboratory，NRL）于 2009 年研制成功，它采用氢燃料电池作为能量来源，电池额定功率为 550 W，首次试飞中成功飞行了 23 h 17 min 后平稳降落，其采用 5 000 W 功率新型燃料电池的改进型在 2016 年再次成功试飞[55]。

图 2.31 "离子虎"(Ion Tiger)，某型电动机，美国 NRL，2009 年，侦察

Hycopter 无人机（图 2.32），由新加坡 Horizon Energy Systems LLC 于 2015 年推出，它是全球首个采用燃料电池的民用无人机，该无人机为四旋翼无人机，整机质量 5 kg，空载续航时间达到 4 h，在 1 kg 满载下的续航时间达到 150 min[56]。

图 2.32 Hycopter，某型电动机，新加坡 Horizon Energy Systems LLC，2015 年，试验测试

"飞跃一号"无人机（图 2.33），由同济大学、上海奥科赛飞机有限公司于 2012 年设计并完成试飞，该无人机是国内第一架燃料电池无人机，飞行高度达到 2 000 m，巡航速度 30 km/h，续航时间 2 h[57]。

图 2.33 "飞跃一号"，某型电动机，同济大学/上海奥科赛飞机有限公司，2012 年，测试

2.8 太阳能电池

与蓄电池、燃料电池相比,太阳能电池提供了一种可再生的环保发电方式,不会对环境造成污染。太阳能电池是通过光电效应或者光化学效应直接把光能转换成电能的装置,只要被满足一定照度的光照到,瞬间就可输出电压,并在有回路的情况下产生电流。目前,太阳能电池多用于高空、大型无人机中。

2.8.1 基本特性

太阳能电池中,依靠光电效应工作的称为光伏电池,常用的有单晶硅、砷化镓等太阳能电池;而依靠光化学效应工作的太阳能电池的技术目前尚未成熟。下面重点介绍光伏电池的工作原理、物化指标及性能特点。

1. 工作原理

太阳能电池的工作原理如图 2.34 所示,当太阳光照射到一般的半导体(如硅)时,会产生电子-空穴对,但它们会很快结合,生命期非常短;但在 p 型半导体(由含 4 个外层原子的硅原子与含 3 个外层电子的原子组成)中,由于具有较高的空穴密度,光产生的空穴具有较长的生命期,同理,在 n 型半导体(由含 4 个外层原子的硅原子与含 5 个外层电子的原子组成)中,电子具有较长的生命期。若 p 型和 n 型半导体结合在一起(称为 p-n 结),当太阳光照射到 p-n 结时,空穴会由 p 极区向 n 极区移动,电子则由 n 极区向 p 极区移动,在接触面就会形成电势差[58]。

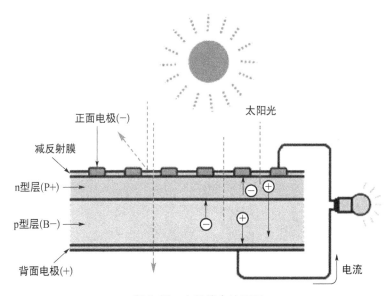

图 2.34 太阳能电池原理

2. 物化指标

在工程应用范围,评价太阳能电池的物化指标包括开路电压、短路电流、最大输出功率、填充因子、转换效率、整体效率等。表 2.7 对比了几种用于无人机动力的太阳能电池物化指标[59-61]。

表 2.7　典型太阳能电池物化指标对比

指 标 名 称	单晶硅太阳电池	非晶硅太阳电池	砷化镓太阳电池	铜铟镓硒电池
开路电压/mV	740	589	1 029	686
短路电流密度/(mA/cm^2)	42.5	33.9	28.8	39.9
填充因子/%	84.6	78.5	82.5	76.4
转换效率/%	26.6	15.7	24.5	20.9

上述指标中,部分重要指标的具体含义如下。

开路电压:将太阳能电池置于 AM1.5 光谱条件、100 mW/cm^2 的光源强度照射下,在两端开路时,太阳能电池的输出电压值。

短路电流:将太阳能电池置于 AM1.5 光谱条件、100 mW/cm^2 的光源强度照射下,在输出端短路时,流过太阳能电池两端的电流值。

最大输出功率:太阳能电池的工作电压和电流是随负载电阻而变化的,将不同阻值所对应的工作电压和电流值做成曲线就得到太阳能电池的伏安特性曲线。如果选择的负载电阻值能使输出电压和电流的乘积最大,即可获得最大输出功率,用符号 Pm 表示。

填充因子:填充因子是实际最大输出功率与开路电压和短路电流乘积之比。它是评估太阳能电池输出特性的重要指标,代表太阳能电池在带最佳负载时,能输出的最大功率的特性,其值越大表示太阳能电池的输出功率越大。

转换效率:太阳能电池的能量转换效率是一个由入射能量转换成电能的分数来定义的参数。它表征在外部回路上连接最佳负载电阻时的最大能量转换效率,等于太阳能电池的输出功率与入射到太阳能电池表面的能量之比。它是衡量电池质量和技术水平的一个重要参数。

整体效率:太阳能电池的整体效率可以拆分为反射效率、热力学效率、电荷载流子分离效率和传导效率。整体转换效率是这些单独指标的乘积。

3. 性能特点

目前,成功应用于无人机的太阳能电池包括硅太阳电池、砷化镓太阳电池以及铜铟硒系列太阳电池等。

硅太阳电池包括单晶硅太阳电池、多晶硅太阳电池和非晶硅太阳电池 3 种。其中单晶硅太阳电池的研发制造相对成熟,转换效率最高,可以达到 20% 以上,但单晶硅的制备成本和原材料价格较高,居高不下的成本制约了单晶硅太阳电池在无人机上的应用。多晶硅太阳电池成本较低,但转换效率也较低,现阶段尚不能满足无人机的能量需要,近年来有望得到改善。非晶硅太阳电池转换效率已达到 10% 以上,对可见光的吸收系数高,能够制成薄膜电池,工艺简单,能耗少,可作为单晶硅太阳电池的替代品[62]。

砷化镓(GaAs)太阳电池基于半导体材料 GaAs 发展而来,与硅太阳电池相比,砷化镓太阳电池拥有更高的转换效率,目前实验室制备的砷化镓太阳电池转换效率已达到 30% 以上[63];此外,砷化镓太阳电池耐高温且抗辐射性能好,同时可以制成超薄型电池,但价格昂贵。

铜铟硒(CIS)系列太阳电池是以铜(Cu)、铟(In)、镓(Ga)、硒(Se)等组成的一种四元化合物半导体材料为吸光层主要材料的多晶薄膜太阳电池,包括铜铟硒(CIS)电池和铜铟镓硒(CIGS)电池等。铜铟硒系列太阳电池廉价、高效,具有接近于单晶硅太阳电池的稳定性和较强的空间抗辐射性能,目前,其转换效率最高可达 22.9%,只需要 2 μm 厚度的薄膜就足以吸收大部分的入射太阳光(相比之下单晶硅需要 160 ~ 190 μm),是一种十分具有发展潜力的高效太阳能电池[64]。

2.8.2 发展历程

太阳能电池最早应用于航天器的电源系统,在无人机中的应用始于 1974 年,并在 20 世纪 90 年代以后得到了快速发展。下面分为单晶硅太阳电池阶段、类型丰富阶段介绍太阳能电池在无人机中的应用历程。

第一阶段:单晶硅太阳电池阶段(1974 ~ 1995 年)。这一阶段的特点是:太阳能电池主要是单晶硅太阳电池(图 2.35),并首次应用于无人机。1974 年,美国 Astro Flight, Inc. 的 R. J. Boucher 研制了第一架太阳能电力推进无人机 Sunrise Ⅰ,开启了采用太阳能电池作为无人机动力能源的新时代。20 世纪 70 年代末 ~ 80 年代末,载人太阳能飞机研制方面取得突破[65],随后,美国国家航空航天局(National Aeronautics and Space Administration, NASA)系统进行了太阳能飞机设计方法和设计基础技术的研究,发布了一些重要技术文献,解决了太阳能高效收集和储存、电机推进系统设计、飞机结构设计等方面的难题,这些文献成为太阳能飞机设计的重要参考。

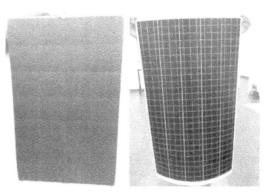

图 2.35　太阳能无人机用高效单晶硅太阳电池组件

第二阶段:类型丰富阶段(1995 年至今)。这一阶段的特点是:多晶硅太阳电池、砷化镓太阳电池等相继问世,以太阳能为能源的无人机发展成熟。20 世纪 90 年代至今,用于航空动力的太阳能电池发展出双面单晶硅太阳电池、多晶硅太阳电池、砷化镓太阳电池等多种类型。美国 NASA 与 AeroVironment, Inc. 联合研制的 Pathfinder 系列无人机实现了昼夜连续飞行,多次创造飞行高度纪录[66];欧洲 Solitair、Heliplat、Skysailor 等项目取得一定成果,Zypher 创造了长续航时间纪录;Solar Eagle 等超高航时太阳能无人机正在发展中。在这一阶段,一些技术较为成熟的太阳能无人机实现了量产,并实现了实际应用。如图 2.36 所示,为世界首驾能够自主穿越大西洋的太阳能无人机 AtlantikSolar,该无人机翼展 5.6 m,质量仅 6.3 kg,可由手持放飞,续航时间可达 81 h[67]。

图 2.36　AtlantikSolar，某型电动机，瑞士 Swiss Federal Institute of Technology Zurich，2016 年，搜救

2.8.3　应用举例

太阳能电池多用于高空、大型无人机。在光照条件下，太阳能电池将吸收的太阳光辐射能转换为电能，维持动力系统、电子设备及有效载荷的运行，同时对机载二次电源充电；在无光照条件下，释放二次电源中储存的电能，维持整个系统的正常运行。

"太阳神"(Helios)无人机(图 2.37)，由美国 NASA 研制，翼展达 75.3 m，飞行高度可达 29 524 m，创下了有翼飞机的世界纪录。该无人机机翼上装有 62 000 块双面硅太阳能电池，可以产生 40 kW 的电力，以驱动 14 台电动机(4 台中心电动机安装在中央翼板上)运转[68]。

图 2.37　"太阳神"(Helios)，某型电动机，美国 NASA，2001 年，大气研究

"阿奎拉"(Aquila)无人机(图 2.38)，由美国 Facebook Inc. 于 2016 年推出，翼展 43 m，重 339 kg，飞行高度可达 27 000 m。该无人机采用砷化镓太阳电池，原定目标是为全球提供无线网络，但由于一起安全事故，该无人机研发项目已于 2018 年 6 月暂停[69]。

"沉默鹰"(Silent Falcon)无人机(图 2.39)，由美国 Silent Falcon UAS Technologies 研制，翼展 4.4 m，重 14.5 kg。该无人机于 2014 年首飞时采用铜铟镓硒集成了高效的空气动力学设计、轻质复合结构，续航时间达到 6~12 h[70]。

"西风"(Zephyr)无人机(图 2.40)，由英国 QinetiQ Group PLC 研制，翼展 22.5 m，最大起飞质量 53 kg，最大飞行速度 56 km/h。该无人机采用薄膜非晶硅太阳电池和锂硫电池作为能量来源，太阳能电池在白天提供推进能量的同时给锂硫电池充电，夜间则由锂硫电池提供能量继续飞行[71,72]。

图 2.38　"阿奎拉"(Aquila),某型电动机,美国 Facebook Inc.,2016 年,通信

图 2.39　"沉默鹰"(Silent Falcon),某型电动机,美国 Silent Falcon UAS Technologies,2014 年,监测/救灾

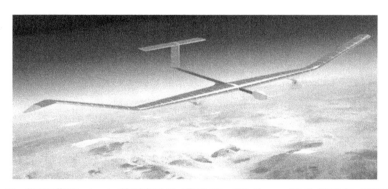

图 2.40　"西风"(Zephyr),某型电动机,英国 QinetiQ Group PLC,2003 年,侦察/通信

2.9　未来展望

地球的煤炭、石油、天然气等能源储量越来越少,难以满足人类日益增长的能源需求,发展新的能源形式成为人类面临的重大问题之一。目前,氢能、核能以其高能量密度、高

环境友好性受到世界各国的重视,成为无人机的未来潜在能源[73];此外,激光射束、超级电容、离子风(ionic wind)等新形式的电能,在无人机中的应用也得到了一定研究和发展。

2.9.1 氢能

氢能是氢在物理与化学变化过程中释放的能量。氢是宇宙中分布最广泛的物质,它构成了宇宙质量的75%,因此氢能被称为人类的终极能源[74]。目前,工业上生产氢的方式很多,常见的有水电解制氢、煤炭气化制氢、重油及天然气水蒸气催化转化制氢等,但这些反应消耗的能量都大于其产生的能量[75]。

氢除了用作燃料电池的燃料,也可以直接燃烧使用。氢燃烧性能好,点燃快,与空气混合时有广泛的可燃范围,而且燃点高,燃烧速度快。氢本身无毒,与其他燃料相比,氢燃烧时最清洁,除生成水和少量氨气外不会产生诸如一氧化碳、二氧化碳、碳氢化合物、铅化物和粉尘颗粒等对环境有害的污染物质,少量的氨气经过适当处理也不会污染环境,而且燃烧生成的水还可继续制氢,循环使用。氢能利用形式多,既可以通过燃烧产生热能,在热力发动机中产生机械功,又可转换成固态氢用作结构材料。因此,随着高能量密度燃料电池和液态氢气安全储存技术的不断推进,氢能或将成为用于高空长航时无人机的一种主要能源形式。

目前,已有部分飞行器采用氢能作为能源供给。美国 AeroViroment Inc. 研制的"全球观察者"无人机于 2010 年试飞成功,如图 2.41 所示,该无人机的动力装置是由液氢内燃式发电机带动的 4 台高效电动机,可在 19.8 km 的高空飞行长达 10 d,用于区域覆盖的平流层同步卫星系统[76]。

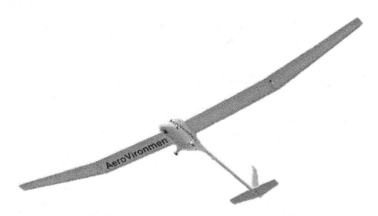

图 2.41 "全球观察者"(Global Observer),液氢式内燃机和电动机,
美国 AeroViroment Inc.,2010 年,气象

2.9.2 核能

核能是指原子核发生变化时释放的能量,如重核裂变和轻核聚变所释放的能量。重核裂变是指一个重原子核,分裂成两个或多个中等原子量的原子核,引起链式反应,从而释放出巨大的能量;而轻核聚变是指在高温(几百万摄氏度以上)下两个质量较小的原子核结合成质量较大的新核并放出大量能量的过程,也称热核反应。

核能具有能量密度大、储量巨大及环境友好等特点。核燃料能量密度比化石燃料高几百倍[77]。因此,核能利用过程中所需的燃料体积小,运输与储存方便。其次,核能在地壳和海洋中的储存量巨大,世界已探明的开采成本低于 130 美元/kg 的铀资源为 3.95×10^6 t,低于 80 美元/kg 的铀资源为 3×10^6 t,低于 40 美元/kg 的铀资源为 1.25×10^6 t,预计总量可扩大至上述估计量的 4~5 倍。此外,核能不会像其他化石燃料燃烧排放巨量的污染物质到大气中,不会造成空气污染[78]。随着核反应堆小型化技术以及可控轻核聚变反应技术的不断进步,未来核能或将成为无人机的可用能源形式。

2.9.3　新形式电能

除本节所述的蓄电池、燃料电池、太阳能电池外,电能也以激光射束(无线能量传输)、超级电容、离子风等新的形式应用于无人机中。

1. 激光射束

激光射束是指利用无线能量传输原理,通过地面产生的激光束为空中飞行的无人机提供能源。无人机在空中飞行时,地面的激光发射器发射出激光束,无人机上的激光接收器接收激光束传来的能量,为无人机持续飞行提供能源。激光射束传递能量的核心部件是光电转换器,它将光能转换为电能,通过电池把电能储存起来。如图 2.42 所示,激光射束透过防反射涂层照射到 n 型硅(掺杂磷元素的硅片)和 p 型硅(掺杂硼元素的硅片)上,产生自由电子;受内部电场的影响,电子流入 n 型硅,使 n 型硅带负电、p 型硅带正电,p 型硅、n 型硅之间形成电流[79]。

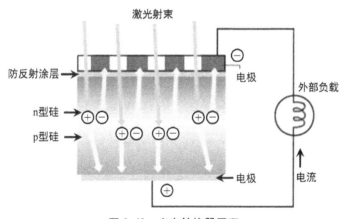

图 2.42　光电转换器原理

激光射束适用于长时间持续飞行的无人机。2012 年 8 月,美国 Lockheed Martin Space Systems Company 与美国 Powerlight Technologies Company 进行了激光射束推进试验,将激光接收器安装在"潜行者"(Stalker)无人机上,通过地面激光发射器对无人机进行充能,如图 2.43 所示。利用激光射束技术,无人机飞行时间由 2 h 提升到 48 h,验证了激光射束作为无人机能源的可行性[80]。

2. 超级电容

超级电容是一种高储能的电容,可以进行多次、快速的充放电循环。目前常用的双电

激光接收器

(a) "潜行者"无人机

(b) 激光射束推进试验

图 2.43　激光射束在无人机上的应用

层超级电容(electrical double-layer capacitor，EDLC)由电极、隔离层和电解液组成。电极连接正负极的通电线路,电解液充当电解质进行电子的交换,隔离层阻止电极的接触和短路。如图 2.44 所示,超级电容在充电时,电极上只有一种电荷,而电解液中则只有与之相反的电荷,隔离层两侧的电解液分别带有不同种电荷,此时超级电容中储存电能;放电时,正负电荷都释放到电解液中,此时超级电容不储存电能[81]。

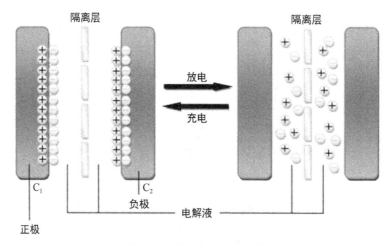

图 2.44　超级电容工作过程

　　超级电容由于快速充放的特性,适用于短期的能源储存和电力输送,不适合作为长期的能源储存。目前,超级电容在小型无人机上的应用得到了初步研究和验证,图 2.45 是某小型试验无人机,以超级电容为能源。该无人机翼展约 20 cm、机身长度约 30 cm,在超级电容充电后可以飞行 30 s 左右[82]。

　　3. 离子风

　　离子风驱动的概念最早于 1920 年被提出,其原理如图 2.46 所示。在发射极周围的区域施加一个非常强的电场,导线通电后,会引发以下连锁反应:发射极周围的自由电子与空气分子发生强烈碰撞使它们电离,产生新的电子("电子瀑"),从而电离更多的空气分子。"电子瀑"导致发射极附近产生大量带电的空气分子的现象被称为电晕放电。随

图 2.45　采用超级电容的小型试验无人机

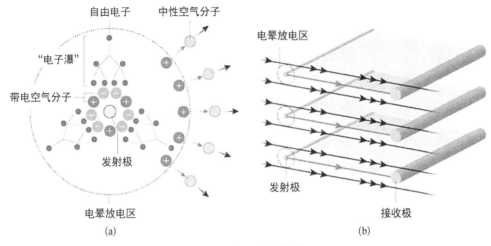

(a)　　　　　　　　　　　　　　　　　(b)

图 2.46　离子风工作原理

后,带电空气分子离开发射极,在电场作用下加速到达粗导线(接收极),产生推进离子风[83]。

2018 年,麻省理工学院(Massachusetts Institute of Technology, MIT)设计了一架由离子风推进的大型轻质滑翔无人机,如图 2.47 所示,其翼展为 5 m、质量仅 2.27 kg,机翼前下方沿展向布置了细导线阵列(发射极),后方则布置了粗导线(接收极)。研究团队为这架无人机设计了专门的升压电路,可将机身内聚合物锂离子电池提供的电压升高至 40 000 V。该型无人机目前已在 MIT duPont 体育馆进行了多次试飞,飞行距离可达 60 m (体育馆的室内最大长度)[84]。

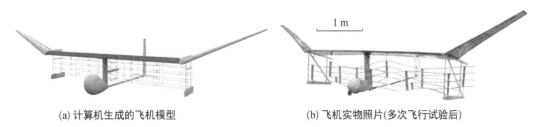

(a) 计算机生成的飞机模型　　　　　　(b) 飞机实物照片(多次飞行试验后)

图 2.47　MIT 研制的离子风驱动的无人机

2.10 本章小结

无人机采用的航空燃料包括航空汽油、航空煤油、轻质柴油及航空生物燃料等,其中航空汽油和轻质柴油适用于航空活塞发动机,而航空煤油和航空生物燃料适用于航空燃气涡轮发动机。表 2.8 对比了几类典型航空燃料的物化指标,可以看到,不同类型燃料的净热值差别不大,航空汽油的闪点和密度较低,相应的挥发性较强,容易引燃;航空生物燃料的闪点和冰点较高,较难点燃;航空煤油的含硫量较高,燃烧排放物对环境会造成污染;而轻质柴油的含硫量最低,对环境污染最小。

表 2.8 典型无人机航空燃料物化指标对比

物 化 指 标	航空汽油 (95 号)	航空煤油 (3 号)	轻质柴油 (−35 号)	航空生物燃料 (Sundisel)
分子含碳量	C5~C11	C7~C16	C15~C23	C9~C16
净热值/(MJ/kg)	43.5	≥42.8	42.6	43.9
20℃密度/(kg/m³)	700~750	775~830	790~840	785
闪点/℃	−45~−25	≥38	≥45	72
冰点/℃	−58	≤−47	—	0
凝点/℃	—	—	≤−35	—
20℃运动黏度/(mm²/s)	0.8	1.25	1.8~7.0	≈3
硫含量(质量分数)/%	0.05	0.20	0.001	<0.05
芳烃含量/%	35(体积分数)	20(体积分数)	7(质量分数)	0.3(质量分数)

除航空燃料外,蓄电池、燃料电池及太阳能电池等在电力推进无人机中得到了广泛应用,其中,蓄电池和燃料电池多用于微小型无人机,而太阳能电池多用于大型、高空无人机。表 2.9 对比了几类电池的性能指标,可以看到,虽然蓄电池的能量密度略低,但其体积比能量和功率密度较高,且具有较高的效率,适用于微小型电力推进无人机。

表 2.9 典型无人机电池性能对比

技 术 参 数	蓄电池	燃料电池	太阳能电池
标称电压/V	1.2~3.7	1.25	0.5~0.7
能量密度/(W·h/kg)	100~600	160~800	500~10 000
体积比能量/(W·h/L)	500~800	140~450	650~700
功率密度/(W/kg)	1 000~4 000	10~200	5~20
使用寿命/年	3~5	10	约20
工作温度/℃	−40~60	80~100	<90
效率/%	>95	50~80	—
能量转换效率/%	—	—	10~25

习 题

1. 国产 100LL 号航空汽油与进口 100LL 号航空汽油的区别有哪些?

2. 高空高速无人机一般使用的是哪种化石能源? 这种能源的性能特点是什么?

3. 轻质柴油和重质柴油的区别是什么? 为何使用轻质柴油作为无人机的能源?

4. 与化石燃料相比,航空生物燃料的冰点过高还是过低? 如何优化?

5. 镍镉蓄电池和铅锌蓄电池也在无人机中得到了应用,具体用途是什么?

6. 什么是太阳能电池的填充因子? 它的物理意义是什么?

7. 燃料电池的理论比能量远高于锂离子电池,为何两者的实际比能量相近?

8. 请叙述液氢内燃发电机的工作原理。

9. 无人机能源和动力系统之间的关系是什么?

10. 展望未来用于无人机的能源形式及特点。

参 考 文 献

［1］U. S. CENTENNIAL OF FLIGHT COMMISSION. Aviation fuel. (2013 - 05 - 01) [2019 - 04 - 20]. http：//www. centennialofflight. net/essay/Evolution_of_Technology/fuel/Tech21. htm.

［2］POP S, LUCHIAN A, ZMĂDU R G, et al. The evolution of unmanned aerial vehicles. Review of the Air Force Academy, 2017, 15(3)：125 - 132.

［3］GOODGER E M. Aviation fuel problems at high altitudes and high aircraft speeds. London：College of Aeronautics Cranfield, 1959.

［4］赵长辉,陈立玮,卢黎波,等.电动飞机技术进展.科技导报,2012,30(12)：62 - 70.

［5］ROBERTS C, VAUGHAN M, BOWMAN W. Development of a solar powered micro air vehicle. Reno：40th AIAA Aerospace Sciences Meeting & Exhibit, 2002：703.

［6］BARRETT S. Horizon launches Hycopter fuel cell multirotor UAV. Fuel Cells Bulletin, 2015, 18 (6)：4.

［7］张玉玺.生物航空煤油的发展现状.当代化工,2013,42(9)：1316 - 1318.

［8］Aviation Administration United States. Pilot's handbook of aeronautical knowledge. Washington：Federal Aviation Administration, 2003.

［9］袁明江,张珂,孙龙江.我国航空汽油产业现状及发展趋势分析.中外能源,2015,20(7)：72 - 75.

［10］金山.汽油抗爆剂.化工中间体,2002,2(2)：15 - 17.

［11］陈凯,向海,柳华.芳烃抗爆添加剂对航空汽油性能影响研究.石油与天然气化工,2016, 45(5)：1 - 5.

［12］MUSHRUSH G W, BEAL E J, HARDY D R, et al. Jet fuel system icing inhibitors：synthesis and characterization. Industrial & Engineering Chemistry Research, 1999, 38(6)：2497 - 2502.

［13］董芳.几种航空汽油理化指标对比.化工管理,2016,28(11)：59 - 60.

［14］柳华.航空汽油在通用航空中的应用.中国民用航空,2013,13(12)：56 - 57.

［15］OGSTON A R. A short history of aviation gasoline development, 1903 - 1980. Human Factors & Ergonomics Society Annual Meeting Proceedings, 2016, 35(15)：1053 - 1057.

［16］向海,柳华,陈凯,等.航空汽油发展概述及前景展望.化工进展,2016,35(8)：2393 - 2397.

［17］HENDERSON D H. Unleaded aviation gasoline：6238446. 2001 - 05 - 29.

［18］ANDREAS PARSCH. IAI/AAI RQ - 2 Pioneer. (2007 - 07 - 25) [2019 - 04 - 11]. http：//www. designation-systems. net/dusrm/app2/q - 2. html.

［19］ STAFF WRITER. General atomics MQ－1 Predator（Predator A）.（2018－05－02）［2019－04－11］. https：//www. militaryfactory. com/aircraft/detail. asp？aircraft_id＝46.

［20］ 徐伟池,方磊,郭金涛.喷气燃料生产技术现状及发展趋势.当代化工研究,2011,8(2)：19－22.

［21］ 王慧汝.RP－3航空煤油详细化学反应机理初步研究.燃气涡轮试验与研究,2015,28(5)：19－23.

［22］ 李娜,陶志平.国内外喷气燃料规格的发展及现状.标准科学,2014,51(2)：80－83.

［23］ 任伟,王涛.RP－3和RP－5煤油对飞机动力装置和燃油系统试飞的影响.工程与试验,2014,54(1)：49－51.

［24］ HENEGHAN S P, ZABARNICK S, BALLAL D R, et al. Designing high thermal stability jet fuels for the 21st century. Proceedings of the 31st Intersociety Energy Conversion Engineering Conference, 1996, 1：63－68.

［25］ 孙元宝,邱贞慧,徐克明.美国军用喷气燃料的品种规格与发展.广东化工,2014,41(24)：57－58.

［26］ 周义,王自焰,庞海东,等.大气层侦察卫星——全球鹰无人机的应用与发展趋势.飞航导弹,2003,33(11)：26－29.

［27］ 张群,黄希桥.航空发动机燃烧学.北京：国防工业出版社,2015.

［28］ 陈邓安,赵志梅,侯学隆.2016年珠海航展的新型无人机及其技术特点分析.飞航导弹,2016,(11)：21－27.

［29］ MCCUE J. Lockheed's SR－71"Blackbird" family：A－12, F－12, M－21, D－21, SR－71. Air & space power journal, 2008, 22(1)：112－113.

［30］ 朱豫飞,吕大伟.我国轻柴油产品的烃组成分布.炼油技术与工程,2001,31(12)：43－45.

［31］ 全国石油产品和润滑剂标准化技术委员会. GB 252—2015 普通柴油.（2015－05－08）［2019－04－15］. http：//www. csres. com/detail/267874. html.

［32］ GUNSTON B. World encyclopedia of aero engines. Gloucestershire：The History Press, 2006.

［33］ 郑尊清,许斯都.柴油机燃料的发展.小型内燃机与车辆技术,1998,28(6)：17－21.

［34］ DECKER J. Diamond fills DA42 diesel gap with L360. Flight International, 2008, 174(5164)：11.

［35］ 申彪,施水娟,董应超.美国陆军无人机配备与发展研究.飞航导弹,2018,48(1)：43－46.

［36］ 徐晨华.美国非太阳能动力超长航时无人机发展综述.飞航导弹,2018,404(8)：35－41.

［37］ HOYLE C. Anka UAV reaches end of TAI testing. Flight International, 2013, 182(5376)：16.

［38］ 舟丹.航空生物燃料.中外能源,2014,19(8)：6.

［39］ BLAKEY S, RYE L, WILSON C W. Aviation gas turbine alternative fuels：a review. Proceedings of the Combustion Institute, 2011, 33(2)：2863－2885.

［40］ 杨晓军,刘强.民用航空生物燃料应用研究.中国民用航空,2009,106(10)：77－79.

［41］ 刘强,邱敬贤,彭芬.生物航空煤油的研究进展.再生资源与循环经济,2018,125(5)：24－27.

［42］ 孙立.中国航空生物燃料首次验证飞行成功完成.航空维修与工程,2011,55(6)：22.

［43］ KORRES D M, KARONIS D, LOIS E, et al. Aviation fuel JP－5 and biodiesel on a diesel engine. Fuel, 2008, 87(1)：70－78.

［44］ 陈晶.火力侦察兵系列无人直升机.飞航导弹,2017,(2)：31－34.

［45］ 刘建文.锂离子电池电解质盐制备新方法及热稳定性能研究.长沙：中南大学,2009.

［46］ 赵保国,谢巧,梁一林.无人机电源现状及发展趋势.飞航导弹,2017,47(7)：35－41.

［47］ 周恒辉,刘昌炎.锂离子电池电极材料研究进展.化学进展,1998,10(1)：85－94.

［48］ 金明钢,孟冬,尤金跨,等.发展中的聚合物锂离子电池(?)——电池生产工艺进展.电池,2002,32(4)：235－237.

［49］ ARMAND M, TARASCON J M. Building better batteries. Nature, 2008, 451(7179): 652.

［50］ GUR O, ROSEN A. Optimizing electric propulsion systems for unmanned aerial vehicles. Journal of Aircraft, 2009, 46(4): 1340 − 1353.

［51］ MCKERROW P. Modelling the Draganflyer four-rotor helicopter. The 2004 IEEE International Conference on Robotics and Automation, 2004, 4: 3596 − 3601.

［52］ AEROVIRONMENT. UAS: Wasp® AE RQ − 12A. (2019 − 04 − 10)［2019 − 04 − 11］. http: // www. avinc. com/uas/view/wasp.

［53］ DHL. DHL Parcelcopter. (2019 − 06 − 01)［2019 − 08 − 24］. https: //www. dpdhl. com/en/media-relations/specials/dhl-parcelcopter. html.

［54］ STEELE B C, HEINZEL A. Materials for fuel-cell technologies. Nature, 2001, 414(6861): 345 − 352.

［55］ NONE. NRL Ion Tiger fuel cell UAV extends flight endurance record. Fuel Cells Bulletin, 2010, 13(1): 4.

［56］ MIKE B. Horizon unveils hydrogen-powered multirotor UAV. (2015 − 05 − 12)［2019 − 04 − 23］. https: //www. unmannedsystemstechnology. com/2015/05/horizon-unveils-hydrogen-powered-multirotor-uav/.

［57］ 张炯强. 首架纯燃料电池无人机成功试飞. (2012 − 12 − 27)［2019 − 04 − 12］. http: //xmwb. xinmin. cn/html/2012 − 12/27/content_15_2. htm.

［58］ O'REGAN B, GRÄTZEL M. A low-cost, high-efficiency solar cell based on dye-sensitized colloidal TiO_2 films. Nature, 1991, 353(6346): 737 − 740.

［59］ BRANHAM M S, HSU W C, YERCI S, et al. 15. 7% efficient 10 μm thick crystalline silicon solar cells using periodic nanostructures. Advanced Materials, 2015, 27(13): 2182 − 2188.

［60］ 王英连. 晶硅太阳电池的研究现状与发展前景. 科技创新与应用,2018,8(25): 62 − 63.

［61］ NAKAMURA M, YONEYAMA N, HORIGUCHI K, et al. Recent R & D progress in solar frontier's small-sized Cu(InGa)(SeS)2 solar cells. Denver: 2014 IEEE 40th Photovoltaic Specialist Conference (PVSC), 2014: 0107 − 0110.

［62］ 吴建荣,杜丕一,韩高荣. 非晶硅太阳能电池研究现状. 材料导报,1999,13(2): 38 − 39.

［63］ LIANG D, KANG Y, HUO Y, et al. GaAs thin film nanostructure arrays for III − V solar cell applications. Bellingham: International Society for Optics and Photonics, 2012.

［64］ 陈立. 铜铟硒薄膜太阳能电池相关材料研究. 开封: 河南大学,2012.

［65］ BOUCHER R. History of solar flight. Cincinnati: 20th Joint Propulsion Conference, 1984: 1429.

［66］ COLELLA N J, WENNEKER G S. Pathfinder. Developing a solar rechargeable aircraft. IEEE Potentials, 1996, 15(1): 18 − 23.

［67］ OETTERSHAGEN P, MELZER A, MANTEL T, et al. Perpetual flight with a small solar-powered UAV: flight results, performance analysis and model validatio. Big Sky: IEEE Aerospace Conference, 2016: 1 − 8.

［68］ YVONNE G. NASA Armstrong fact sheet: Helios Prototype. (2017 − 08 − 07)［2019 − 04 − 11］. https: // www. nasa. gov/centers/armstrong/news/FactSheets/FS − 068 − DFRC. html.

［69］ SMOJE. Facebook's Aquila is ready to soar. Flight International, 2015, 187(5501): 8.

［70］ BARRETT S. Neah, Silent Falcon partner to integrate fuel cells into UAVs. Fuel Cells Bulletin, 2014, 17(11): 6.

［71］ TOUIDJINE A. Lithium sulfur batteries: mechanisms, modelling and materials conference. Johnson

Matthey Technology Review, 2017, 61(4): 308 - 310.

[72] AIRBUS. Zephyr. (2019 - 07 - 20)[2019 - 08 - 11]. https://www. airbus. com/defence/uav/zephyr. html.

[73] 魏双燕,谢刚. 能源概论. 沈阳:东北大学出版社,2007.

[74] APARICIO L M. Transient isotopic studies and microkinetic modeling of methane reforming over nickel catalysts. Journal of Catalysis, 1997, 165(2): 262 - 274.

[75] DARKRIM F, LEVESQUE D. Monte Carlo simulations of hydrogen adsorption in single-walled carbon nanotube. The journal of Chemical Physics, 1998, 109(12): 4981 - 4984.

[76] 张东宝."全球观察者"进行首次氢燃料飞行. 军民两用技术与产品,2011,24(2): 20.

[77] 史永谦. 核能发电的优点及世界核电发展动向. 能源工程,2007,27(1): 1 - 6.

[78] ARMAROLI N, BALZANI V. Nuclear energy. Hoboken:John Wiley & Sons, 2010.

[79] TAKEDA K, KAWASHIMA N, YABE K. Laser energy transmission to a small-unmanned aerial vehicle. Space Technology, 2008, 7: 27 - 32.

[80] LOCKHEED MARTIN. Stalker XE UAS. (2019 - 03 - 30)[2019 - 04 - 15]. https://www. lockheedmartin. com/en-us/products/stalker. html.

[81] 胡毅,陈轩恕,杜砚. 超级电容器的应用与发展. 电力设备,2008,9(1): 19 - 22.

[82] 穆燕城. 小型超级电容驱动模型飞机. 航空模型,2013,25(5): 24 - 25.

[83] COLAS D F, FERRET A, PAI D Z, et al. Ionic wind generation by a wire-cylinder-plate corona discharge in air at atmospheric pressure. Journal of Applied Physics, 2010, 108(10): 103306.

[84] XU H, HE Y, STROBEL K L, et al. Flight of an aeroplane with solid-state propulsion. Nature, 2018, 563(7732): 532.

第3章
航空活塞发动机

学习要点

（1）掌握航空活塞发动机的工作原理，了解航空活塞发动机中燃油、点火、起动、润滑、冷却及涡轮增压系统的工作原理。

（2）了解航空活塞发动机的发展历史及其在无人机中的应用情况。

（3）理解航空活塞发动机与螺旋桨的配合设计原理，掌握设计流程和方法。

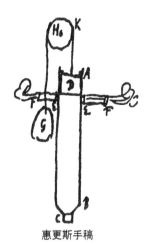

惠更斯手稿

Christian Huygens(1629~1695)

Christian Huygens designed this earliest internal combustion engine in 1673, using a charge of gunpowder to create a vacuum in a cylinder under a piston.

——Britain Sabotage the Steam Engine of Leibniz and Papin[1]

1673年，荷兰物理学家克里斯蒂安·惠更斯（Christian Huygens，1629年4月~1695年7月）设计了一种活塞式火药发动机，计划用于从塞纳河中提取河水。该发动机主要由腔体以及活塞组成，腔体中间布置两个排放燃气的出口，活塞与外部做功的绳索连接。该发动机以火药为燃料，点燃火药之前，封闭的腔体内充满空气，活塞处于腔体的上端；点燃火药之后，空气内的氧气被消耗的同时空气受热膨胀，待高温燃气冷却后，气缸内压强降低，活塞在外部空气压力下向下运动，同时提起重物。虽然该发动机因为火药燃烧难以控制而未能研制成功,但该设计在人类历史上第一次把燃气与活塞联系在一起,并尝试利用活塞的运动输出功率,对后来活塞发动机的发明起到了重要的启示作用。

3.1 概　述

在活塞发动机出现之前,为了实现航空飞行,英国工程师 William Samuel Henson (1812 年 5 月~1888 年 4 月)、Hiram Stevens Maxim 爵士(1840 年 2 月~1916 年 11 月)等,曾先后尝试使用当时功率最高的蒸汽机驱动飞机升空,但由于功重比不足,均以失败告终。1876 年,德国工程师 Nicolaus Otto 成功研制了第一台活塞发动机,极大提高了动力装置的功重比,为航空飞行奠定了基础。1903 年,莱特兄弟利用 Charlie Taylor (1868 年 5 月~1956 年 1 月)研制的四缸航空活塞发动机[2~4],成功驾驶"飞行者 I 号"升空。1916 年诞生的第一架无人机"空中靶标"也采用航空活塞发动机。从莱特兄弟使用第一台航空活塞发动机到第二次世界大战末期,航空活塞发动机统治航空动力领域 40 年左右,包括无人机在内的所有飞机几乎都采用航空活塞发动机作为动力装置[5]。

航空活塞发动机利用燃料与空气在密闭的气缸内混合燃烧、膨胀做功,进而推动活塞运动,一般由活塞驱动螺旋桨旋转,再由螺旋桨产生飞行所需的推力或升力,如图 3.1 所示。航空活塞发动机与地面活塞发动机在结构组成、工作原理上基本一致,区别在于:航空活塞发动机最终驱动螺旋桨,而地面活塞发动机主要驱动车轮等;此外,为了满足飞行需求,航空活塞发动机追求更高的功重比。

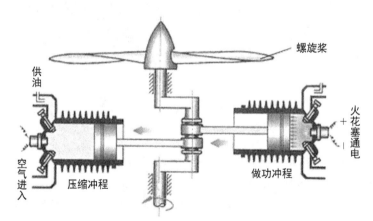

图 3.1　航空活塞发动机工作原理示意图

航空活塞发动机中,活塞从一个极限位置到另一个极限位置的距离称为一个冲程(也叫行程),根据一个工作循环中冲程数目的多少,航空活塞发动机可分为二冲程发动机、四冲程发动机。此外,根据活塞运动方式的不同,航空活塞发动机又可分为往复式、旋转式两种:在往复式航空活塞发动机中,活塞做直线运动,并通过连杆、曲轴等转换为旋转运动;而在旋转式航空活塞发动机中,活塞做旋转运动并直接驱动输出轴。目前,无人机中应用的航空活塞发动机以四冲程往复式航空活塞发动机为主,二冲程往复式航空活塞发动机、四冲程旋转式航空活塞发动机也有一定应用,但数量很少。

由于装备航空活塞发动机的飞行器无法突破声障,在航空燃气涡轮发动机出现以后,航空活塞发动机在航空动力上的统治地位被取代。但凭借结构简单、体积小、质量轻、功重比高、耗油率低、使用维护方便等优点[6,7],功率在 370 kW 以下的航空活塞发动机目前仍然广泛应用于中小型通用飞机,以及中小型、低空、低速无人机;若同时搭载多台航空活塞发动机,也可满足大型、远程无人机的动力需求[8]。

本章首先分别介绍四冲程往复式航空活塞发动机、二冲程往复式航空活塞发动机和四冲程旋转式航空活塞发动机的工作原理;其次,在此基础上,介绍航空活塞发动机的主要工作系统,包括燃油系统、点火系统、起动系统、润滑系统、冷却系统和涡轮增压系统;再次,简要叙述从航空活塞发动机初步应用于无人机,到航空汽油活塞发动机技术成熟,再到航空重油活塞发动机快速发展的历程;最后,针对无人机的动力需求,介绍航空活塞发动机及螺旋桨的选型设计方法。

3.2　四冲程往复式航空活塞发动机工作原理

为了满足飞行器的功率需求,四冲程往复式航空活塞发动机一般为多缸航空活塞发动机,而多缸航空活塞发动机的基本工作单位是单缸航空活塞发动机。下面首先介绍单缸航空活塞发动机的工作原理,在此基础上,阐述多缸航空活塞发动机的排列、组合方式以及多个单缸航空活塞发动机的协同工作原理。

3.2.1　四冲程往复式单缸航空活塞发动机

四冲程往复式单缸航空活塞发动机的典型结构如图 3.2 所示,包括进气阀、进气口、活塞、连杆、曲轴、气缸、排气口、排气阀和火花塞(又称电嘴)等。其中,进气阀和进气口为燃油、空气混合物提供进入通道;活塞在气缸内往复运动,是实现能量转换的重要部件;连杆连接活塞和曲轴,把活塞的直线往复运动转换为曲轴的旋转运动,通过曲轴将功率输出;气缸为发动机提供燃烧场所;排气口和排气阀为燃烧做功后的废气提供排出通道;火花塞用于点燃气缸中的油气混合物。

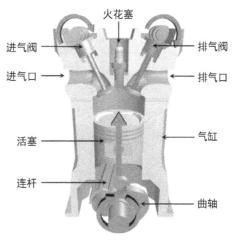

图 3.2　四冲程往复式单缸航空活塞发动机结构示意图

四冲程往复式单缸航空活塞发动机的工作过程一般由进气、压缩、做功(膨胀)和排气四个冲程组成,每个冲程的工作过程具体如下。

进气冲程:进气口打开、排气口关闭,活塞下移,气缸吸入新鲜的燃油和空气,如图 3.3(a)所示。

压缩冲程:进气口与排气口均关闭,曲轴依靠惯性继续运动,活塞上移,压缩燃油与空气混合物,此时气缸内的气压增大、温度升高,如图 3.3(b)所示。

做功冲程: 当压缩冲程中活塞即将到达最顶端时,火花塞通过高压电产生电火花,点燃油气混合物,气体猛烈膨胀,压强急剧升高,活塞在燃气的巨大压力作用下迅速下移,并带动连杆和曲轴运动,如图 3.3(c)所示。

排气冲程: 排气口打开,曲轴由于惯性继续旋转,活塞上行推挤气缸中的废气,废气被排出。当活塞运动到最上端时,排气口关闭,排气冲程结束,紧接着进入下一个进气冲程,如图 3.3(d)所示。

 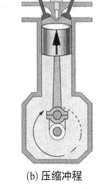 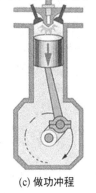 

(a) 进气冲程　　　　(b) 压缩冲程　　　　(c) 做功冲程　　　　(d) 排气冲程

图 3.3　四冲程往复式单缸航空活塞发动机工作过程

上述四个冲程构成一个循环,周而复始,使单缸航空活塞发动机能够连续不断地输出功率。每一个工作循环中,火花塞点火一次、曲轴旋转两周。但在四个冲程中,只有做功冲程做功,其他冲程不做功,而且消耗一定的功,例如,压缩冲程中要消耗压缩功,进气和排气冲程中要克服气体流动阻力耗功、克服各种摩擦耗功等。做功冲程所做的功在扣除所有上述内部消耗的功以后,由曲轴输出的功才是对外输出的有用功。

为了更加深入地认识单缸航空活塞发动机工作原理,可从热力学角度分析其四个冲程中气体的状态变化。为纪念发明第一台单缸、四冲程往复式活塞发动机的德国工程师 Nicolaus Otto,单缸航空活塞发动机四个冲程构成的热力学循环被叫做奥托循环(Otto cycle)。奥托循环是一种定容加热的理想热力学循环,其气体压强-体积图(p-V图)如图 3.4 所示,下面介绍各冲程中的气体状态变化。

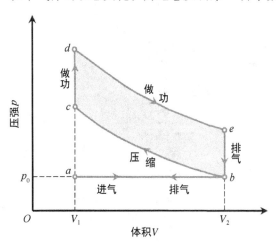

图 3.4　奥托循环 p-V 图

进气冲程: 进气口打开,随着活塞向下移动,气缸吸入燃油及空气,气体体积由 V_1 增大到 V_2,该过程可视为等压过程,对应图 3.4 中的 $a \rightarrow b$。

压缩冲程: 气体体积减小、压强增大,机械能转化为内能。由于压缩较快、气缸散热较慢,可近似视为绝热压缩过程,对应图 3.4 中的 b→c。

做功冲程:包括燃烧阶段和做功阶段。燃烧阶段是指活塞运动到最上方[上止点(top dead center, TDC)]时,油气混合物被火花塞点燃,并在极短的时间内通过燃烧变为燃气,燃料中的化学能转化为内能,使燃气的压力和温度急剧升高,由于燃烧时间极短且活塞在这一瞬间的移动距离极小,燃烧阶段近似为等容加热过程,对应图 3.4 中的 c→d;此后,活塞在巨大压力作用下迅速下移到最下方[下止点(bottom dead center, BDC)],系统的内能转化为机械能,这一过程为绝热膨胀过程,对应图 3.4 中的 d→e。

排气冲程:排气口开放时系统压强突降为大气压,该过程近似于等容过程,对应图 3.4 中的 e→b;此后,活塞推挤废气排出的过程是等压过程,对应图 3.4 中的 b→a。

热力学循环:

　　热力学循环是一系列传递热量并做功的热力学过程组成的集合。通过压强、温度等状态变量的变化,最终使热力学系统回到初始状态。在一个热力学循环中,输入的净热量(即输入热量与输出热量之差)等于对外做功,如图 3.5 所示。

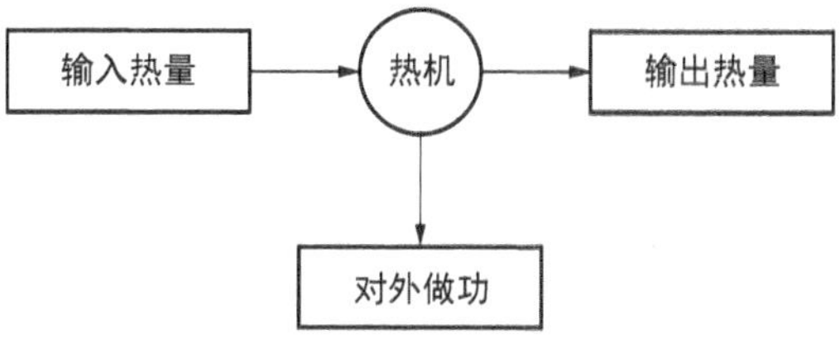

图 3.5　热力学循环示意图

3.2.2　四冲程往复式多缸航空活塞发动机

由于单缸航空活塞发动机存在动力输出不连续、振动及噪声较大等问题,四冲程往复式航空活塞发动机均为多个气缸联用,气缸数越多,功率输出越稳定,但也伴随着成本高、质量大、结构复杂等问题。目前,常见的多缸航空活塞发动机,按照气缸的排列方式可分成直列式、V 型、水平对置式和星型等不同类型。组成多缸航空活塞发动机的每个气缸,其工作原理、工作过程均与单缸航空活塞发动机相同,本节重点介绍多个气缸之间如何协同工作,从而连续、稳定地输出功率。

对于多缸航空活塞发动机而言,多个气缸共用一根曲轴,由于每个气缸的四个(或两个)冲程中都仅有一个冲程做功,为了保证多个活塞推动曲轴的力量尽可能均匀,以获得发动机的平稳运转,不同气缸的相同冲程并非同时进行,而是按照一定的次序均匀错开;同时,连续做功的两个气缸,在位置上的间隔要尽量远一些。具体而言,多缸航空活塞发动机一般通过设置气缸的点火顺序,来实现对不同气缸冲程顺序的控制。点火顺序取决于发动机的结构、曲轴的设计和曲轴负荷等多种因素,且为了保持工作平衡,不同气缸点火的时间间隔必须相等。下面依次介绍几种四冲程往复式多缸航空活塞发动机的工作过程和技术特点,并举例说明其在无人机中的应用。

1. 直列式航空活塞发动机

直列式航空活塞发动机又称为并列式或 L 型航空活塞发动机,其气缸按照同一个方向排列,如图 3.6 所示。

图 3.6 直列式航空活塞发动机

对于直列式航空活塞发动机而言,气缸编号从靠近输出轴端的位置开始,按照从前向后的顺序依次为①、②、③、④……直列式四缸发动机的点火顺序一般是①—③—④—②或①—②—④—③;直列式五缸发动机的点火顺序一般是①—②—④—⑤—③;直列式六缸发动机的点火顺序一般是①—⑤—③—⑥—②—④或①—④—②—⑥—③—⑤[9]。

直列式航空活塞发动机结构简单、构型紧凑,应用较为广泛;缺点是气缸数增加后,发动机的直线长度迅速增加。图 3.7(a)为奥地利 Austro Engine GmbH 研制的 AE300 航空活塞发动机,该发动机为直列式四缸四冲程发动机,其具体指标如表 3.1 所示[10]。美国 Aurora Flight Science Company 研制的"猎户星座"[Orion,图 3.7(b)]无人机装备 AE300 航空活塞发动机,在 2013 年首次飞行测试中以 110 km/h 的速度成功飞行 3.5 h[11,12]。

(a) AE300航空活塞发动机   (b) "猎户星座"无人机

图 3.7 直列式航空活塞发动机实例及其应用

表 3.1 AE300 航空活塞发动机性能参数

性 能 指 标	数 值	性 能 指 标	数 值
缸径/mm	83	功重比/(kW/kg)	0.67
巡航功率/kW	123.5	行程容积/cc*	497.75
质量/kg	186	巡航油耗/(L/h)	39

*1 cc = 1 cm^3。

2. V 型航空活塞发动机

V 型航空活塞发动机的所有气缸分为两列,以一定角度排列,横向看去类似字母 V,

如图 3.8 所示。V 型航空活塞发动机的
点火顺序不仅要考虑轴承负荷、排气管道
布置等方面,还要考虑发动机的扭转振
动、力矩平衡等诸多因素。一般情况下,
V 型航空活塞发动机的两列气缸采用交
叉式点火,图 3.8 中的 V 型八缸发动机
点火顺序有两种:①—②—⑦—⑧—
④—⑤—⑥—③ 或 ②—⑦—⑧—④—
⑤—③—⑥—①[9]。

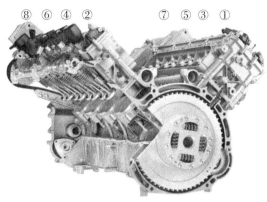

图 3.8　V 型航空活塞发动机

　　与直列式航空活塞发动机相比,V 型
航空活塞发动机的长度和高度都更小,这
种排列还可以抵消一部分振动;但缺点是结构复杂程度增加,维修性也有所降低。图
3.9(a) 为意大利 Moto Guzzi Company 的 V 型两缸航空活塞发动机,其具体指标如
表 3.2 所示[13]。该发动机装备于早期的美军短程侦察机 RQ－5A"猎人"[Hunter,图
3.9(b)],RQ－5A"猎人"无人机的后续改进型号换用了尺寸更小的 Mercedes HFE Diesel
发动机[14]。

(a) Moto Guzzi Company的V型两缸
航空活塞发动机

(b) RQ－5A "猎人" 无人机

图 3.9　V 型航空活塞发动机实例及其应用

表 3.2　Moto Guzzi Company 的 V 型两缸航空活塞发动机性能参数

性　能　指　标	数　值	性　能　指　标	数　值
缸径/mm	80	功重比/(kW/kg)	1.33
巡航功率/kW	40	行程容积/cc	850
质量/kg	30	巡航油耗/(L/h)	—

3. 水平对置式航空活塞发动机

　　水平对置式航空活塞发动机的气缸平均分布在曲轴两侧,以曲轴为中心呈现 180°夹
角水平对置分布,可以认为是夹角 180°的 V 型航空活塞发动机。水平对置式四缸航空活
塞发动机的气缸编号如图 3.10 所示,其点火顺序为①—④—③—②[9]。

图 3.10 水平对置式四缸航空活塞发动机

由于活塞分布在曲轴两侧,水平对置式航空活塞发动机产生的力矩相互抵消,可降低振动和噪声,且发动机的整体高度降低;缺点是结构较复杂且不利于润滑。图 3.11(a)为奥地利 Bombardier Recreational Products GmbH 研制的 Rotax 914F 航空活塞发动机,该发动机是一款水平对置式四缸发动机,其具体指标如表 3.3 所示[15]。美国"捕食者"[图 3.11(b)]无人机装备 Rotax 914F 航空活塞发动机,最大速度达到 217 km/h,航程大于 2 000 km[16]。

(a) Rotax 914F航空活塞发动机　　　　　(b)"捕食者"无人机

图 3.11 水平对置式航空活塞发动机实例及其应用

表 3.3 Rotax 914F 航空活塞发动机性能参数

性 能 指 标	数 值	性 能 指 标	数 值
缸径/mm	79.5	功重比/(kW/kg)	1.09
巡航功率/kW	73	行程容积/cc	1 211.2
质量/kg	68.2	巡航油耗/(L/h)	34

4. 星型航空活塞发动机

星型航空活塞发动机中的所有气缸围绕曲轴呈星型排列,气缸数多为奇数。星型航空活塞发动机可以沿轴向设计单排或多排,以图 3.12 中的九缸星型航空活塞发动机为例,其气缸一般沿螺旋桨旋转方向依次排列,点火顺序为①—③—⑤—⑦—⑨—②—④—⑥—⑧[9]。

星型航空活塞发动机的曲轴较短,可靠性及维修性高,还可以通过多排星型叠加增加功率;但星型航空活塞发动机的结构决定了它适合使用风冷,需要安装在飞机头部,导致装备星型航空活塞

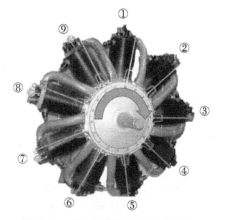

图 3.12 九缸星型航空活塞发动机

发动机的飞机迎风面积较大。目前,星型航空活塞发动机主要用在小型航模飞机中,图 3.13(a)为匈牙利 Romania Cable System Limited Company 研制的 RCS 150 五缸星型航空活塞发动机,成功应用在多种航模飞机中,如图 3.13(b)所示,其具体指标见表 3.4[17]。

(a) RCS 150五缸星型航空活塞发动机　　　　(b) 某型航模飞机

图 3.13　星型航空活塞发动机实例及其应用

表 3.4　RCS 150 五缸星型航空活塞发动机性能参数

性 能 指 标	数 值	性 能 指 标	数 值
缸径/mm	35	功重比/(kW/kg)	1.47
巡航功率/kW	6.47	行程容积/cc	150
质量/kg	4.4	巡航油耗/(L/h)	—

3.3　二冲程往复式航空活塞发动机工作原理

与四冲程往复式航空活塞发动机的区别在于,二冲程往复式航空活塞发动机的一个工作循环中仅有两个冲程,曲轴旋转一周,发动机对外做功一次。下面依次阐述二冲程往复式单缸、多缸航空活塞发动机的工作原理。

3.3.1　二冲程往复式单缸航空活塞发动机

二冲程往复式单缸航空活塞发动机的典型结构如图 3.14 所示,包括火花塞、气缸、扫气孔(也叫换气孔)、连杆、曲轴箱、曲轴、活塞、进气口、排气口等。与四冲程往复式单缸航空活塞发动机相比,二冲程往复式单缸航空活塞发动机没有进气阀和排气阀,进气口、排气口

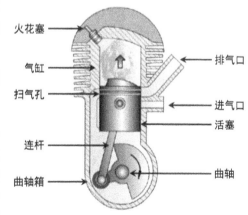

图 3.14　二冲程往复式单缸航空活塞发动机结构示意图

的开启和关闭由活塞的位置决定;此外,二冲程往复式单缸航空活塞发动机的缸体上开有扫气孔,用于曲轴箱与气缸之间的气体交换。

二冲程往复式单缸航空活塞发动机的第一冲程中,活塞由下止点移动到上止点;第二冲程中,活塞由上止点移动到下止点,如图3.15所示。具体工作过程如下。

第一冲程:当活塞处于下止点时,进气口被活塞关闭,扫气孔和排气口开放。此时,曲轴箱内的可燃性混合气体经扫气孔进入气缸,扫除气缸中的废气;在曲轴的惯性力作用下,活塞向上止点运动,运动过程中活塞首先将扫气孔关闭,但此时排气口尚未关闭,仍有部分废气和可燃性混合气体被排出;活塞继续向上运动并将排气口关闭,之后,气缸内的可燃性气体被压缩,当活塞到达上止点时,压缩过程结束,如图3.15(a)所示。

第二冲程:在压缩过程结束时,火花塞点火将气缸内的可燃性混合气体点燃,此时,排气口和扫气孔均被活塞关闭但进气口开启,空气和燃油经进气口进入曲轴箱。随着燃气膨胀做功,活塞向下止点运动,曲轴箱的容积减小,曲轴箱内的混合气体也被预压缩;在活塞运动过程中,排气口首先被开启,膨胀做功后的废气经排气口排出,至此做功过程结束;随后,扫气孔被开启,预压缩后的混合气体从曲轴箱经扫气孔进入气缸。当活塞达到下止点后,进入下一个工作循环的第一冲程,如图3.15(b)所示。

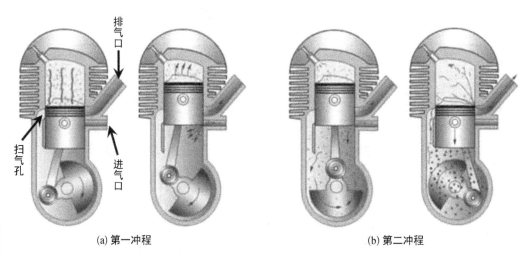

(a) 第一冲程　　　　　　　　　　　　(b) 第二冲程

图3.15　二冲程往复式单缸航空活塞发动机工作过程

止点:

　　止点是指活塞在气缸里做往复直线运动时,能够达到的极限位置。当活塞向下运动到最低位置,即活塞顶部距离曲轴旋转中心最近的极限位置,称为下止点,此时缸内容积达到最大值(V_1);当活塞向上运动到最高位置,即活塞顶部距离曲轴旋转中心最远的极限位置,称为上止点,此时缸内容积达到最小值(V_2),如图3.16所示。

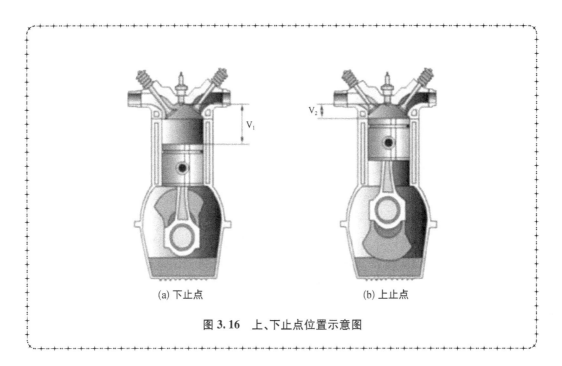

(a) 下止点　　　　　　　　　　(b) 上止点

图 3.16　上、下止点位置示意图

相对于四冲程往复式单缸航空活塞发动机,二冲程往复式单缸航空活塞发动机具有以下优点:第一,曲轴旋转一周火花塞点火一次,发动机旋转平稳;第二,无进气阀、排气阀等零部件,结构相对简单;第三,往复运动产生的惯性力小,振动小、噪声低;第四,转速与四冲程往复式单缸航空活塞发动机相同时,二冲程往复式单缸航空活塞发动机的功率更大。但是,二冲程往复式单缸航空活塞发动机也存在燃油损失大、活塞易于磨损等不足。目前,二冲程往复式单缸航空活塞发动机应用于小型无人机中,如图 3.17(a)所示,Quadra 100 航空活塞发动机为二冲程往复式单缸发动机,应用于美国小型侦察无人机"埃克斯罗尼"[Exdrone,图 3.17(b)]中,该发动机参数见表 3.5[18]。

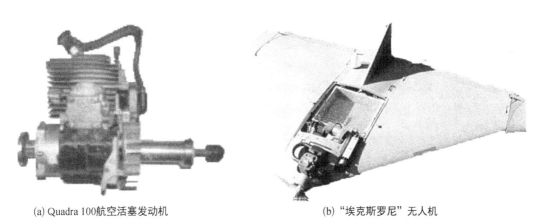

(a) Quadra 100航空活塞发动机　　　　(b) "埃克斯罗尼"无人机

图 3.17　二冲程往复式单缸航空活塞发动机实例及其应用

表 3.5　Quadra 100 航空活塞发动机性能参数

性 能 指 标	数 值	性 能 指 标	数 值
缸径/mm	10	功重比/(kW/kg)	1.47
巡航功率/kW	6.3	行程容积/cc	100
质量/kg	4.3	巡航油耗/(L/h)	—

3.3.2　二冲程往复式多缸航空活塞发动机

　　无人机中采用的二冲程往复式多缸航空活塞发动机,气缸数一般为 2,共用同一根曲轴,且两个气缸的工作冲程同步。二冲程往复式多缸航空活塞发动机按照气缸的布置形式也可以分为直列式、水平式、对置式等类型,其基本结构与四冲程往复式多缸航空活塞发动机相似。图 3.18(a)为奥地利 Bombardier Recreational Products GmbH 研制的 Rotax 582 航空活塞发动机,该发动机为直列式二冲程两缸发动机,其具体指标如表 3.6 所示[19]。美国“蚋蚊”[Gnat 750,图 3.18(b)]侦察无人机装备 Rotax 582 航空活塞发动机,最大速度达到 192 km/h,续航时间达到 48 h[20]。

(a) Rotax 582航空活塞发动机　　　　　　　　　(b) “蚋蚊”无人机

图 3.18　二冲程往复式两缸航空活塞发动机实例及其应用

表 3.6　Rotax 582 航空活塞发动机性能参数

性 能 指 标	数 值	性 能 指 标	数 值
缸径/mm	76	功重比/(kW/kg)	1.65
巡航功率/kW	48	行程容积/cc	580
质量/kg	29.1	巡航油耗/(L/h)	27.3

3.4　四冲程旋转式航空活塞发动机工作原理

　　与四冲程往复式航空活塞发动机不同,四冲程旋转式航空活塞发动机的活塞(也叫转子)在高温高压燃气的推动下做旋转运动。根据其活塞的运动形式,旋转式航空活塞发动机大致可分为匀速式、行星式和差速式 3 种不同类型,本节以发展相对成熟的四冲程三角转子航空活塞发动机(属于行星式)为例,介绍其工作原理和技术特点。

四冲程三角转子航空活塞发动机的典型结构如图 3.19 所示,与往复式航空活塞发动机类似,也包括气缸、进气口、输出轴、排气口、三角转子(活塞)、内齿圈、固定齿圈、火花塞等结构[21];两者不同的是,四冲程三角转子航空活塞发动机利用一对齿轮副,即固定齿圈和转子内侧的内齿圈,将三角转子的转动传递给输出轴。

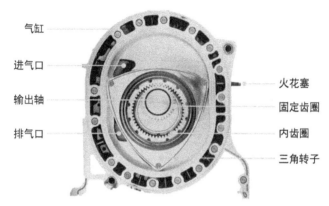

图 3.19　四冲程三角转子航空活塞发动机结构

四冲程三角转子航空活塞发动机的工作过程与四冲程往复式航空活塞发动机类似,也包括进气、压缩、做功、排气四个冲程,具体如下。

进气冲程: 空腔转到进气口处,气缸吸入燃油和空气,如图 3.20 (a)所示。

压缩冲程: 三角转子转动过程中压缩燃油与空气混合物,空腔容积减小,气缸内的气压增大、温度升高,如图 3.20 (b)所示。

做功冲程: 火花塞通过高压电产生电火花,点燃油气混合物,气体猛烈膨胀做功,如图 3.20 (c)所示。

排气冲程: 随着转子转动,含有废气的空腔转到排气口处,废气被排出,如图 3.20 (d)所示。

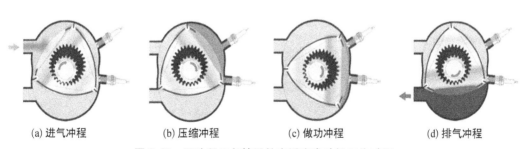

(a) 进气冲程　　　　(b) 压缩冲程　　　　(c) 做功冲程　　　　(d) 排气冲程

图 3.20　四冲程三角转子航空活塞发动机工作过程

四冲程三角转子航空活塞发动机利用转子的顶角将气缸内部划分成三个独立的空间,三个空间各自先后完成进气、压缩、做功和排气四个冲程,转子每自转一周,发动机点火三次。因为采用三角转子旋转运动来控制压缩和排气,避免了使用曲柄连杆机构,所以,三角转子航空活塞发动机零件少、体积小、质量轻、受热较均匀。但是其做偏心转动极易使缸体产生震纹(出现在缸壁上的一种波状磨痕,具有周期性,间距很密,如洗衣板状),可能导致发动机无法正常工作;此外,三角转子航空活塞发动机达不到往复式航空活塞发动机的高压缩比,导致燃烧不充分、油耗高、污染重,且制造成本较高,这些因素都限制了旋转式航空活塞发动机的应用。图3.21(a)为英国 UAV Engines Limited Company 研制的AR-731 转子发动机,其具体指标见表3.7[18]。以色列"哈比"[IAI Harpy,图3.21(b)]攻击无人机采用 AR-731 转子发动机,最大飞行速度 185 km/h,航程 500 km[22]。

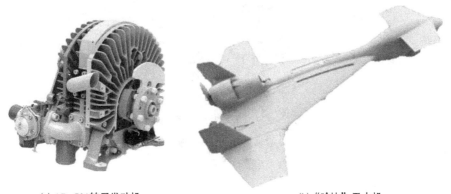

(a) AR-731转子发动机　　　　　　　　(b) "哈比"无人机

图 3.21　旋转式航空活塞发动机实例及其应用

表 3.7　AR-731 转子发动机性能参数

性 能 指 标	数 值	性 能 指 标	数 值
包络尺寸/(mm×mm×mm)	600×328×262	功重比/(kW/kg)	2.83
巡航功率/kW	28.3	行程容积/cc	208
质量/kg	10	巡航油耗/(L/h)	—

3.5　工 作 系 统

本章 3.2 节~3.4 节中介绍了几种航空活塞发动机的基本结构,除基本结构以外,航空活塞发动机中还包括燃油系统、点火系统、起动系统、润滑系统和冷却系统 5 大工作系统,以满足其正常工作需求;此外,为了获得良好的高空性能,提高废气利用效率,涡轮增压系统被应用于部分航空活塞发动机中。下面详细介绍各工作系统的组成和工作原理。

3.5.1　燃油系统

燃油系统的功能是储存燃油并向发动机连续供油,同时在供油过程中,将燃油雾化后与空气均匀混合。根据油、气混合物配置方法的不同,燃油系统可分为汽化器式燃油系统和直接喷射式燃油系统。

汽化器式燃油系统的组成如图 3.22 所示,包括油箱、油滤、主油泵、辅助油泵、汽化器及显示仪表(如压力表、流量表)等。供油过程中,主油泵将燃油从油箱抽出并加压,经油滤过滤后送到汽化器,燃油和空气在汽化器内混合后供入气缸。采用汽化器式燃油系统的航空活塞发动机在高温时启动较容易,在炎热天气中运转不会形成气塞,图3.11(a)所示的 Rotax 914F 航空活塞发动机采用汽化器式燃油系统[15]。

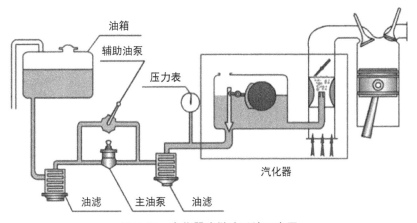

图 3.22 汽化器式燃油系统示意图

直接喷射式燃油系统的组成如图3.23所示,包括油箱、主油泵、辅助油泵、单向活门、燃油调节器、燃油流量分配器、喷油嘴及显示仪表(如压力表、流量表)等。供油过程中,主油泵将燃油从油箱抽出并加压,送到燃油调节器,燃油调节器根据外界环境和发动机工作状态计量出合适的燃油量,然后燃油由燃油流量分配器平均分配后送到喷油嘴,喷油嘴将燃油直接喷入气缸,在气缸内与空气混合。采用直接喷射式燃油系统的航空活塞发动机具备以下优点:进气系统中不易结冰,便于寒冷天气启动,油门响应快;各气缸的燃油分配比较均匀,且有精确的油气比控制,因而发动机燃油经济性较好。图3.24(a)为中国

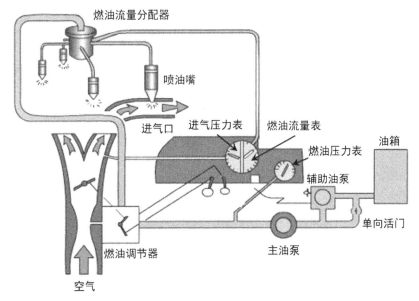

图 3.23 直接喷射式燃油系统示意图

航空工业集团有限公司下属 Technify Motors GmbH 研制的 Centurion 1.7 航空活塞发动机，采用直接喷射式燃油系统。MQ－1C"灰鹰"[图 3.24(b)]无人机装备 Centurion 1.7 航空活塞发动机，最大速度达到 192 km/h，续航时间达到 48 h[23]。

(a) Centurion 1.7航空活塞发动机　　　　　　(b) MQ-1C "灰鹰" 无人机

图 3.24　直接喷射式燃油系统应用实例

3.5.2　点火系统

航空活塞发动机中常用的点火系统包括火花塞点火系统和压燃式点火系统两种。火花塞点火系统常用于航空汽油活塞发动机，而压燃式点火系统一般用于航空重油(包括柴油、煤油)活塞发动机。

火花塞点火系统的主要作用是产生高压电，并将高压电通入气缸中的火花塞，使火花塞产生电火花，点燃油、气混合物。该点火系统主要由电池、磁电机、分电器、线圈和火花塞及其他附件组成，如图 3.25 所示。当发动机点火时，磁电机利用电磁感应原理，首先在

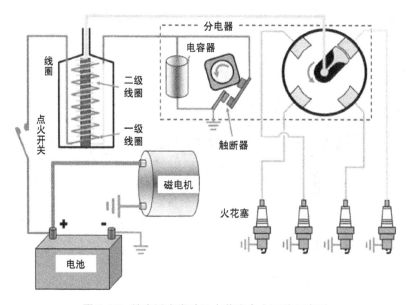

图 3.25　航空活塞发动机火花塞点火系统示意图

一级线圈中产生低压电;其次利用突然断电的方式在二级线圈中产生高压电;最后通过分电器将高压电依次通入各个气缸的火花塞,使火花塞产生电火花,将气缸中的油、气混合物点燃。图 3.26(a)为 UEL AR801 航空活塞发动机,采用火花塞点火系统,应用于 RQ - 7"影子"[图 3.26(b)]、"密码"(Code)等多种无人机[18]。

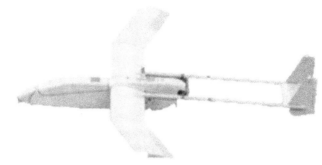

(a) UEL AR801航空活塞发动机　　　　　　　(b) RQ-7"影子"无人机

图 3.26　航空活塞发动机火花塞点火系统应用举例

压燃式点火系统利用压缩冲程将油气混合物压缩到燃点,使其自动着火。压燃点火的过程如图 3.27 所示,活塞向上运动压缩气缸中的空气与燃油混合物,压缩冲程结束时,油气混合物在高温、高压环境下被点燃,然后膨胀做功。压燃式点火系统一般用于航空重油活塞发动机中,重油自燃温度比汽油低、黏度大且不易蒸发。因为不需要火花塞,所以压燃式点火系统结构简单,图 3.24(a)所示的 Centurion 1.7 航空活塞发动机采用的就是压燃式点火系统[18,24]。

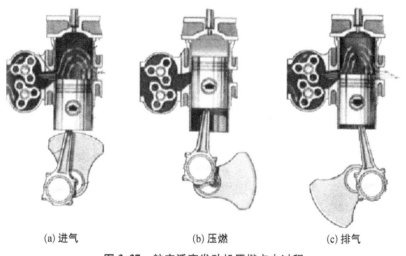

(a) 进气　　　　　　　　　(b) 压燃　　　　　　　　　(c) 排气

图 3.27　航空活塞发动机压燃点火过程

3.5.3　起动系统

起动系统的主要作用是在发动机开车时,驱动曲轴转动,使发动机由静止状态过渡到正常运转状态,完成起动过程。现代航空活塞发动机的起动系统,可分为直接起动式和间接起动式两种,直接起动式利用电动起动机,而间接起动式利用电动惯性起动机。目前,使用最为广泛的是电动起动机系统,主要由起动机、继电器、起动开关、电瓶和相应电气控制附件等部件组成,如图 3.28 所示[25]。

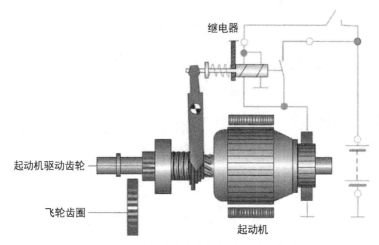

继电器

起动机驱动齿轮

飞轮齿圈

起动机

图 3.28 航空活塞发动机起动系统示意图

　　航空活塞发动机起动时,打开电瓶开关,电瓶与继电器接通;当接通起动开关时,起动继电器工作,接通起动机的电路,起动机转动,通过固定在曲轴前端的齿轮带动曲轴转动;此时发动机点火,实现自主运转。图 3.29(a)中的 Lycoming O-435 六缸航空活塞发动机采用电动起动机系统,该发动机额定功率约 158 kW,装备在 1942 年问世的攻击型无人机 TDR-1 中,如图 3.29(b)所示[25]。

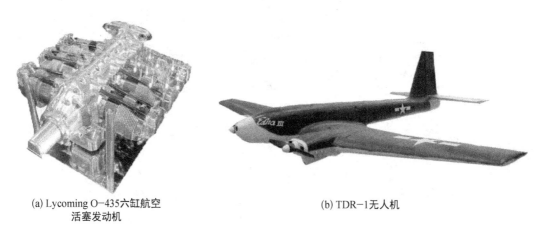

(a) Lycoming O-435六缸航空
活塞发动机

(b) TDR-1无人机

图 3.29 电动起动机系统应用举例

3.5.4 润滑系统

　　润滑系统的主要作用是减轻发动机上各个相对运动部件之间的摩擦,加强发动机内部冷却,延长发动机使用寿命等。润滑系统通常由滑油箱或收油池、滑油泵、滑油滤、散热器以及各种滑油系统仪表等组成,如图 3.30 所示。

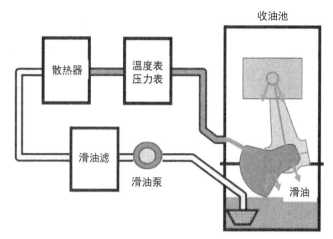

图 3.30　航空活塞发动机润滑系统示意图

在航空活塞发动机工作过程中,滑油泵不断地将润滑油从收油池中吸出,使润滑油在发动机内部循环后重新返回收油池中。当前,航空活塞发动机润滑方式可分为 3 种:泼溅润滑、压力润滑和喷射润滑。泼溅润滑是借助较大的旋转机件将润滑油泼溅到摩擦面上,泼溅形成细小的油滴,润滑气缸、活塞、曲轴、连杆等部件,润滑后的润滑油直接落入机匣;压力润滑是润滑油经滑油泵加压后,沿专门的油路流至各摩擦面上;喷射润滑是润滑油经滑油泵加压后从特定的油孔喷射到摩擦面上实现润滑,例如,有些发动机的气缸与活塞之间和减速器齿轮之间的润滑。目前,航空活塞发动机的润滑系统基本都是采用多种润滑方式相结合的方法进行润滑和冷却。图 3.31(a)所示的 L275E 水平对置式两缸航空活塞发动机由德国 Limbach Flugmotoren GmbH 研制,采用泼溅润滑与压力润滑相结合的混合润滑系统进行润滑与散热,该发动机主要应用于法国 CAC Systems Limited Company 的"狐狸"(Fox)无人机中,如图 3.31(b)所示[18]。

(a) L275E水平对置式两缸航空活塞发动机　　　　　　　　　(b) "狐狸"无人机

图 3.31　航空活塞发动机混合润滑系统应用举例

3.5.5　冷却系统

冷却系统又称散热系统,其主要作用是加强发动机的外部冷却和润滑系统的内部冷却,使发动机能够在允许的温度条件下正常运转。航空活塞发动机的冷却系统包括气冷

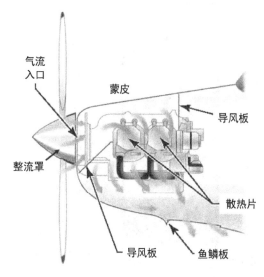

图 3.32 航空活塞发动机气冷式冷却系统示意图

式冷却系统和液冷式冷却系统两种类型,气冷式冷却系统以空气为冷却介质,液冷式冷却系统以液体(水或防冻液)为冷却介质。直列式、水平对置式和星型航空活塞发动机多用气冷式冷却系统,V 型航空活塞发动机多用液冷式冷却系统。本节主要介绍使用最广泛的气冷式冷却系统,其主要由散热片、导风板、整流罩和鱼鳞板等组成,如图 3.32 所示[25]。

气冷式冷却系统利用发动机迎面吹来的气流流经发动机外壁,吸收并带走气缸外壁面一部分热量,以保持气缸温度在一定的范围内。其中,散热片用于增大散热面积,导风板用于保证气缸前后壁面散热均匀,鱼鳞板用于控制冷却发动机的空气的流量。图 3.33(a)中的 WAE 342 双缸两冲程航空活塞发动机由美国 Meggitt Defense System Limited Company 制造,通过迎风冷却的方式为气缸降温,广泛应用于多种靶机以及"不死鸟"[Phoenix,图 3.33(b)]、"沙锥鸟"(Snipe)、"马尔特"(MART)等无人机中[17]。

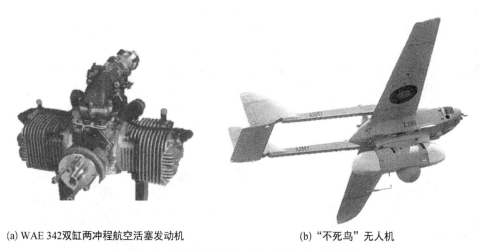

(a) WAE 342双缸两冲程航空活塞发动机　　　　　(b) "不死鸟"无人机

图 3.33 航空活塞发动机冷却系统应用举例

3.5.6 涡轮增压系统

为了提高航空活塞发动机的功率以及能量的利用效率,同时解决高海拔环境下大气压力、密度和温度下降对发动机性能的影响,部分航空活塞发动机中设计了涡轮增压系统,将高温高压废气引入一台涡轮,由涡轮驱动压气机对进口气流增压,再将增压后的空气引入气缸进行燃烧,如图 3.34 所示。具体而言,涡轮增压系统主要由压气机叶轮、压气机外壳、转轴、涡轮叶轮、涡轮外壳等组成,如图 3.35 所示。

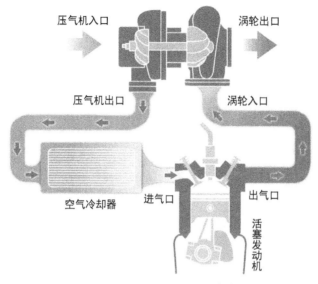

压气机入口　　　　　　　　涡轮出口

压气机出口　　　　　　涡轮入口

空气冷却器　　进气口　　出气口　活塞发动机

图 3.34　涡轮增压系统示意图

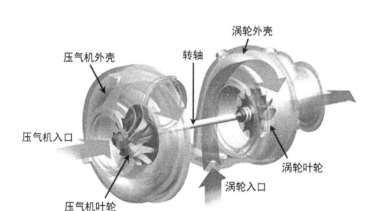

涡轮外壳

压气机外壳　　转轴

压气机入口

涡轮叶轮

压气机叶轮　　涡轮入口

图 3.35　涡轮增压系统结构组成

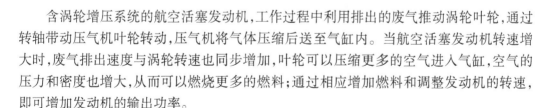

　　含涡轮增压系统的航空活塞发动机,工作过程中利用排出的废气推动涡轮叶轮,通过转轴带动压气机叶轮转动,压气机将气体压缩后送至气缸内。当航空活塞发动机转速增大时,废气排出速度与涡轮转速也同步增加,叶轮可以压缩更多的空气进入气缸,空气的压力和密度也增大,从而可以燃烧更多的燃料;通过相应增加燃料和调整发动机的转速,即可增加发动机的输出功率。

　　装备涡轮增压系统的航空活塞发动机能够适应高海拔环境,高空性能良好;且由于燃料燃烧充分、废气利用率提高,发动机具有良好的燃油经济性和排放性;此外,由于废气在涡轮中进一步膨胀,排气噪声得以降低。图 3.11(a)中的 Rotax 914F 航空活塞发动机带有涡轮增压系统,装备改型发动机的以色列"苍鹭"无人机可在 9 000 m 高空执行任务,具有良好的高空性能[26]。

3.6 发 展 历 史

早期的无人机均采用航空活塞发动机作为动力装置,此时的发动机综合性能较差,主要以航空汽油为燃料。经过几十年的快速发展,航空汽油活塞发动机的各项技术趋于成熟,随着航空燃气涡轮发动机的问世,航空活塞发动机在无人机动力装置中的主导地位被取代,但功率在 370 kW 以下的航空活塞发动机仍在中小型无人机中广泛应用。进入 20 世纪 90 年代,以航空煤油、轻质柴油为燃料的航空重油活塞发动机,成为中小型无人机动力装置的研究热点,并得到了快速发展。下面分航空活塞发动机初步应用、航空汽油活塞发动机技术成熟、航空重油活塞发动机快速发展 3 个阶段,简要介绍航空活塞发动机在无人机中的应用历史。

第一阶段:航空活塞发动机初步应用阶段(1903 年~20 世纪 20 年代)。这一阶段的技术特征为:航空活塞发动机结构简单、气缸数目少、功率较低,并初步应用于无人机中[27]。由 Charlie Taylor 设计的第一台航空活塞发动机是直列式四缸航空活塞发动机,功率仅有 8.95 kW。第一架无人机"空中靶标"装备一台 ABC Gant 航空活塞发动机,如图 3.36 所示,该发动机为一台两缸航空活塞发动机,功率为 34 kW,质量为 52 kg,功重比为 0.65 kW/kg。这一阶段的无人机均采用航空活塞发动机作为动力装置[28],包括"凯特灵虫"、"信使空投鱼雷"(MAT)等型号无人机。

图 3.36 ABC Gant 航空活塞发动机

第二阶段:航空汽油活塞发动机技术成熟阶段(20 世纪 20~90 年代)。这一阶段的技术特征为:以航空汽油为燃料的航空活塞发动机,其结构形式、工作系统等均发展成熟,涡轮增压系统也在航空活塞发动机中成功应用。在第二次世界大战结束之前,航空汽油活塞发动机发展迅速,结构更紧凑、气缸数目快速提升、功率不断增大;随着航空燃气涡轮发动机的问世,航空活塞发动机的应用迅速减少,但冷却技术、涡轮增压技术等继续发展,航空汽油活塞发动机趋于完善[29-34]。这一阶段,采用航空活塞发动机的无人机代表还包括:1935 年诞生的英国"蜂后"(图 3.37)无人机,其飞行速度达到 160 km/h,飞行高度达到 5 000 m,航程达到 500 km[18];1989 年问世的美国"秃鹰"(Condor,图 3.38)无人机,采用含涡轮增压系统的航空活塞发动机,达到了 20 430 m 的飞行高度,并在高空中停留了近两天半,创造了当时航空活塞发动机的飞行高度纪录[35]。

图 3.37　"蜂后"(Queen Bee),Gipsy 活塞发动机,英国 De Havilland Aircraft Company,1934 年,靶机

图 3.38　"秃鹰"(Condor),某型航空涡轮增压活塞发动机, 美国 The Boeing Company,1989 年,侦察

第三阶段:航空重油活塞发动机快速发展阶段(20 世纪 90 年代至今)。这一阶段的技术特征为:以航空重油为燃料的航空活塞发动机开始应用于中小型无人机中,实现了良好的燃油经济性、安全性,并降低了保障成本[36]。同时采用航空汽油、航空煤油等不同燃料,会显著提高无人机及载人飞机的后勤保障成本,为了实现燃料一体化,美国自 1989 年开始三个型号航空重油活塞发动机的研究工作[37];此后,通过多个国家对传统航空汽油活塞发动机进行改装、发展压燃点火技术等的探索研究,航空重油活塞发动机的各项技术日益成熟,并在无人机中得到了测试和应用,提高了无人机的动力性能和巡航时间[38,39]。这一阶段,采用航空重油活塞发动机的典型无人机包括:在美国海军和海军陆战队服役的"扫描鹰"(ScanEagle,图 3.39),以某型由航空汽油活塞发动机改造的航空重油活塞发动机为动力,最大航程可达 78 km,实用升限可达 4 877 m,最大速度可达 207 km/

h[40];图 3.24 中的 MQ－1C"灰鹰"无人机,以 Centurion 1.7 航空重油活塞发动机为动力,续航时间 25 h,最大速度可达 309 km/h[41,42]。

图 3.39　"扫描鹰"(ScanEagle),某型航空重油活塞发动机,美国 Insitu Inc.,2002 年,侦察

航空重油:

　　石化行业中,重油是原油提取汽油、柴油后的剩余重质油,其特点是分子量大、黏度高。重油的比重一般在 0.82~0.95,热值在 10 000~11 000 kcal①/kg。区别于石化行业传统意义上的重油,航空重油不是一种特定的航空燃料,一般作为煤油型和柴油型燃油的统称。目前,航空重油正逐步成为航空活塞发动机燃油的重点发展方向。

3.7　选 型 设 计

　　本节围绕无人机的动力需求,简要介绍航空活塞发动机的选型设计方法。如 3.1 节概述中的介绍,航空活塞发动机需要与螺旋桨配合工作,才能为无人机提供推力,因此,航空活塞发动机的设计工作不仅要针对发动机本身开展,还要兼顾与螺旋桨的配合[43]。由于航空活塞发动机和螺旋桨发展到现在均已经非常成熟,设计工作主要是确定发动机和螺旋桨的关键性能参数,之后便可从成熟型号产品中进行选择。下面介绍选型设计流程,并给出设计实例。

3.7.1　选型设计流程

　　航空活塞发动机的选型设计流程如图 3.40 所示,主要包括确定发动机功率、确定螺旋桨直径和性能匹配检验 3 个环节,下面依次介绍。

　　1. 确定发动机功率

　　发动机功率主要考虑无人机巡航平飞时的需用功率。对于航空活塞发动机,巡航所需推力满足式(3.1):

―――――――

　　①　1 cal = 4.186 8 J。

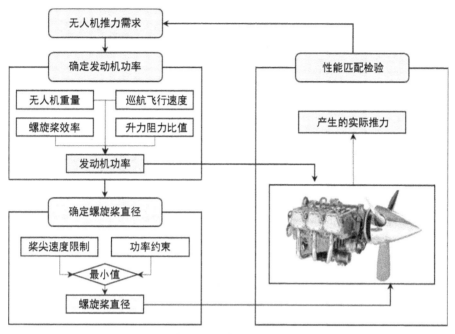

图 3.40　航空活塞发动机选型设计流程

$$F = \frac{P\eta}{V} = \frac{G}{K} \tag{3.1}$$

其中,F 为巡航时发动机推力,单位为 kN;P 为发动机功率,单位为 kW;η 为螺旋桨效率,巡航状态下的螺旋桨效率可根据经验初步选定;V 为巡航飞行速度,单位为 m/s;G 为无人机质量,单位为 kN;K 为升阻比,即升力与阻力之比,也即升力系数与阻力系数之比。

根据式(3.1),在已知螺旋桨效率、巡航飞行速度、无人机质量及升阻比的前提下,便可计算得到巡航状态下的发动机功率 P:

$$P = \frac{V \times G}{\eta \times K} \tag{3.2}$$

需要注意的是,发动机功率会随飞机高度变化,可通过经验公式计算得到:

$$P_H = P_0 \left(1.11 \frac{p_H}{p_0} \sqrt{\frac{T_H}{T_0} - 0.11} \right) \tag{3.3}$$

其中,下标 H 表示飞行高度;下标 0 表示地面状态;p 为大气压力,单位为 Pa;T 为大气温度,单位为 K。

飞行高度越高,发动机高空功率与地面功率之比越低,当二者比值低于 0.6 时应考虑使用涡轮增压发动机。

2. **确定螺旋桨直径**

在初步确定航空活塞发动机功率的基础上,可计算匹配的螺旋桨直径,这一过程需要考虑两方面因素。

1) 螺旋桨桨叶的长度受桨尖速度的限制。对于螺旋桨而言,通常是直径越大,效率越高。确定螺旋桨直径时,以往的经验方法是"使桨叶尽可能地长",但桨叶的长度受桨尖速度的限制,具体地,桨尖的速度应保持低于声速[44]。

螺旋桨桨尖运动轨迹为螺旋线,桨尖速度 V_J 是旋转速度和飞机前进速度的矢量和:

$$V_J = \sqrt{(\pi nD)^2 + V^2} \tag{3.4}$$

其中,n 为螺旋桨转速,单位为 r/s;D 为螺旋桨直径,单位为 m;V 为飞机前进速度,单位为 m/s。

根据桨尖速度的限制,可计算得到螺旋桨直径的上限。一般而言,在海平面,金属螺旋桨的桨尖速度应不超过 290 m/s,木质螺旋桨的桨尖速度应不超过 260 m/s;如果考虑噪声的影响,金属、木质螺旋桨的桨尖速度都不应超过 213 m/s[45]。

2) 除了考虑桨尖速度的限制,还要考虑发动机功率对螺旋桨直径的要求。不同桨叶数目的螺旋桨,发动机功率与螺旋桨直径之间存在以下关系。

两叶螺旋桨:

$$D = 0.6\sqrt[4]{P} \tag{3.5}$$

三叶螺旋桨:

$$D = 0.5\sqrt[4]{P} \tag{3.6}$$

基于上述两个限制条件,可以得到两个螺旋桨直径,从中选择尺寸较小的作为初期方案。

3. 性能匹配检验

确定了发动机功率和螺旋桨直径后,可开展动力系统性能匹配检验,确保两者产生的推力能够满足推力需求,具体过程如下。

1) 利用发动机功率和螺旋桨直径计算必需的螺旋桨特性参数,包括进距比 J[式(3.7)]和功率系数 c_p[式(3.8)]:

$$J = \frac{V}{2nD} \tag{3.7}$$

$$c_p = \frac{P}{2\rho n^3 D^5} \tag{3.8}$$

其中,n 为巡航状态下活塞发动机经过减速器后带动螺旋桨旋转的转速,单位为 r/s;ρ 为巡航高度下的空气密度,单位为 kg/m³。

2) 基于进距比 J 和功率系数 c_p,可利用类似图 3.41 的螺旋桨特性图查得螺旋桨效率 η。

3) 基于式(3.1),利用确定的发动机功率 P、螺旋桨效率 η 以及设计巡航飞行速度 V,便可推算出选用的动力系统能够产生的实际推力 F_1;并将实际推力 F_1 与方案设计所

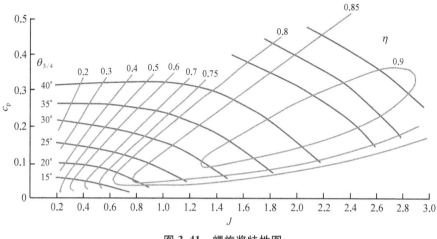

图 3.41　螺旋桨特性图

需的推力 $F_2 = G/K$ 进行对比,判断其是否满足巡航推力需求,若不满足,可选用其他发动机功率,并循环进行上述流程,直至满足动力要求。

3.7.2　设计实例

某型无人机质量为 1 300 kg、机型升阻比为 15,设计要求其巡航飞行高度为 5 000 m、巡航飞行速度为 180 km/h,若该无人机以航空活塞发动机为动力装置,下面确定发动机功率及与其配合的螺旋桨尺寸。

1. 确定发动机功率

初选螺旋桨效率 $\eta = 0.6$,重力加速度 g 取 10 m/s^2,则根据式(3.2),巡航状态下的发动机功率为

$$P = \frac{V \times G}{\eta \times K} = 72.22 \text{ kW}$$

考虑巡航飞行高度,查询高空空气参数表得到压力比 $p_H/p_0 = 0.533\,1$,温度比 $T_H/T_0 = 0.887\,2$,根据式(3.3),5 000 m 高空下的发动机功率与地面功率之比为

$$\frac{P_H}{P_0} = 1.11 \frac{p_H}{p_0} \sqrt{\frac{T_H}{T_0}} - 0.11 = 0.447$$

据此,可以选择一款涡轮增压发动机以保证发动机在高空中性能不发生较大衰减,可从现有成熟产品中选型,如 AE300 航空活塞发动机,其起飞和巡航状态下的最大功率为 123.5 kW,满足功率需求。

2. 确定螺旋桨直径

若选择 AE300 航空活塞发动机,其巡航状态下的螺旋桨转速为 $n = 2\,300$ r/min ≈ 38.3 r/s,若螺旋桨桨尖速度不超过 213 m/s,根据式(3.4)可得到螺旋桨直径应满足:

$$D < 1.72 \text{ m}$$

若选择三叶螺旋桨,考虑 AE300 航空活塞发动机的功率,根据式(3.6),螺旋桨直径还应满足:

$$D = 0.5\sqrt[4]{P} = 1.67 \text{ m}$$

比较上述两个限制条件,可初步选用直径为 1.5 m 的螺旋桨。

3. 性能匹配检验

根据式(3.7)和式(3.8),分别确定螺旋桨进距比 J 和功率系数 c_p:

$$J = \frac{V}{2nD} = 0.43$$

$$c_p = \frac{P}{2\rho n^3 D^5} = 0.11$$

根据图 3.41 得到螺旋桨效率:

$$\eta = 0.6$$

根据式(3.1),可判断产生的实际推力为 $F_1 = 1\,482 \text{ N}$,设计所需推力为 $F_2 = 866.67 \text{ N}$,满足推力要求。

综上所述,选用 AE300 航空活塞发动机、直径 1.5 m 的三叶螺旋桨,可满足该无人机的动力需求。

3.8 本 章 小 结

无人机采用的航空活塞发动机包括四冲程往复式、二冲程往复式及四冲程旋转式等不同类型,由于工作原理、结构特征不同,它们的性能特征也表现出一定的差异,如表 3.8 所示。凭借工作可靠、稳定,工作转速范围大且燃油消耗率低等优势,四冲程往复式航空活塞发动机在无人机中的应用最为广泛。

表 3.8 不同类型航空活塞发动机的性能指标

航空活塞 发动机型号	冲程/活塞 运动方式	气缸 数目	构 型	巡航功率 /kW	质量 /kg	功重比 /(kW/kg)	巡航油耗 /(L/h)	应用无人 机举例
AE300	四冲程往复式	4	直列式	123.5	186	0.67	39	"猎户星座"
Moto Guzzi	四冲程往复式	2	V 型	40	30	1.33	—	"猎人"
Rotax 914F	四冲程往复式	4	水平对置式	73	68.2	1.09	34	"捕食者"
RCS 150	四冲程往复式	5	星型	6.47	4.4	1.47	—	航模飞机
Rotax 582	二冲程往复式	2	直列式	48	29.1	1.65	27.3	"蚋蚊"
AR-731	四冲程旋转式	1	转子发动机	28.3	10	2.83	—	"哈比"

航空活塞发动机的正常运行,除活塞、气缸、曲轴等主要结构外,还需要起动系统使发动机由静止状态过渡到正常运转状态,然后由燃油系统向发动机供油、点火系统点燃油气混合物,连续工作过程中需要润滑系统减轻相对运动部件之间的摩擦,并由冷却系统给气缸等降温使发动机工作在正常范围内。此外,涡轮增压系统可以帮助航空活塞发动机在

空气稀薄的高空正常工作。

当前,功率在370 kW以下的航空汽油活塞发动机在无人机中广泛应用;此外,航空重油活塞发动机、油电混合推进也开始得到研究和应用。而对于选用航空活塞发动机的无人机而言,可根据动力需求,直接从发展成熟的航空活塞发动机和螺旋桨中选型。

习　题

1. 奥托循环是一种理想循环,这种理想模型在实际工作循环基础上做了哪些简化?

2. 二冲程发动机与四冲程发动机相比有何优、缺点?

3. 阐述涡轮增压系统的工作过程。

4. 查阅资料,简要说明世界上主要的航空活塞发动机研制和生产单位包括哪些,并总结各自的技术特征。

5. 航空活塞发动机不断有新技术得到应用,如缸内直喷技术,查阅文献,介绍一种新技术,并了解其技术原理。

6. 某型无人机设计的起飞质量为1 000 kg,飞机的巡航速度为200 km/h,巡航高度为8 km,巡航时推重比为18,在表3.8中选用哪款活塞发动机比较合适?

7. 中国现役无人机中哪些型号采用了活塞发动机?查阅文献,列出其主要技术指标。

8. 相对于其他无人机动力装置,分析活塞发动机的技术优、缺点。

9. 简述航空活塞发动机的发展历史。

10. 航空活塞发动机的工作系统都有哪些?其作用分别是什么?

参 考 文 献

[1] PHILIP V. Britain sabotage the steam engine of Leibniz and Papin. EIR Science & Tecnology, 1996, 23(8): 18 - 23.

[2] ZHEN Y H, PING L U. Related technologies and development of UAV. Ordnance Industry Automation, 2009, 28(1): 14 - 16.

[3] QIU X H, JING H. Technology trendency of development for UAVs. Acronantical Science & Techology, 2000, 12(1): 28 - 30.

[4] PING J T K, LING A E, QUAN T J, et al. Generic unmanned aerial vehicle (UAV) for civilian application — a feasibility assessment and market survey on civilian application for aerial imaging. Kuala Lumpur: 2012 IEEE Conference on Sustainable Utilization and Development in Engineering and Technology, 2012: 289 - 294.

[5] COSIC J, CURKOVIC P, KASAC J. Interpreting development of unmanned aerial vehicles using systems thinking. Interdisciplinary Description of Complex Systems, 2013, 11(1): 143 - 152.

[6] ISCOLD P, PEREIRA G A S, TORRES L A B. Development of a hand-launched small UAV for ground reconnaissance. IEEE Transactions on Aerospace & Electronic Systems, 2010, 46(1): 335 - 348.

[7] WANG G. Application of unmanned air vehicle aerial photographic system to geological survey in disaster

response in Guizhou province. Geospatial Information，2010，8(5)：1－3.

［8］方昌德.航空活塞发动机百年回顾.燃气涡轮试验与研究,2003,16(4)：1－5.

［9］付尧明.活塞发动机.2版.北京：清华大学出版社,2016.

［10］GECA M, CZYZ Z, SUŁEK M. Diesel engine for aircraft propulsion system. Combustion Engines，2017，56(2)：7－13.

［11］徐德康.可降低ISR成本80%的"猎户座".国际航空,2011,55(1)：66.

［12］邵家元.美国"猎户座"无人机完成首飞.军事史林,2014,29(1)：50.

［13］CAMBONE S A, KRIEG K, PACE P, et al. Unmanned aircraft systems roadmap 2005－2030, Washington D C：Office of the Secretary of Defense, 2005.

［14］GRIFFIS C A, WILSON T, SCHNEIDER J. Unmanned aircraft system propulsion system technology survey. Washington D C：U S Department of Transportation Federal Aviation Administration, 2009.

［15］秦德,马红玉.ROTAX航空发动机914UL/F概述.小型内燃机与车辆技术,2014,43(5)：88－91.

［16］王永寿.伊拉克中低空的入侵者——捕食者无人机.飞航导弹,2003,32(9)：14－17.

［17］樊邦奎.国外无人机大全.北京：航空工业出版社,2001.

［18］世界中小型航空发动机手册编委会.世界中小型航空发动机手册(2006).北京：航空工业出版社,2006.

［19］《国外无人机大全》编写组.国外无人机大全.北京：航空工业出版社,2001.

［20］郝英好.无人机发展概况.北京：国防工业出版社,2017.

［21］CHEN H, PAN C Y, XU X J, et al. Development of rotary piston engine worldwide. London：AASRI International Conference on Industrial Electronics and Applications (IEA 2015), 2015.

［22］温杰.Harpy反辐射无人机的现状与发展.飞航导弹,2000,29(7)：5－6.

［23］宫朝霞,李文杰.MQ－1C空中勇士无人机.飞航导弹,2009,38(11)：64.

［24］LU P L, SIU L K, CHEN T C, et al. Passes at UK's first Centurion aircraft engine course. Chinese Journal of Cancer Research, 2008, 20(3)：194－201.

［25］符长青.无人机动力技术.西安：西北工业大学出版社,2018.

［26］王摘."苍鹭"长航时无人机.军民两用技术与产品,2005,18(4)：8.

［27］MEINIG U. One hundred years of the piston aeroplane engine. MTZ Worldwide, 2003, 64(11)：20－23.

［28］COHAUSZ P. German aircraft cockpits 1911－1970. Moscow：Schiffer, 2004.

［29］PAN Z J, HE Q H, YANG J. Development status of piston aviation heavy oil engine. Science & Technology Review, 2013, 31(34)：65－68.

［30］HERMIONE G. Making jet engines in World War II：Britain, Germany, and the United States. Chicago：The University of Chicago, 2016.

［31］COOK K L B. The silent force multiplier：the history and role of UAVs in warfare. 2007 IEEE Aerospace Conference, 2007, 22(1)：1－6.

［32］ZHAN P G. A summary of wind tunnel test techniques for high-altitude long-endurance UAV. Experiments & Measurements in Fluid Mechanics, 2004, 18(2)：11－16.

［33］BAXTER A D. British progress in propulsion since the war. Aircraft Engineering & Aerospace Technology, 1953, 25(9)：250－263.

［34］何熙虹,蒋琪.雷锡恩公司为小型无人机提供重油发动机.飞航导弹,2008,37(9)：33.

［35］BOEING. Condor unmanned aerial vehicle history snapshot. (2019－04－22)[2019－04－30]. https：

//www. boeing. com/history/products/condor-unmanned-aerial-vehicle. page.

［36］GUO L S, WANG H, HUANG K F. Application of aviation heavy oil in aviation piston engine. Small Internal Combustion Engine & Vehicle Technique, 2018, 47(1): 84－93.

［37］LAURENCE R. Unmanned aviation: a brief history of unmanned aerial vehicles. Virginia: American Institute of Aeronautics and Astronautics, 2004.

［38］BRATANOV D, MEJIAS L, FORD J J. A vision-based sense-and-avoid system tested on a ScanEagle UAV. IEEE Proceedings of the International Conference on Unmanned Aircraft Systems, 2017,32(12): 1134－1142.

［39］刘亮亮,胡延策,赖国平.美军新型无人机.兵工自动化,2007,26(11): 8.

［40］顾诵芬.关于使用航空煤油活塞式发动机的评估.北京：中国航空运输协会通用航空委员会,2008.

［41］WILSON M, RYAN D, BRATANOV D, et al. Flight test and evaluation of a prototype sense and avoid system onboard a ScanEagle unmanned aircraft. IEEE Aerospace & Electronic Systems Magazine, 2016, 31(9): 6－15.

［42］DONATEO T, SPEDICATO L, TRULLO G, et al. Sizing and simulation of a piston-prop UAV. Energy Procedia, 2015, 82(1): 19－24.

［43］周盛,顾高墀,潘杰元.航空螺旋桨与桨扇.北京：国防工业出版社,1994.

［44］刘沛清.空气螺旋桨理论及其应用.北京：北京航空航天大学出版社,2006.

［45］刘艳华,孙颖,孙智孝.活塞发动机与无人机性能匹配分析.飞机设计,2007,27(4):10－12.

第4章
航空燃气涡轮发动机原理

学习要点

（1）掌握涡喷、涡桨、涡轴、涡扇4种航空燃气涡轮发动机的工作原理及主要组成部件，理解其产生推力或升力的原理。

（2）掌握涡喷、涡桨、涡轴、涡扇4种航空燃气涡轮发动机的性能特点和区别，了解其在无人机中的应用范围。

（3）了解涡喷、涡桨、涡轴、涡扇4种航空燃气涡轮发动机的发展历史和演变过程。

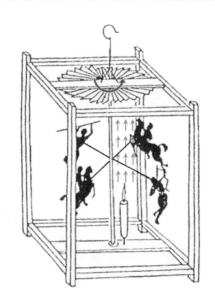

走马灯者，剪纸为轮，以烛嘘之，则车驰马骤，团团不休，烛灭则顿止矣。

——《燕京岁时记·走马灯》

走马灯是中国古代元宵节挂花灯习俗中的一种灯具。走马灯的外形一般为多棱柱，棱柱的表面是绘有图案的纸屏；中央为轮轴，轮轴上方是一圈纸轮，中间轮轴上可布置人物、马车等不同造型的剪纸；灯的底部固定一根蜡烛。点燃蜡烛后，周围空气被加热产生热气流,热气流由于密度小上升,并带动纸轮、轮轴旋转,旋转的剪纸借助烛光投射在纸屏上,即可出现车马奔跑、你追我赶的影像。走马灯利用热气流对纸轮做功,带动纸轮旋转,将热空气的内能转化为机械能,这种结构原理与现代燃气涡轮发动机相近。20 世纪 30 年代,英国工程师 Frank Whittle、德国工程师 Hans von Ohain 分别独立发明了涡喷发动机[1],开启了人类动力史的新篇章。

4.1　概　　述

　　航空活塞发动机的发明帮助人类实现了航空飞行,但随着人类对高速飞行的追求,航空活塞发动机工作原理的局限性凸显。具体而言,航空活塞发动机通过驱动螺旋桨产生推力,在飞行器高速飞行时,螺旋桨桨尖的空气被强烈压缩后形成一种强压力波——激波[2],会对螺旋桨带来极大阻力甚至可能造成螺旋桨折断,从而引起推进效率急剧下降,因此,采用航空活塞发动机与螺旋桨的飞行器无法实现超声速飞行。为获得更快的飞行速度,航空燃气涡轮发动机应运而生。

　　1937 年,英国工程师 Frank Whittle 与德国工程师 Hans von Ohain 分别独立发明了涡喷发动机,开启了人类动力史的新篇章。涡喷发动机首先应用在有人驾驶飞机上,1951 年,世界上第一款采用涡喷发动机的无人机"火蜂"诞生。在涡喷发动机的基础上,相继衍生出了多种燃气涡轮发动机:1945 年,涡桨发动机问世,凭借其低油耗的优势,从问世至今在无人机中得到了广泛应用,如著名的美国 MQ－9"收割者"无人机、中国"翼龙-Ⅱ"无人机等;1950 年,涡轴发动机研制成功,成为垂直起降无人机的主要动力装置,如美国的"火力侦察兵"无人机;1957 年,美国 General Electric Company 发明了第一台连续稳定工作的 CJ805－23 涡扇发动机,兼具低油耗和大推力的特点,在大型无人机中广泛应用,如美国的"全球鹰"无人机。

　　上述航空燃气涡轮发动机,工作原理衍生于涡喷发动机,但输出动力的方式有差异。涡喷发动机通过向后喷出高速气流产生推力;涡桨发动机在涡喷发动机的基础上加装螺旋桨,燃气膨胀后驱动涡轮,涡轮带动螺旋桨旋转产生推力;涡轴发动机在涡喷发动机的基础上加装旋翼,燃气膨胀后驱动涡轮,涡轮带动旋翼旋转产生升力;涡扇发动机通过向后喷出高速气流产生推力,与涡喷发动机不同的是,涡扇发动机的气流通道为两通道或三通道[3]。

　　本章首先详细介绍涡喷发动机的工作原理、结构特点和发展历史,对于涡桨发动机、涡轴发动机和涡扇发动机,在工作原理、结构特点方面重点介绍它们与涡喷发动机的区别,同时简要介绍各自的发展历史。

4.2　涡喷发动机

4.2.1　工作原理

　　涡喷发动机是一种通过喷出高速燃气获得推力的动力装置。如图 4.1 所示,涡喷发动机主要由进气道、压气机、燃烧室、涡轮和尾喷管等组成,其中,压气机、燃烧室和涡轮所组成的装置又被称为核心机。此外,为了增大推力,某些军用涡喷发动机还会在涡轮后布置加力燃烧室,如图 4.2 所示,开启加力燃烧室时,能够短时间内获得更大推力,大幅度提高飞行速度。

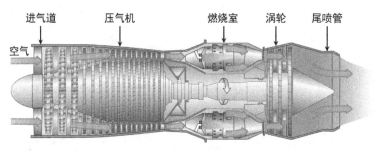

图 4.1　涡喷发动机结构示意图

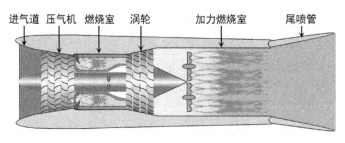

图 4.2　加力式涡喷发动机结构示意图

涡喷发动机工作时,前方空气经过进气道后进入发动机,在压气机中被压缩,空气体积减小、压力增大;其次进入燃烧室,并与喷入的燃料混合燃烧,燃料中的化学能转化为热能;再次,高温、高压燃气进入涡轮膨胀做功,使涡轮高速旋转并输出驱动压气机及其他附件的功率;最后,燃气经尾喷管高速喷出。对于加力式涡喷发动机而言,涡轮喷出的燃气在加力燃烧室中再次喷油燃烧,燃气温度进一步提高,瞬间提高发动机推力。根据作用力与反作用力的原理,高速喷出的燃气对发动机产生反作用力(图 4.3),而空气(包括燃气和空气)反作用力的轴向合力就是涡喷发动机产生的推力[4]。

图 4.3　航空燃气涡轮发动机地面试验中喷出的燃气

由于高速喷出的高温燃气仍具有动能和热能,燃料产生的一部分能量未能得到利用而直接排出,能量损失较大,因此,相对来说,涡喷发动机耗油率较高,经济性较差,尤其在低速条件下更为显著。但随着飞行速度的增加,涡喷发动机的经济性不断提升,因此涡喷发动机更适合高速飞行器。对于无人机而言,涡喷发动机适用于中/大型、中/高空(飞行高度为 3 000~18 000 m)、亚声速/超声速无人机(马赫数 0.7~2.5)[5]。

4.2.2　结构特点

涡喷发动机借助进气道、压气机、燃烧室、涡轮和尾喷管等部件相互配合,连续不断地输出功率和推力。下面首先根据涡喷发动机转子数目,从总体结构角度介绍单转子、双转子发动机的结构特点;其次,按照进气道、压气机、燃烧室、涡轮、尾喷管、加力燃烧室的顺序,依次介绍各部件的功能、工作原理、分类和结构特点等。

1. 总体结构特点

涡喷发动机中,压气机和涡轮的转子叶片、轮盘,通过一根转轴和连接件等连接在一起,形成一个转子。根据转子数目的多少,涡喷发动机可分为单转子涡喷发动机、双转子涡喷发动机。

单转子涡喷发动机仅有一组压气机和一组涡轮,如图 4.4 所示,这一组压气机和涡轮通过一根轴连接在一起,以相同转速转动。单转子涡喷发动机结构较为简单,早期的涡喷发动机均为单转子结构。

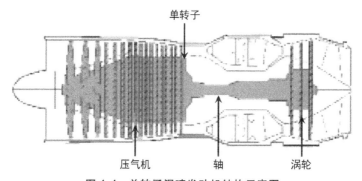

图 4.4　单转子涡喷发动机结构示意图

双转子涡喷发动机的压气机分为低压压气机和高压压气机,涡轮分为高压涡轮和低压涡轮,如图 4.5 所示,高压压气机和高压涡轮通过一根较粗的空心轴连接,低压压气机和低压涡轮通过一根较细的低压转子轴连接,低压转子轴穿插在高压转子轴中间,低压转子和高压转子以不同的转速旋转。双转子发动机能够显著提高压气机和涡轮的气动效率,增大发动机的推力,降低发动机的耗油率[5]。

2. 部件结构特点

(1) 进气道

进气道的功能是通过对空气减速、增压,为压气机提供均匀的气流。空气作为一种流体,具有一定黏性,流动时会有内摩擦力产生,空气与进气道的边界也会产生摩擦阻力;此

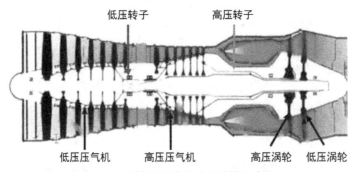

图 4.5　双转子涡喷发动机结构示意图

外,进气道的形状、空气流动方向的变化等也会产生一定阻碍作用,空气流经进气道时,为了克服上述摩擦力和阻力需要耗散一定的能量。为了尽可能地降低流动损失,进气道结构引起的飞行阻力必须尽可能地小。

按照进入进气道的气流速度的大小,进气道可以分为亚声速进气道(来流 $Ma<1$)和超声速进气道(来流 $Ma>1$)[5],如图 4.6 所示。亚声速进气道的前缘多为圆钝形,超声速进气道的前缘多为尖角形并带有进气锥体。超声速气流进入超声速进气道时,会产生若干道斜激波和一道正激波,使超声速气流减速为亚声速,并且压力升高。气流进入进气道后,会在进气道内部的特定形状流道内减速、增压,形成适合于进入压气机的气流。

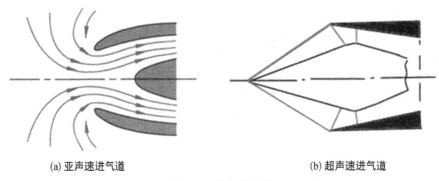

(a) 亚声速进气道　　　　　　　　　　　　　　　(b) 超声速进气道

图 4.6　进气道分类

无论对于亚声速进气道还是超声速进气道,为保证在整个飞行范围内发动机均能可靠地工作,要求进气道在各种状态下均应具有小的流动损失和进气畸变,气流与进气道流道不能发生较大的分离,尤其是当飞机处于阵风、强侧风、盘旋、大攻角(指进气道轴线与来流的夹角)、发射武器等条件时,要求进入发动机的流场稳定、进口处不能产生严重的流场变化[6]。

（2）压气机

压气机是对空气做功、向空气传输机械能的主要部件,为发动机提供工作需要的压缩空气。空气经过压气机之后,总压增高、轴向流速下降、温度升高,空气总压增高有利于提高发动机的整体效率,而轴向流速下降使其易于在燃烧室内组织燃烧。

　　根据空气的流动方向,压气机可分为轴流式压气机和离心式压气机,如图 4.7 所示,空气轴向流入、又轴向流出的称为轴流式压气机,空气轴向流入、径向流出的称为离心式压气机。两者相比,轴流式压气机的总增压比(增压比为出口气流总压与入口气流总压的比值)大,效率高,单位面积空气流大;而离心式压气机的单级增压比大,结构简单可靠,稳定工作范围较宽。此外,轴流式压气机和离心式压气机有时会组合起来使用,称之为组合式压气机[7]。

> **总压:**
>
> 　　假想流体等熵和绝热地滞止时所能达到的压力总值,表征了流体具有的机械能总值。定义如下:
>
> $$p_t = p + p_b$$
>
> 其中,p_t 是总压;p 是静压,为流体静止不动时具有的压强;p_b 是动压,为流体因为流动而具有的压强。

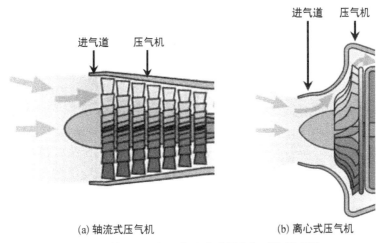

(a) 轴流式压气机　　　　　　(b) 离心式压气机

图 4.7　轴流式压气机与离心式压气机对比示意图

　　压气机主要由压气机转子和压气机静子组成。对于轴流式压气机[图 4.8(a)],压气机转子包括转子叶片(也称为工作叶片)、压气机盘和压气机轴等,转子在发动机工作时高速旋转;压气机静子包括静子叶片、压气机机匣等,静子不旋转。对于轴流式压气机,任一压气机盘与安装在该盘上的所有转子叶片称为一级转子,而与一级转子配合工作的所有静子叶片称为一级静子,压气机转子在前,静子在后,一级转子和一级静子合起来统称为一级。为实现较高的增压比,轴流式压气机通常由若干级串联而成[8]。对于离心式压气机[图 4.8(b)],转子叶片与压气机盘通常加工为一体使用,静子叶片通常被气流导流装置替代。

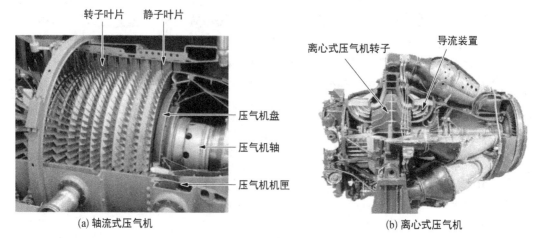

(a) 轴流式压气机　　　　　　　　　　(b) 离心式压气机

图4.8　轴流式压气机与离心式压气机结构对比

（3）燃烧室

燃烧室是供高压空气与燃料混合并燃烧的部件。在燃烧室中,燃料中的化学能经燃烧转换为热能,空气的温度显著提高,流入燃烧室的空气变成高温、高压燃气流出,高温燃气进入涡轮内做功。从整体结构上看,燃烧室有3种类型:单管燃烧室、环管燃烧室和环形燃烧室[8]。

单管燃烧室:每个管式火焰筒外侧都包裹着单独的外壳,构成一个单管,各单管之间通过联焰管相连,传播火焰和均衡压力(图4.9)。单管主要由喷嘴、涡流器、火焰筒、联焰管、燃烧室外套等部件组成,如图4.10(a)所示。燃烧原理如图4.10(b)所示:来自压气机的空气分为两股,一股空气经过涡流器后形成低速回流区,喷嘴将燃油雾化为微小颗粒,与该股空气掺混形成混合均匀的油气混合物,被点燃后产生稳定的燃烧;另一股空气对火焰筒冷却后经火焰筒上的孔进入火焰筒内形成掺混区,形成高温燃气进入涡轮内做功。

环管燃烧室:若干火焰筒沿周向均匀分布,安装在同一个内外壳体间的环腔内,相邻

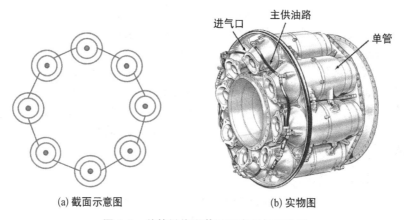

(a) 截面示意图　　　　　　　　　　(b) 实物图

图4.9　单管燃烧室截面示意图与实物图

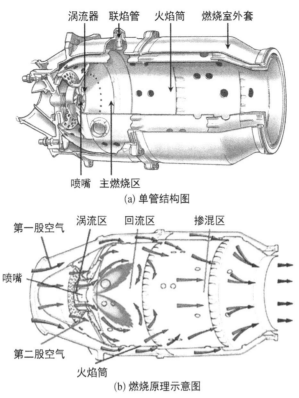

涡流器　联焰管　火焰筒　燃烧室外套

喷嘴　主燃烧区

(a) 单管结构图

第一股空气　涡流区　回流区　掺混区

喷嘴

第二股空气

火焰筒

(b) 燃烧原理示意图

图 4.10　单管结构图与燃烧原理示意图

火焰筒之间通过联焰管连接,如图 4.11 所示。当环管燃烧室的某一个火焰筒被点燃时,火焰会通过联焰管传至其他火焰筒导致燃烧。

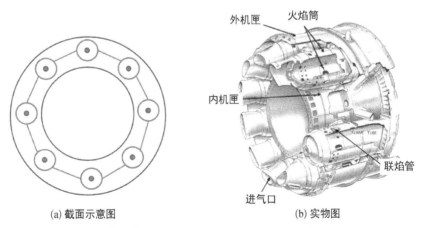

外机匣　火焰筒

内机匣

联焰管

进气口

(a) 截面示意图　　　　(b) 实物图

图 4.11　环管燃烧室截面示意图与实物图

环形燃烧室:只有一个环形的火焰筒,安装在内外壳体间的环腔内,如图 4.12 所示。与单管燃烧室、环管燃烧室相比,环形燃烧室的出口流场和温度场分布更加均匀,燃烧效率更高,且结构简单、质量小,同时环形燃烧室的轴向尺寸短,有利于减小发动机的跨度和质量,目前的涡喷发动机主要采用环形燃烧室。

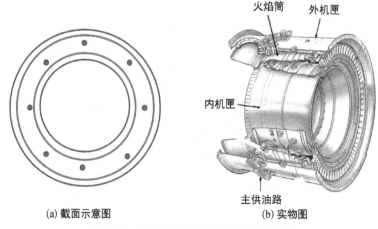

(a) 截面示意图　　　　　　　　　(b) 实物图

图 4.12　环形燃烧室截面示意图与实物图

（4）涡轮

涡轮的作用是将高温、高压燃气中的部分内能和势能转换成机械能,用于驱动压气机和其他附件。从燃烧室流出的燃气进入涡轮后膨胀做功,驱动涡轮高速旋转,并通过轴驱动前方的压气机,从而实现发动机的连续工作。

涡轮由涡轮静子和涡轮转子组成,一般为一级或多级串联而成。涡轮转子由转子叶片、涡轮盘和涡轮轴组成,涡轮静子由静子叶片和涡轮机匣组成,如图 4.13 所示。涡轮与压气机有一定区别,首先,压气机中转子叶片在前、静子叶片在后,而涡轮中静子叶片在前、转子叶片在后;其次,一般情况下,压气机级数较多,而涡轮级数较少。

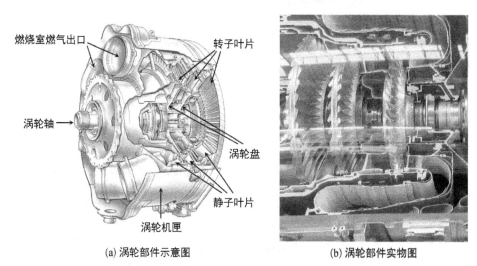

(a) 涡轮部件示意图　　　　　　　　　(b) 涡轮部件实物图

图 4.13　涡轮部件结构

对于涡轮而言,燃烧室流出的燃气温度极高,甚至可能超过转子叶片材料的熔点,为了实现转子叶片的安全工作,通常采取多种措施提高转子叶片的耐高温性能:一方面是在转子叶片中设计冷却通道和冷却气孔,通过从压气机出口引入冷却气流,对转子叶片进行强制冷却[9]，如图 4.14 所示；另一方面是在转子叶片表面制备隔热涂层。一般条件下，会同时采用多种措施，以尽可能地延长转子叶片的工作寿命。

（5）尾喷管

尾喷管又叫做排气喷管，简称喷管，其作用是将涡轮或加力燃烧室排出的空气继续加速膨胀并高速喷出，经过尾喷管排出的空气能达到声速或者超过声速，这使发动机能够获得更大的推力[9]。

尾喷管根据燃气排出的方向可分为直流式尾喷管和推力矢量尾喷管，如图 4.15 所示。直流式尾喷管只能向发动机正后方排出

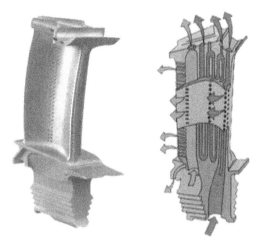

图 4.14　涡轮转子叶片的冷却结构

燃气，产生平行于发动机轴线的推力；而推力矢量尾喷管可以向不同方向喷出燃气，从而改变发动机推力的方向，使飞行器的机动性增强。

(a) 直流式尾喷管　　　　　　　　　　(b) 推力矢量尾喷管

图 4.15　直流式尾喷管与推力矢量尾喷管

直流式尾喷管按流道形式可以分为收敛形喷管和收敛扩散形喷管，其中后者又称为拉瓦尔喷管。收敛形喷管是流道面积逐渐减小的尾喷管，如图 4.16（a）所示。燃气在收敛形喷管中膨胀加速，出口空气的最大速度能够达到当地声速（$Ma=1$）；但燃气在这种喷管中不能得到完全膨胀，出口处的气流速度最大仅能达到当地声速，不能实现超声速。收敛扩散形喷管的流道面积先减小再扩大，如图 4.16（b）所示。在收敛扩散形喷管中，收敛形转为扩散形位置的截面面积最小，称为喉道，此处气流速度可达到当地声速（$Ma=1$）[10]，随后在后续扩张管道超过声速，继续加速。收敛扩散形喷管能够使燃气得到完全膨胀，出口处的气流能够实现超声速，因此可以使发动机产生更大的推力。

（6）加力燃烧室

除上述进气道、压气机、燃烧室、涡轮和尾喷管以外，涡喷发动机为了增加推力，还可以在涡轮和尾喷管之间布置加力燃烧室。由于从涡轮中流出的高温燃气中仍含有大

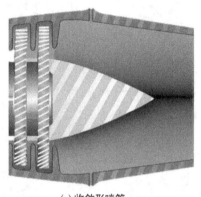 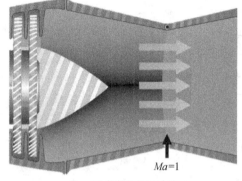

(a) 收敛形喷管　　　　　　　　　　　　(b) 收敛扩散形喷管

图 4.16　发动机直流式尾喷管结构示意图

量氧气,在涡轮后的气流中再次喷油燃烧,使排出的空气温度大幅度升高,可以获得额外推力。

　　加力燃烧室主要包括喷嘴、火焰稳定器、点火器、防振隔热屏和筒体等,如图 4.17 所示。其中,喷嘴用于喷入燃料;火焰稳定器用于在高速气流中产生稳定回流区,决定了能否成功点火以及火焰能否稳定燃烧而不被吹熄,图 4.18 为北京航空航天大学高歌教授研制的沙丘驻涡火焰稳定器,具有阻力小、稳定性好等优点,应用于多种型号涡喷发动机中,该发明在 1984 年获得国家技术发明一等奖;防振隔热屏用以防止点火燃烧时产生振荡燃烧,同时起到隔热作用。

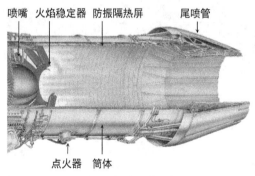 

图 4.17　加力燃烧室结构　　　　　　　图 4.18　沙丘驻涡火焰稳定器

　　带有加力燃烧室的发动机在开加力时,可短时间内获得大推力,开加力时的推力可以达到原推力的 1.4~1.7 倍。但是,因为从涡轮排出的高温燃气压力已经大幅下降,所以加力燃烧室的燃烧环境为低压燃烧环境,燃烧效率低,会造成发动机耗油率大幅度增加,经济性急剧下降。

4.2.3　发展历史

　　涡喷发动机诞生至今不足百年,早期的涡喷发动机技术不成熟、性能较差,连续工作时间短;之后,在原始构型的基础上逐渐发展了双转子、加力燃烧室等关键技术,涡喷发动机的性能得到大幅提升,并成为多种飞机和无人机的动力装置。本节按照时间顺序,分第一代至第三代涡喷发动机(典型代表如表4.1所示)3个阶段,依次介绍涡喷发动机的发展历史及在无人机中的应用[11]。

表 4.1 第一代至第三代涡喷发动机典型代表

涡喷发动机分类	具体型号举例	最大推力/kN	推重比	耗油率/[kg/(daN·h)]	应用无人机举例
第一代	J69-T	<8	≈2	1.2~1.4	"火蜂"
第二代	J79-GE-8	20~60	3~5	≈1.0	QF-4E
第三代	R-11F2S-300	40~100	5~7.5	≈0.8	QMiG-21

1. 第一代涡喷发动机(20世纪40年代~50年代末)

20世纪40年代~50年代末,各国陆续研制了多种型号的涡喷发动机,包括德国 He S-1 与 Jumo-004、英国 WU 模型试验机与 Welland、美国 I-16 等,这些发动机统称为第一代涡喷发动机,其主要技术特点为:推力一般小于8 kN,推重比约2,耗油率为1.2~1.4 kg/(daN·h),压气机多为离心式压气机,燃烧室多为单管燃烧室。

涡喷发动机由德国、英国的两位工程师各自独立发明。德国工程师 Hans von Ohain 于1937年成功试验了第一台单转子涡喷发动机 He S-1,如图4.19(a)所示;1939年研制成功实用型涡喷发动机 He S-3,装备于第一架喷气式飞机 Heinkel He 178。在此之前,英国的 Frank Whittle 已于20世纪20年代末期开始涡喷发动机的研究,并于1930年获得了设计专利,Frank Whittle 设计的第一台涡喷发动机 WU 模型试验涡喷发动机[图4.19(b)]也于1937年试车成功[12]。

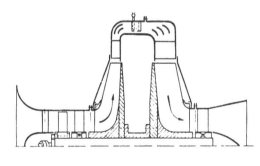

(a) He S-1涡喷发动机 (b) WU模型试验涡喷发动机

图 4.19 He S-1 涡喷发动机与 WU 模型试验涡喷发动机

第一架装备涡喷发动机的无人机是美国的"火蜂"[图4.20(b)],该无人机于1951年首飞,动力装置为一台 J69-T 涡喷发动机[图4.20(a)],该发动机的性能参数如表4.2所示。"火蜂"无人机翼展3.93 m,最大航程3 000 km,最大飞行速度700 km/h,实用升限21 340 m,除作为美国陆海空三军的靶机外,还被改型用于侦察、监视、电子战、对地攻击、飞行试验和研究任务等[12]。

(a) J69-T涡喷发动机   (b) "火蜂"无人机

图 4.20   J69－T 涡喷发动机及"火蜂"无人机

表 4.2   J69－T 涡喷发动机性能参数

性 能 指 标	数 值	性 能 指 标	数 值
长度/m	1.56	推重比	2.38
质量/kg	358.7	涡轮前温度/K	923
空气流量/(kg/s)	13.0	耗油率/[kg/(daN·h)]	1.34
最大推力/kN	8.54		

2. 第二代涡喷发动机(20 世纪 50 年代末~70 年代初)

20 世纪 50 年代末~70 年代初,各国陆续研制了多型带有加力燃烧室的涡喷发动机,这些发动机统称为第二代涡喷发动机。这些发动机的技术特点为:推力为 20~60 kN,推重比为 3~5,耗油率约为 1.0 kg/(daN·h),多为单转子加力式,压气机为离心式压气机或轴流式压气机,燃烧室以单管燃烧室为主。

图 4.21   VK－1F 加力式涡喷发动机

1948 年,苏联成功研制出第一台加力式涡喷发动机 VK－1F(图 4.21),装备于"米格-19"战斗机并成功实现了超声速飞行。此后,加力式涡喷发动机也被用于无人机中,并助力无人机实现了超声速飞行。20 世纪 70 年代,美国基于 F－4"鬼怪Ⅱ"战斗机,改装出超声速无人靶机 QF－4E,如图 4.22(b)所示,该无人机采用两台美国 General Electric Company 的 J79－GE－8 加力式涡喷发动机[图 4.22(a),性能参数见表 4.3]。QF－4E 超声速无人靶机最大起飞质量 13 756 kg,最大平飞速度高达 2 390 km/h,实用升限 16 575 m,飞行半径 644 km[13]。

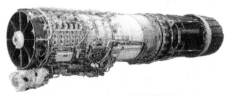

(a) J79-GE-8加力式涡喷发动机   (b) QF-4E超声速无人靶机

图 4.22   J79－GE－8 加力式涡喷发动机与 QF－4E 超声速无人靶机

表 4.3 J79-GE-8 加力式涡喷发动机性能参数

性 能 指 标	数 值	性 能 指 标	数 值
长度/m	5.301	推重比	4.63
质量/kg	1 745	涡轮前温度/K	1 210
空气流量/(kg/s)	77.0	不加力耗油率/[kg/(daN·h)]	0.86
最大推力/加力最大推力/kN	52.5/79.2	加力耗油率/[kg/(daN·h)]	2.0

3. 第三代涡喷发动机(20 世纪 60~90 年代)

20 世纪 60~90 年代,各国陆续研制了双转子和双转子加力式涡喷发动机,代表为美国的 J57、法国的 Atar VIII,这些发动机统称为第三代涡喷发动机,其技术特点为:推力为 40~100 kN,推重比为 5~7.5,耗油率约为 0.8 kg/(daN·h),压气机多为轴流式压气机,燃烧室多为环管燃烧室或环形燃烧室,发动机结构为双转子结构。

在单转子涡喷发动机基础上,1950 年,美国 Pratt & Whitney Group(简称 PW 公司)研制了世界上第一台双转子涡喷发动机 J - 57(图 4.23),最大推力达到 44.5 kN,引发了涡喷发动机技术的一场革命[14]。

图 4.23 J-57 双转子涡喷发动机

1956 年,苏联研制了世界上第一款双转子加力式涡喷发动机 R - 11F - 300,如图 4.24 所示,装备于当时先进的超声速战机"米格-21"上。随后各国研制了多种双转子加力式涡喷发动机,并装备于多种喷气式战机上。1996 年,美国 QMiG - 21 全尺寸靶机实现首飞,该机采用了双转子加力式涡喷发动机 R - 11F2S - 300(图 4.25),其性能参数见表 4.4。由于采用了加力燃烧室,该发动机的长度较长,达到 4.6 m。该无人机翼展 7.15 m,最大起飞质量 9 800 kg,最大飞行速度 2 242 km/h,实用升限 15 240 m,最大航程 1 100 km[15]。

图 4.24 R-11F-300 双转子加力式涡喷发动机

图 4.25 R-11F2S-300 双转子加力式涡喷发动机

表 4.4 R-11F2S-300 双转子加力式涡喷发动机性能参数

性 能 指 标	数 值	性 能 指 标	数 值
长度/m	4.6	推重比	5.4
质量/kg	1 126	涡轮前温度/K	1 228
空气流量/(kg/s)	—	不加力耗油率/[kg/(daN·h)]	0.97
最大推力/加力最大推力/kN	38.2/60.8	加力耗油率/[kg/(daN·h)]	2.42

4.3 涡桨发动机

4.3.1 工作原理

涡桨发动机的结构组成如图 4.26 所示,与涡喷发动机相比,除进气道、压气机、燃烧室、涡轮、转子轴和尾喷管外,涡桨发动机在进气道前还布置有减速齿轮和螺旋桨。其中,螺旋桨由涡轮驱动。由于涡轮转速较高,而螺旋桨直径较大、转速有限,涡桨发动机需配备减速器,以便将涡轮的转速降低到螺旋桨工作所用的转速,同时获得较大的扭矩。

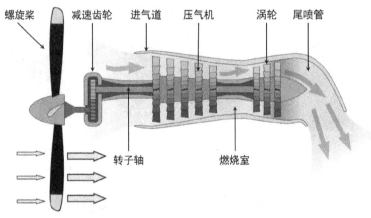

图 4.26 涡桨发动机结构示意图

涡桨发动机工作过程中,燃气膨胀做功的绝大部分可用能量由涡轮吸收并从动力输出轴上输出,用以驱动螺旋桨,螺旋桨高速旋转驱动气流产生推力。在涡桨发动机中大约有 95% 的推力产生于螺旋桨驱动的空气;而自尾喷管排出的空气,由于温度和速度极低,所产生的推力一般比较小,仅占总推力的 5% 左右。

因为绝大部分能量被涡轮"收集",发动机排出的能量大大降低,所以涡桨发动机的经济性好、耗油率低,适合作为长时间、远距离的飞行器动力装置。但是,涡桨发动机由于使用螺旋桨作为推进器,难以突破声速,仅适合于低速亚声飞行。目前,涡桨发动机主要用于远程(>1 000 km)、中/长航时(>10 h)、亚声速($Ma < 1$)无人机[16]。

4.3.2 结构特点

涡桨发动机的进气道、压气机、燃烧室、涡轮等部件的工作原理及作用与涡喷发动机完全相同,本节主要介绍螺旋桨与减速器。

1. 螺旋桨

螺旋桨是指靠桨叶在空气中旋转,将发动机转动功率转化为推进力的装置。螺旋桨主要由桨毂和桨叶组成,如图 4.27 所示,可有两个或较多的桨叶与桨毂相连,桨叶的向后一面为螺旋面或近似于螺旋面,桨毂与涡桨发动机的动力输出轴相连。

假设螺旋桨在一种不能流动的介质中旋转,那么螺旋桨每转一圈,就会向前进一个距离,同一片桨叶旋转一圈所形成的螺旋距离,就称为桨距。根据桨距的变化情况,螺旋桨一般可分为定距螺旋桨、变距螺旋桨,如图4.28 所示。定距螺旋桨结构简单、质量轻,由于其桨叶安装角是固定的,适合低速飞行的桨叶安装角在高速飞行时显得过小,适合高速飞行的桨叶安装角在低速飞行时显得过大,定距螺旋桨只能在设计飞行速度范围内保持较高的推进效率,而其他状态下效率则

桨毂　桨叶

图 4.27　螺旋桨结构

较低。变距螺旋桨的桨叶安装角可以改变,可根据飞行速度的变化调节桨叶安装角,使螺旋桨在不同飞行速度下都具有较高的推进效率。变距螺旋桨的变距机构可由液压或电力驱动。

(a) 定距螺旋桨

(b) 变距螺旋桨

图 4.28　不同类型的螺旋桨

图 4.29　对转式螺旋桨

此外,涡桨发动机中还有一类独特的螺旋桨——对转式螺旋桨,如图4.29 所示,这种螺旋桨与普通的螺旋桨最大的不同在于:其单个发动机上有两组并列转动的螺旋桨,这两组螺旋桨转动的角速度方向相反,连接在同一台发动机上并利用行星齿轮组实现反转,对转式螺旋桨可将涡流引起的能量损失降到最低,获得更高的推进效率[17]。

2. 减速器

减速器用于连接发动机的动力输出轴

图 4.30 涡桨发动机中的减速齿轮组

与推进装置,使发动机动力输出轴的转速降到推进装置所需的转速。涡桨发动机的减速器主要由减速齿轮组组成,如图 4.30 所示。与地面减速齿轮结构相比,涡桨发动机中的减速结构更紧凑。为了确保传动平稳,轮齿一般采用斜齿、人字齿或螺旋齿。此外,由于在高负荷、高转速下工作,轮齿摩擦会产生大量的热量,需要喷入大量的润滑油以带走摩擦产生的热量[17]。

涡桨发动机的减速器具有较大的传动比,一般为 10~16;此外,减速齿轮在设计和制造上都做到了精益求精,传动效率可高达 98%~99%[18]。但由于尺寸与质量的限制,航空发动机减速器的强度储备和安全系数一般均低于地面减速器,而为了保证工作的可靠性,它们的规定使用寿命显著低于地面减速器。

4.3.3 发展历史

在涡喷发动机的基础上,涡桨发动机于 1945 年诞生。本节从发动机结构特征,以及增压比、涡轮前温度等性能参数的角度出发,将涡桨发动机分为第一代至第四代(典型代表如表 4.5 所示),简要介绍涡桨发动机的发展历史及在无人机中的应用。

表 4.5 第一代至第四代涡桨发动机典型代表

涡桨发动机分类	具体型号举例	总增压比	涡轮前温度/K	耗油率/[kg/(kW·h)]	应用无人机举例
第一代	TP331-10T	<10	≤1 300	0.35~0.41	"收割者"
第二代	涡桨-9	11~16	1 400	0.29~0.33	"翼龙-II"
第三代	Allison Model 250 B17B	13~20	1 500	0.25~0.31	"曼提斯"
第四代	TP400-D6	>25	1 600	0.21~0.27	

1. 第一代涡桨发动机(20 世纪 40~70 年代)

20 世纪 40~70 年代,世界上许多国家发展了多种涡桨发动机,如美国的 TP331-10 系列、英国的 Dart6MK510、加拿大的 PT6A 系列等,这些发动机统称为第一代涡桨发动机。它们的主要技术特点为:热力循环参数水平较低,结构比较简单,耗油率高,主要采用单转子固定涡轮输出方式,发动机总增压比低于 10,涡轮前温度一般不超过 1 300 K,耗油率为 0.35~0.41 kg/(kW·h),单位空气流量产生的功率约为 180 kW/(kg/s)[18]。

1944 年,英国航空发动机制造商 Rolls-Royce Group 制造出世界上首台生产型涡桨发动机——RB. 50 "遄达"(Trent),如图 4.31 所示。与此同时,英国

图 4.31 第一台生产型涡桨发动机 RB. 50 Trent

Armstrong Siddeley Motors Limited 研制了"曼巴"(Mamba)涡桨发动机,并于 1946 年定型,之后用于军用"塘鹅"(Gannet)舰载反潜飞机[18],如图 4.32 所示。

(a) Mamba涡桨发动机　　　　　　　　　　　(b) Gannet舰载反潜飞机

图 4.32　Mamba 涡桨发动机与 Gannet 舰载反潜飞机

由于耗油率低,涡桨发动机适于作为长时间、全天候无人侦察机等的动力装置。美国著名的 MQ－9"收割者"[图 4.33(b)]无人机是一种极具杀伤力的无人机,配备了一台美国 Honeywell International Inc. 的 TP331－10T 涡桨发动机[图 4.33(a)],该发动机性能参数见表 4.6。该无人机翼展 20 m,最大起飞质量 4 760 kg,最高飞行速度 500 km/h,最大航程达 5 926 km[19]。

(a) TP331-10T涡桨发动机　　　　　　　　　(b) MQ-9 "收割者" 无人机

图 4.33　TP331－10T 涡桨发动机与 MQ－9"收割者"无人机

表 4.6　TP331－10T 涡桨发动机性能参数

性　能　指　标	数　值	性　能　指　标	数　值
长度/m	1.06	功重比/(kW/kg)	3.95
质量/kg	189	涡轮前温度/K	1 278
空气流量/(kg/s)	—	耗油率/[kg/(kW·h)]	0.34
起飞功率/kW	746		

2. 第二代涡桨发动机(20 世纪 70 年代~80 年代)

20 世纪 70 年代~80 年代,各国在第一代涡桨发动机技术的基础上,研制了第二代涡桨发动机,如加拿大的 PW115 系列早期型、美国的 CT7－5 和 TPE331－14/15、我国的涡桨-9等,这些发动机的主要技术特点为:结构上大多数采用了自由涡轮;涡轮前温度达到1 400 K;耗油率较第一代平均下降15%,达到0.29~0.33 kg/(kW·h);总增压比提高为11~16。

我国自20世纪80年代开始研制涡桨-9发动机,如图4.34(a)所示,该发动机性能参数见表4.7,主要用于装备我国运-12运输机、"翼龙-Ⅱ"无人机[图4.34(b)]。"翼龙-Ⅱ"无人机最大起飞质量4 200 kg,最大飞行速度370 km/h[19]。

(a) 涡桨-9发动机   (b) "翼龙-Ⅱ"无人机

图4.34 涡桨-9发动机与"翼龙-Ⅱ"无人机

表4.7 涡桨-9发动机性能参数

性 能 指 标	数 值	性 能 指 标	数 值
长度/m	2.76	功重比/(kW/kg)	—
质量/kg	—	涡轮前温度/K	1 309
空气流量/(kg/s)	—	耗油率/[kg/(kW·h)]	0.329
起飞功率/kW	850		

3. 第三代涡桨发动机(20世纪80年代~21世纪初)

20世纪80年代~21世纪初,在第二代涡桨发动机的技术基础上,通过继续提高发动机热力循环参数,发展了第三代涡桨发动机,主要代表包括美国的AE2100、加拿大的PW150A等。这些发动机的主要技术特点为:总增压比达到13~20,涡轮前温度达到1 500 K,耗油率为0.25~0.31 kg/(kW·h),涡轮叶片采用了冷却结构和热防护涂层等。

英国在研的"曼提斯"(MANTIS)新概念、多用途无人机[图4.35(b)]配备两台第三代涡桨发动机Allison Model 250 B17B[图4.35(a)],该发动机性能参数见表4.8。该无人机最大起飞质量达到9 000 kg,最高巡航速度550 km/h。此外,该无人机还可把机体分解后装入运输机的机舱内,提高了其部署性[19]。

表4.8 Allison Model 250 B17B涡桨发动机性能参数

性 能 指 标	数 值	性 能 指 标	数 值
长度/m	—	功重比/(kW/kg)	4.84
质量/kg	93	涡轮前温度/K	—
空气流量/(kg/s)	1.73	耗油率/[kg/(kW·h)]	0.30
起飞功率/kW	450		

(a) Allison Model 250 B17B涡桨发动机

(b) "曼提斯"无人机

图 4.35 第三代涡桨发动机 Allison Model 250 B17B 及其应用

4. 第四代涡桨发动机(21 世纪初至今)

21 世纪初,各国开始研制第四代涡桨发动机,第四代涡桨发动机的主要技术特点为:热力循环参数进一步提高,总增压比达 25 以上,涡轮前温度达到 1 600 K 左右,发动机耗油率降低到 0.21~0.27 kg/(kW·h)。目前,第四代涡桨发动机尚未应用于无人机中。

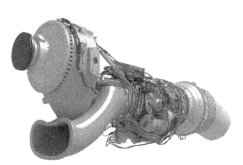

图 4.36 TP400-D6 涡桨发动机

2011 年,欧洲 Europrop International GmbH研发了 TP400-D6 涡桨发动机(图 4.36),装备于空客 A400 军用运输机,该发动机是目前功率最大的单转子涡桨发动机[20],具体性能参数见表 4.9。

表 4.9 TP400-D6 涡桨发动机性能参数

性 能 指 标	数 值	性 能 指 标	数 值
长度/m	—	功重比/(kW/kg)	7.32
质量/kg	1 089	涡轮前温度/K	1 500
空气流量/(kg/s)	—	耗油率/[kg/(kW·h)]	0.26
起飞功率/kW	7 979		

4.4 涡 轴 发 动 机

4.4.1 工作原理

涡轴发动机是在涡喷发动机上加装旋翼发展而来,广泛应用于垂直起降飞行器。其结构组成如图 4.37 所示。其结构与涡桨发动机相似,区别在于涡轮输出的功率,经减速器驱动旋翼,而不是螺旋桨。

在涡轴发动机的工作过程中,燃烧室喷出的高温燃气进入涡轮做功,驱动涡轮高速旋

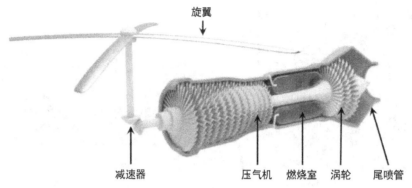

图 4.37 涡轴发动机结构示意图

转,涡轮通过涡轮轴等结构驱动减速器,减速器将转速降至旋翼正常工作范围并产生巨大扭矩,驱动旋翼旋转直接产生升力。对于某些涡轴发动机而言,其涡轮的功率不能向前输出,而是直接向后方输出,如图 4.38 所示,这种涡轴发动机的结构相对简单[20]。

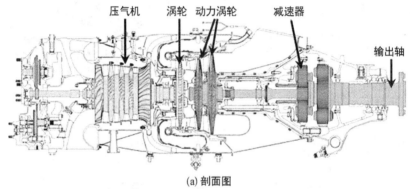

(a) 剖面图

(b) 实物图

图 4.38 向后输出功率的涡轴发动机结构示意图与实物图

涡轴发动机的主要特点是通过驱动旋翼产生升力,可以实现飞行器的垂直起降。此外,燃气燃烧产生的能量几乎全部被涡轮"收集",转化为机械功由涡轮轴输出,通过减速器后产生大扭矩驱动旋翼和尾桨;从涡轴发动机尾喷管排出的燃气,温度和速度都很低。因此,涡轴发动机的尾喷管长度很短,排出的燃气基本不产生推力。目前,涡轴发动机已成为大、中型直升机的主要动力装置,同时用于中型、中程、低/中空、低速无人直升机[21]。

4.4.2　结构特点

涡轴发动机的进气道、压气机、燃烧室、涡轮等部件与涡喷发动机相同,其中,压气机经常会使用离心式压气机或者离心、轴流组合式压气机;燃烧室除轴流式燃烧室之外,也采用回流式燃烧室或折流式燃烧室,这两种燃烧室在结构上可与离心式压气机较好地配合。本节重点介绍上述两种燃烧室的结构特点。

回流式燃烧室: 如图 4.39 所示,火焰筒的头部置于燃烧室后端,压气机出来的空气首先向后流动,从后端进入燃烧室头部;其次喷入燃油后点火燃烧;最后高温燃气流到燃烧室头部随即向内、后折转 180° 流出,流入涡轮后排出。MTR390、T800 涡轴发动机均采用了回流式燃烧室[22]。

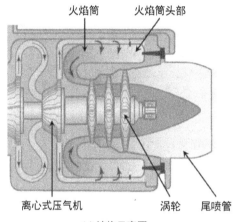

(a) 结构示意图　　　　　　　　　　　　　　　　(b) 实物图

图 4.39　回流式燃烧室

折流式燃烧室: 如图 4.40 所示,由离心式压气机流入燃烧室的空气分为两路。第一路空气向内折流,与甩油盘甩来的燃油相互混合、燃烧,形成主燃区。第二路空气沿火焰筒和机匣之间的环形通道向后流,又分成两股:一股向内流过涡轮导向器叶片的空心内腔后折向前,由火焰筒内壳体上的孔进入火焰筒内部,也与甩油盘甩出的燃油混合燃烧;另一股空气则由掺混孔进入,与燃烧的燃气掺混,降低燃气温度。这种燃烧室能与甩油盘喷嘴很好地配合,甩油盘在离心力的作用下将燃油雾化,在大范围工况下(高空中)均能保证发动机可靠地工作,其加工要求低,质量轻。法国 Turbomeca Firm 研制的涡轴发动机广泛采取这种燃烧室[22]。

4.4.3　发展历史

涡轴发动机诞生于 1950 年,并快速取代了部分直升机用的活塞发动机,此后涡轴发动机的总体性能不断升级。本节从发动机结构特征,以及耗油率、增压比、涡轮前温度等性能参数的角度出发,将涡轴发动机分为第一代至第四代(典型代表如表 4.10 所示),简要介绍涡轴发动机的发展历史及在无人机中的应用。

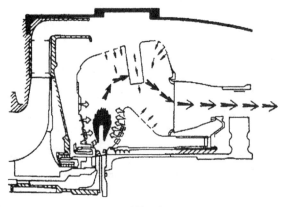
(a) 结构示意图

(b) 实物图

图 4.40　折流式燃烧室

表 4.10　第一代至第四代涡轴发动机典型代表

涡轴发动机分类	具体型号举例	总增压比	涡轮前温度/K	耗油率/[kg/(kW·h)]	功重比/(kW/kg)	应用无人机举例
第一代	WTS-34-16	4~6	900~1 100	0.4~0.6	2~3	CL-227"哨兵"
第二代	PW207D	5~10	1 100~1 300	0.3~0.4	3~5	A160T"蜂鸟"
第三代	D-136	10~15	1 300~1 500	0.26~0.3	5~7.5	
第四代	MTR390	15~20	1 400~1 600	0.26~0.28	5~8	

1. 第一代涡轴发动机(20 世纪 50~60 年代)

20 世纪 50~60 年代,世界各国陆续研制了多种型号的涡轴发动机,如宁巴斯、T53 涡轴发动机等,这些发动机被称为第一代涡轴发动机。它们的主要技术特点为:耗油率为 0.4~0.6 kg/(kW·h),功重比为 2~3 kW/kg,涡轮前温度为 900~1 100 K,总增压比为 4~6。

1950 年,法国 Turbomeca Firm 研制出第一台涡轴发动机阿都斯特(Artouste)Ⅰ型(图 4.41),这台发动机功率在 300 kW 左右,装备在美国 S52-5 直升机上[23]。采用第一代涡

图 4.41　阿都斯特Ⅰ型发动机

轴发动机的无人机代表为加拿大的 CL-227"哨兵"(Sentinel)无人机[图 4.42(b)],该无人机外形似"花生",于 1978 年首飞,是一种具备高生存力、可进行实时监视和目标探测的飞行器,它可垂直起落又可平飞和悬停,动力装置为一台 WTS 34-16 涡轴发动机[图 4.42(a)],该发动机性能参数见表 4.11。该无人机机身高 1.64 m,最高飞行速度 142 km/h,最大升限 3 000 m,任务半径 60 km,最大起飞质量 227 kg[24]。

(a) WTS 34-16 涡轴发动机

(b) CL-227"哨兵"无人直升机

图 4.42　WTS 34-16 涡轴发动机与 CL-227"哨兵"无人直升机

表 4.11　WTS 34-16 涡轴发动机性能参数

性　能　指　标	数　值	性　能　指　标	数　值
长度/m	—	功重比/(kW/kg)	2.6
质量/kg	14.8	涡轮前温度/K	1 005
空气流量/(kg/s)	—	耗油率/[kg/(kW·h)]	0.6
起飞功率/kW	38.4		

2. 第二代涡轴发动机(20 世纪 60~70 年代)

20 世纪 60~70 年代,各国陆续研制成功第二代涡轴发动机,其主要技术特点为: 耗油率为 0.3~0.4 kg/(kW·h),功重比为 3~5 kW/kg,涡轮前温度为 1 100~1 300 K,总增压比为 5~10,典型代表包括法国的阿赫耶 1C-49(图 4.43)、苏联的 TV2-417A 等,这些发动机与第一代涡轴发动机相比耗油率下降、功重比提升。

美国的"火力侦察兵"无人直升机装备一台第二代涡轴发动机 RR-250-C20W,如图 4.44 所示。RR-250-C20W 涡轴发动机性能参数见表 4.12。借助该发动机,"火力侦察兵"的最大起飞质量达到 1 428 kg,实用升限 6 090 m,空中最长滞留时间 8 h[24]。

图 4.43　阿赫耶 1C-49 涡轴发动机

(a) RR-250-C20W涡轴发动机   (b)"火力侦察兵"无人机

图4.44　RR－250－C20W涡轴发动机与"火力侦察兵"无人机

表4.12　RR－250－C20W涡轴发动机性能参数

性　能　指　标	数　值	性　能　指　标	数　值
长度/m	1.31	功重比/(kW/kg)	3.75
质量/kg	62	涡轮前温度/K	1 260
空气流量/(kg/s)	—	耗油率/[kg/(kW·h)]	0.468
起飞功率/kW	190		

此外,美国The Boeing Company研制的A160T"蜂鸟"(Hummingbird)无人直升机也采用了第二代涡轴发动机,如图4.45所示。A160T"蜂鸟"无人机动力装置为一台PW207D涡轴发动机,该发动机性能参数见表4.13。该无人机最大飞行速度达到258 km/h,空中最长滞留时间长达18 h[25]。

(a) PW207D涡轴发动机   (b) A160T"蜂鸟"长航时无人机

图4.45　PW207D涡轴发动机与A160T"蜂鸟"无人机

表4.13　PW207D涡轴发动机性能参数

性　能　指　标	数　值	性　能　指　标	数　值
长度/m	—	功重比/(kW/kg)	3.75
质量/kg	113.8	涡轮前温度/K	1 123
空气流量/(kg/s)	—	耗油率/[kg/(kW·h)]	0.36
起飞功率/kW	426.7		

3. 第三代涡轴发动机(20 世纪 70~80 年代)

20 世纪 70~80 年代,第三代涡轴发动机问世,代表包括美国的 T700 - GE - 701、法国的 TM333、苏联的 D - 136 等。与第二代涡轴发动机相比,这些发动机的耗油率进一步下降,功重比进一步提升,主要技术特点为:耗油率为 0.26~0.3 kg/(kW·h),功重比为 5~7.5 kW/kg,涡轮前温度为 1 300~1 500 K,总增压比为 10~15。目前,第三代涡轴发动机已应用于 AgustaWestland AW101、Sikorsky S - 92 等直升机中,尚未应用于无人机中[26]。

1977 年,苏联研制了世界上功率最大的涡轴发动机 D - 136(图 4.46),装备于重型直升机"米-26"上。D - 136 涡轴发动机性能参数见表 4.14。D - 136 涡轴发动机具有大功率输出能力,使得"米-26"重型直升机成为现今仍在服役的世界第一大和第一重型直升机,"米-26"配备两台 D - 136 涡轴发动机,最大起飞质量 56 t,载重 20 t[27]。

图 4.46　D - 136 涡轴发动机

表 4.14　D - 136 涡轴发动机性能参数

性 能 指 标	数 值	性 能 指 标	数 值
长度/m	3.964	功重比/(kW/kg)	7.14
质量/kg	1 050	涡轮前温度/K	1 478
空气流量/(kg/s)	—	耗油率/[kg/(kW·h)]	0.269
起飞功率/kW	9 190		

4. 第四代涡轴发动机(20 世纪 80 年代至今)

20 世纪 80 年代以后,发达国家陆续研制了第四代涡轴发动机,其主要技术特点为:耗油率为 0.26~0.28 kg/(kW·h),功重比为 5~8 kW/kg,涡轮前温度为 1 400~1 600 K,总增压比为 15~20。代表型号有美国的 T80、欧洲的 MTR390 等,这些发动机与第三代涡轴发动机相比,耗油率进一步下降,功重比进一步提升。目前,第四代涡轴发动机还未应用于无人机。

由欧洲 MTU Aero Engines GmbH、法国 Turbomeca Firm 和英国 Rolls - Royce Group 等联合研制的第四代涡轴发动机 MTR390 如图 4.47 所示。这台发动机于 1997 年设计定型,2000 年开始批量生产,装备于"虎"式武装直升机上,其性能参数见表 4.15[28]。

图 4.47　MTR390 涡轴发动机

表 4.15　MTR390 涡轴发动机性能参数

性　能　指　标	数　值	性　能　指　标	数　值
长度/m	1.08	功重比/(kW/kg)	6.46
质量/kg	169	涡轮前温度/K	1 569
空气流量/(kg/s)	—	耗油率/[kg/(kW·h)]	0.274
起飞功率/kW	1 092		

4.5　涡 扇 发 动 机

4.5.1　工作原理

涡扇发动机的结构如图 4.48 所示,其最显著特征是在压气机前布置了一级或几级直径较大的风扇,风扇实质上是直径较大的压气机。涡扇发动机一般采用双转子或三转子结构,低压涡轮通过低压转子轴驱动风扇。

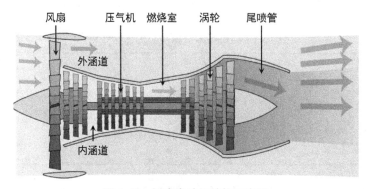

图 4.48　涡扇发动机结构示意图

在涡扇发动机工作过程中,气流经过风扇后的流道分为两路:内涵道和外涵道。内外涵气流可以分开排出,也可以两者混合后排出。混合排出时,外涵气流掺混入内涵气流中,与内涵气流一起混合排出;分开排出时,外涵气流仅经过风扇增压后从外涵道直接排出,内涵气流经过核心机,形成高温燃气后排出。按空气排出涡扇发动机的方式,涡扇发动机可分为混排式涡扇发动机与分排式涡扇发动机,如图 4.49 所示。

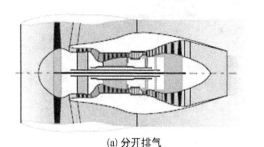

(a) 分开排气　　　　　　　　　　(b) 混合排气

图 4.49　涡扇发动机排气方式

涵道比是内外涵气流质量流量的比值,是影响涡扇发动机性能的关键参数,通常将涵道比小于3的称为小涵道比涡扇发动机,大于5的称为大涵道比涡扇发动机。一般来说,涡扇发动机的涵道比越大,其耗油率越低,但迎风面积越大,阻力越大,不适用于高速飞行。因此,为追求大推力、低耗油率,同时兼顾高机动性与高飞行速度,小涵道比涡扇发动机通常用于军用飞机、运输机、无人机等[27-29];大涵道比涡扇发动机由于其推力大、油耗低,通常作为亚声速($Ma<1$)民用客机、运输机、中/长航时无人机(飞行时间>10 h)的动力装置[30,31]。

涵道比:

涵道比是指外涵道与内涵道空气质量流量之比。计算公式如下:

$$B = \frac{W_{out}}{W_{in}}$$

其中,B 为涵道比;W_{out} 为流经外涵道的空气质量流量;W_{in} 为流经内涵道的空气质量流量[6]。图4.50为大涵道比涡扇发动机与小涵道比涡扇发动机的对比。

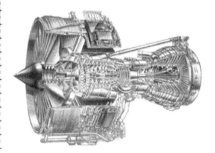

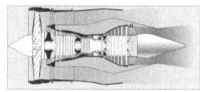

(a) 大涵道比涡扇发动机　　　　　　(b) 小涵道比涡扇发动机

图4.50　不同涵道比的涡扇发动机

4.5.2　结构特点

涡扇发动机采用双转子或三转子结构,形成高-低压转子或高-中-低压转子,与双转子涡喷发动机相比,涡扇发动机除具有进气道、高-低压压气机、燃烧室、高-低压涡轮、尾喷管外,主要结构特点是具有风扇,以及气流通道分为内外涵道,这里主要介绍风扇结构。

从本质上来说,风扇是叶片直径较大的轴流式压气机[32]。因其直径较大,独立于压

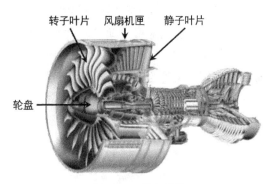

图 4.51　风扇结构

气机,称之为风扇。风扇叶片与压气机转子叶片功能相同,其作用是对流经的气流做功,减速增压。风扇主要由转子叶片、静子叶片、轮盘、风扇机匣等组成,如图 4.51 所示,风扇叶片固定于风扇盘上,风扇盘通常与低压转子相连。值得一提的是,风扇的直径通常较大,尤其对于大涵道比涡扇发动机,风扇直径可达 3 m 以上[33]。

由于直径较大,风扇在高速旋转时易发生振动甚至可能断裂失效。风扇在工作过程中需要确保有较高的增压比和效率,且风扇机匣需具有良好的包容性,确保在风扇断裂的情况下不会飞出机匣造成额外损伤,因此,风扇机匣的设计是发动机设计过程中的重要环节[34,35]。

4.5.3　发展历史

为了克服涡喷发动机耗油率高的缺点,同时能够获得较大的推力和飞行速度,在涡喷发动机的技术基础上,形成了涡扇发动机。由于军用、民用飞行器对涡扇发动机的需求不同,军用、民用涡扇发动机在发展过程中呈现出不同的趋势。军用飞行器通常追求高飞行速度、高机动性、高加速性能,而民用飞行器则重点关注低耗油率。本节主要介绍军用涡扇发动机的发展历史及其在无人机上的应用,对民用涡扇发动机的发展历史仅作简要介绍。

1. 军用涡扇发动机

军用涡扇发动机的发展主要分为 4 个阶段,第一代为推重比小于 7.0 的早期军用涡扇发动机,第二代为推重比 8.0 一级的军用涡扇发动机,第三代为推重比 10.0 一级的军用涡扇发动机,第四代为推重比 15.0 一级的军用涡扇发动机,4 个阶段军用涡扇发动机的典型代表如表 4.16 所示。本节分为 4 部分介绍这四代军用涡扇发动机的发展历史。

表 4.16　第一代至第四代军用涡扇发动机典型代表

军用涡扇发动机分类	具体型号举例	推重比	涡轮前温度/K	总增压比	加力耗油率/[kg/(daN·h)]	应用无人机举例
第一代	AL-222-25	<7.0	<1 450	<20	2.1~2.6	"翔龙"
第二代	AE3007H	7.0~9.0	1 600~1 800	20~30	1.9~2.25	RQ-4"全球鹰"
第三代	F-119	9~11	1 800~2 000	20~30	1.7~1.9	
第四代		15~20	2 000~2 250	20~35	<1.7	

(1) 第一代(20 世纪 50 年代末~70 年代中)

在 20 世纪 50 年代末~70 年代中,出现了一批相比于涡喷发动机性能更为优越的涡扇发动机。这些发动机的主要技术特点为:推重比一般小于 7.0,涡轮前温度一般低于 1 450 K,总增压比低于 20,加力推力小于 100 kN,涵道比为 0.6~2.2,加力耗油率为 2.1~2.6 kg/(daN·h)。

1943 年 5 月 27 日,德国 Daimler - Benz AG 研制出第一台涡扇发动机 DB670,并在实验台上实现了运行。几个月后,英国成功研制出为飞机提供动力的涡扇发动机 Metrovick F. 3,安装于"流星"战斗机[20]。随着技术的不断发展,1957 年,美国 General Electric Company 成功研制出了第一台连续稳定工作的涡扇发动机 CJ805 - 23(图 4.52),其名称中的 23 为该发动机的风

图 4.52　CJ805 - 23 涡扇发动机

扇叶片数目。CJ805 - 23 地面台架试车最大推力为 72 kN,推重比为 4.15,涵道比为 1.5,风扇增压比为 1.6,这样的性能是当时的涡喷发动机无法企及的[36]。

2011 年,我国自主研制的大型无人机"翔龙"(Soar Dragon)首飞,如图 4.53 所示,其动力装置为一台乌克兰 AL - 222 - 25 涡扇发动机,该发动机性能参数见表 4.17。该无人机最大起飞质量 7 400 kg,机体寿命暂定 2 500 h,实用升限 20 000 m,巡航速度大于 700 km/h,最大航程 7 000 km,是我国目前较为先进的无人机[37]。

(a) AL-222-25涡扇发动机　　　　　　　　　　　(b) "翔龙"无人机

图 4.53　AL - 222 - 25 涡扇发动机与"翔龙"无人机

表 4.17　AL - 222 - 25 涡扇发动机性能参数

性 能 指 标	数 值	性 能 指 标	数 值
长度/m	1.96	推重比	5.68
质量/kg	—	涡轮前温度/K	—
空气流量/(kg/s)	—	巡航耗油率/[kg/(daN·h)]	0.893
最大推力/kN	—	涵道比	1.18

(2) 第二代(20 世纪 70 年代中~90 年代初)

在 20 世纪 70 年代中~90 年代初,出现了一批推重比在 8.0 左右的涡扇发动机,如俄罗斯的 AL - 31F,美国的 F100、F110 等,这些发动机的技术特点为:推重比为 7.0~9.0(多为 8.0 左右),涡轮前温度为 1 600~1 800 K,总增压比为 20~30,加力推力为 100~130 kN,涵道比通常为 0.3~1.1,加力耗油率为 1.9~2.6 kg/(daN·h)。

1973 年,美国 Pratt & Whitney Group 的 F100 涡扇发动机设计定型,F100 涡扇发动机是世界上最早投入使用的推重比达 8.0 一级的军用发动机,如图 4.54 所示。F100 涡扇发

动机在参数选择中注重提高发动机性能,采用高增压比、高涡轮前温度和低涵道比的热力循环参数,性能参数见表4.18,在材料上采用了高强度质量比的钛合金[38]。

图 4.54　F100 涡扇发动机

表 4.18　F100 涡扇发动机性能参数

性　能　指　标	数　值	性　能　指　标	数　值
长度/m	4.856	推重比	8.0
质量/kg	1 405	涡轮前温度/K	1 627
空气流量/(kg/s)	101.1	不加力耗油率/[kg/(daN·h)]	0.69
最大推力/kN	66.7	加力耗油率/[kg/(daN·h)]	2.59
加力最大推力/kN	112.4	涵道比	0.6

1998 年,美国 RQ-4"全球鹰"无人侦察机首飞,是世界上飞行时间最长、距离最远、巡航高度最高的无人机,RQ-4"全球鹰"无人机的动力装置为一台 AE3007H 涡扇发动机,如图 4.55 所示,有着出色的低油耗性能,其性能参数见表 4.19。该无人机自主飞行时间达到 41 h,最大航程高达 26 000 km,最大飞行速度 740 km/h,巡航高度18 000 m[39]。

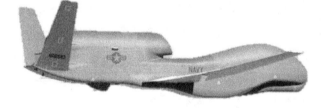

(a) AE3007H涡扇发动机　　　　　　　　　(b) RQ-4 "全球鹰" 无人机

图 4.55　AE3007H 涡扇发动机与 RQ-4"全球鹰"无人机

表 4.19　AE3007H 涡扇发动机性能参数

性　能　指　标	数　值	性　能　指　标	数　值
长度/m	2.61	推重比	—
质量/kg	—	涡轮前温度/K	1 769
空气流量/(kg/s)	110.2	巡航耗油率/[kg/(daN·h)]	0.33
最大推力/kN	36.88	涵道比	5.0

(3) 第三代(20 世纪 90 年代初~21 世纪初)

20 世纪 90 年代初~21 世纪初,各国推出了推重比达 10.0 一级的涡扇发动机,代表有美国的 F-119、欧洲的 EJ200 发动机等。这些发动机的主要技术特点为：推重比通常为 9~11(多为 10.0 左右)，涡轮前温度为 1 800~2 000 K，总增压比为 20~30，加力推力一般为 120~150 kN，涵道比为 0.2~0.4，加力耗油率为 1.7~2.4 kg/(daN·h)。

　　第三代军用涡扇发动机的代表为 F-119 涡扇发动机，如图 4.56 所示，该发动机是为 F-22 战斗机研制的双转子小涵道比加力涡扇发动机，其性能参数见表 4.20，发动机零部件数目减少，可靠性、安全性得到了很大提高，采用可上下偏转的二维矢量尾喷管，推力和矢量由数字电子系统控制[40]。

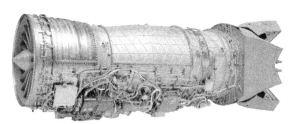

图 4.56　F-119 涡扇发动机

表 4.20　F-119 涡扇发动机性能参数

性　能　指　标	数　值	性　能　指　标	数　值
长度/m	4.826	推重比	11.5
质量/kg	1 360	涡轮前温度/K	1 977
空气流量/(kg/s)	—	不加力耗油率/[kg/(daN·h)]	0.62
最大推力/kN	118	加力耗油率/[kg/(daN·h)]	2.40
加力最大推力/kN	155.7	涵道比	0.3

　　(4) 第四代(21 世纪初至今)

　　21 世纪初期以后，美国等发达国家开始研制新一代推重比达 15.0 一级的军用涡扇发动机，目前这一代发动机正处于研制之中，其主要技术特点为：推重比为 15~20，涡轮前温度为 2 000~2 250 K，总增压比为 20~35，加力推力为 150~180 kN，涵道比为 0.15~0.3，加力耗油率低于 1.7 kg/(daN·h)，一般不再配有加力燃烧室(不加力时推力已足够大)[41]。

　　2. 民用涡扇发动机

　　民用涡扇发动机的发展主要分为 4 个阶段，第一代为涵道比小于 3.0 的早期民用涡扇发动机，第二代为涵道比 4.0~6.0 一级的民用涡扇发动机，第三代为涵道比 6.5~9.0 一级的民用涡扇发动机，第四代为涵道比大于 9.0 一级的民用涡扇发动机，4 个阶段民用涡扇发动机的典型代表如表 4.21 所示。总体上，民用涡扇发动机发展趋势为追求高涵道比、高增压比、高涡轮前温度，本节分 4 部分介绍这四代民用涡扇发动机的发展历史。

表 4.21　第一代至第四代民用涡扇发动机典型代表

分　类	具体型号举例	涵道比	涡轮前温度/K	耗油率/[kg/(daN·h)]	总增压比
第一代	JT3D	<3.0	<1 500	0.7~0.9	10~25
第二代	TF39-GE-1C	3.0~6.5	1 500~1 700	0.55~0.8	20~35
第三代	GE90-115B	6.5~9.0	1 700~1 850	0.5~0.6	25~40
第四代	—	>9.0	≥1 900	<0.45	40~55

（1）第一代（20 世纪 50~60 年代）

在 20 世纪 50~60 年代，英国和美国陆续研制了几种涡扇发动机，代表型号为英国的康维、美国的 JT3D 等，这些发动机属于第一代小涵道比民用涡扇发动机，技术特点为：涵道比一般小于 3.0，推重比不超过 6.0，耗油率为 0.7~0.9 kg/(daN·h)，总增压比为 10~25，涡轮前温度一般低于 1 500 K，相比于涡喷发动机推力增大，耗油率降低。

图 4.57　康维涡扇发动机

1959 年，英国康维涡扇发动机设计定型，该发动机是世界第一款批量生产的民用涡扇发动机（图 4.57），其推力为 57.3 kN，用于 VC - 10、DC - 8 和波音 707 客机，耗油率比同时期的涡喷发动机低 10% ~ 20%，详细参数见表 4.22。1960 年，美国在 JT3C 涡喷发动机的基础上改型研制成功 JT3D 涡扇发动机，其最大推力超过 77 kN，涵道比 1.4，用于 DC - 8 和波音 707 客机及部分运输机。

表 4.22　康维涡扇发动机性能参数

性 能 指 标	数 值	性 能 指 标	数 值
长度/m	—	推重比	3.83
质量/kg	1 496	涡轮前温度/K	—
空气流量/(kg/s)	196	巡航耗油率/[kg/(daN·h)]	≈0.9
最大推力/kN	57.3	涵道比	0.3

（2）第二代（20 世纪 60~90 年代初）

20 世纪 60~90 年代初，美国 General Electric Company、Pratt & Whitney Group，英国 Rolls - Royce Group 在第一代涡扇发动机的基础上研制了几种型号的发动机，主要包括 SPEY MK606、JT8D、TF39 - GE - 1C、RB211 - 22B 等。这些发动机的主要技术特点为：涵道比为 3.0~6.5，推重比为 4.0~6.0，耗油率为 0.55~0.8 kg/(daN·h)，总增压比为 20~35，涡轮前温度一般在 1 500~1 700 K，相比于第一代民用涡扇发动机，推力提升 1.5~2.0 倍。

1965 年，美国 General Electric Company 成功研制世界上第一台大涵道比涡扇发动机 TF39 - GE - 1C[25]，如图 4.58 所示，其参数性能见表 4.23。这台发动机涵道比为 4.8，最大推力为 191 kN，装配在 Lockheed Corporation 生产的远程战略运输机 C - 5A 上，标志着一种全新的大发动机和远程战略运输机诞生[42]。

图 4.58　TF39 - GE - 1C 涡扇发动机

表 4.23　TF39 - GE - 1C 涡扇发动机性能参数

性　能　指　标	数　值	性　能　指　标	数　值
长度/m	8.2	推重比	5.5
质量/kg	3 555	涡轮前温度/K	1 547
空气流量/(kg/s)	—	巡航耗油率/[kg/(daN·h)]	0.62
最大推力/kN	191.2	涵道比	4.8

　　1971 年,英国 Rolls - Royce Group 研制了世界上第一台三转子涡扇发动机 RB211 - 22B(图 4.59),该发动机性能参数见表 4.24。采用三转子技术的发动机压气机分为高压、中压、低压三级转子,所以与同级别发动机相比,具备更少的级数、更少的组成零件及简单的系统,可靠性较高;同时,压气机具有更广的喘振裕度,也有利于日后的维护,耗油率低,发动机效率高。但是三转子涡扇发动机的结构动力学设计异常困难,研制成本高,所以目前仅有 Rolls - Royce Group 设计的发动机采用了三转子技术。

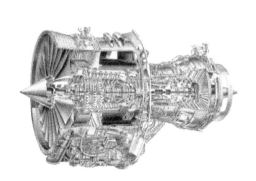

(a) RB211-22B涡扇发动机　　(b) 三转子发动机结构简图

图 4.59　RB211 - 22B 涡扇发动机与三转子发动机结构简图

表 4.24　RB211 - 22B 涡扇发动机性能参数

性　能　指　标	数　值	性　能　指　标	数　值
长度/m	3.03	推重比	4.56
质量/kg	4 171	涡轮前温度/K	—
空气流量/(kg/s)	—	巡航耗油率/[kg/(daN·h)]	0.56
最大推力/kN	190	涵道比	5.0

　　(3) 第三代(20 世纪 90 年代初~21 世纪初)

　　20 世纪 90 年代初~21 世纪初,世界各国研制了众多第三代民用涡扇发动机,代表性的发动机有 PW4000、CFM56、V2500、PW4084、Trent1000、GE90 - 115B 等,这些发动机的技术特点为:涵道比一般为 6.5~9.0,推重比为 4.5~6.0,耗油率一般为 0.5~0.6 kg/(daN·h),总增压比为 25~40,涡轮前温度为 1 700~1 850 K,风扇叶片结构采用小展弦比宽弦叶片。

图 4.60　GE90－115B 涡扇发动机

2004 年 5 月,GE90－115B 涡扇发动机研制成功,如图 4.60 所示,该发动机是吉尼斯世界纪录所记载的世界上推力最大的航空发动机,地面台架试验中曾经达到过 569 kN 的最大推力,其性能参数见表 4.25[43]。

(4) 第四代(21 世纪初至今)

21 世纪初至今,世界各国陆续研制了第四代民用涡扇发动机,代表性的发动机有PW8000 等,这些发动机的主要技术特点为:采用"三高"(高增压比、高涵道比、高涡轮前温度)的热力循环参数,总增压比为 40~55,涵道比一般大于 9.0,涡轮前温度可达 2 000 K以上,耗油率一般低于 0.45 kg/(daN·h),推重比为 5.0~6.5,尤其注重高可靠性与高性能。目前,第四代民用涡扇发动机尚处于研制之中[44]。

表 4.25　GE90－115B 涡扇发动机性能参数

性 能 指 标	数 值	性 能 指 标	数 值
长度/m	3.03	推重比	4.56
质量/kg	4 171	涡轮前温度/K	—
空气流量/(kg/s)	—	巡航耗油率/[kg/(daN·h)]	0.56
最大推力/kN	190	涵道比	5.0

4.6　本 章 小 结

几种典型航空燃气涡轮发动机的性能对比如表 4.26 所示。涡喷发动机耗油率较高,直接向后喷出高速气流产生推力,高空、高速性能好,适用于高空、高速无人机、靶机和导弹发动机[45,46];涡桨发动机通过涡轮带动螺旋桨产生推力,经济性好、耗油率低,适合作为长航时、远距离的无人侦察机的动力装置[14,47-49];涡轴发动机通过涡轮带动旋翼直接产生升力,适用于垂直起降的无人机[50-52];涡扇发动机的推力大、耗油率低,适用于起飞质量大、长航时、飞行速度较高的无人机[53-55]。

表 4.26　不同类型航空燃气涡轮发动机性能对比

发动机种类	具体型号	最大推力/kN	加力最大推力/kN	功重比/(kW/kg)	推重比	耗油率	加力耗油率	涡轮前温度/K
涡喷发动机	R－11F2S－300	38.2	60.8	—	5.4	0.97 kg/(daN·h)	2.42 kg/(daN·h)	1 228
涡桨发动机	TP400－D6	—	—	7.32	—	0.26 kg/(kW·h)	—	1 500
涡轴发动机	MTR390	—	—	6.46	—	0.274 kg/(kW·h)	—	1 569
涡扇发动机	F－119	118	155.7	—	11.5	0.62 kg/(daN·h)	2.40 kg/(daN·h)	1 977

习　题

1. 涡喷发动机相比于航空活塞发动机有哪些优、缺点？

2. 从组成结构和工作原理的角度,总结涡喷、涡桨、涡轴、涡扇发动机的共同点与不同点。

3. 涡喷、涡桨、涡轴、涡扇发动机分别适合于何种无人机？

4. 未来航空燃气涡轮发动机的主要发展方向有哪些？进一步提高发动机性能的途径有哪些？

5. 总结各代军用涡扇发动机的性能特点,展望未来军用涡扇发动机将向何种方向发展。

6. 为什么民用涡扇发动机的涵道比在不断增加？提升涵道比对发动机性能会造成何种影响？

7. 涡桨、涡轴发动机采用自由涡轮时具有何种特点？思考涡喷、涡扇发动机能否采取自由涡轮的结构形式,为什么？

8. 与涡喷发动机相比,为什么涡扇发动机耗油率更低、推力更大？

9. 涡轴发动机采用折流式燃烧室、回流式燃烧室,分别具有哪些优、缺点？

10. 为何涡轴发动机通常采用离心式压气机？离心式压气机与轴流式压气机相比有哪些优、缺点？

参 考 文 献

[1] BARKER T. Turbine bus takes to the streets in Tennessee. Turbomachinary International, 1997, 7(38): 11 - 12.

[2] 方玉权. 内燃机发展史上的里程碑. 内燃机, 1987, 3(2): 42.

[3] 刘永泉. 航空动力技术发展展望. 航空科学技术, 2011, 35(4): 1 - 3.

[4] 廉筱纯, 吴虎. 航空发动机原理. 西安: 西北工业大学出版社, 2005.

[5] 马克沙依, 波良斯基. 航空发动机原理. 田维元, 王文光, 张玉良, 译. 北京: 国防工业出版社, 1956.

[6] 周辉华. 国外涡桨发动机的发展. 航空科学技术, 2013, 11(1): 18 - 22.

[7] 陈光. 航空发动机结构设计分析. 北京: 北京航空航天大学出版社, 2006.

[8] 郑长福, 郑明. 航空发动机结构分析. 西安: 西北工业大学出版社, 2006.

[9] 洪杰, 马艳红, 张大义. 航空燃气轮机总体结构设计与动力学分析. 北京: 北京航空航天大学出版社, 2014.

[10] 张恩和. 对我国军用航空发动机发展的思考. 航空发动机, 2001, 6(3): 1 - 3.

[11] 温俊峰. 航空发动机发展简述与思考. 世界科技研究与发展, 1998, 24(6): 72 - 75.

[12] 方昌德. 世界航空发动机手册. 北京: 航空工业出版社, 2001.

[13] 王增强. 高性能航空发动机制造技术及其发展趋势. 航空制造技术, 2007, 17(1): 50 - 55.

[14] 申秀丽, 朱铭福. 形状优化技术及其在结构设计中的研究进展//严成忠. 中国航空学会第十届航空

发动机结构强度与振动会议论文集.沈阳:中国航空学会,2001.

[15] 蒲雪萍,唐世建,王炜泽.民用航空发动机控制技术研究与探索//朱自强.大型飞机关键技术高层论坛暨中国航空学会 2007 年学术年会论文集.深圳:中国航空学会,2007.

[16] 焦华宾,莫松.航空涡轮发动机现状及未来发展综述.航空制造技术,2015,12(155):61-65.

[17] 罗安阳,周辉华,申余兵.航空涡轮螺旋桨发动机发展现状与展望.航空科学技术,2013,3(5):1-5.

[18] 刘大响,陈光.航空发动机飞机的心脏.2 版.北京:航空工业出版社,2015.

[19] 《世界中小型航空发动机手册》编委会.世界中小型航空发动机手册.北京:航空工业出版社,2006.

[20] 乞征,向克胤,刘彦雪.涡轴发动机技术发展研究综述.飞航导弹,2016,7(17):83-84.

[21] 祝小平,向锦武,张才文,等.无人机设计手册.出版地:国防科技出版社,2007.

[22] 张正国.涡轴发动机的新进展.中国航空报,2009,(6):13-14.

[23] 邢博.高空长航时无人机综合优化设计.西安:西北工业大学,2007.

[24] 梁振欣,田程建,王召广.低压转子分出功率对高空长航时无人机发动机的影响.航空动力学报,2016,31(5):1219-1225.

[25] 罗广源.国外发展航空发动机值得重视的若干做法.航空制造技术,2002,2(4):24-25.

[26] 赵刚.战术战斧导弹的五大新特点.飞航导弹,2002,10(55):63-64.

[27] 王海斌,葛雪雁,宋玉珍.无人机的发展趋势与技术预测.飞航导弹,2009,11(67):46-52.

[28] 陈光.航空发动机发展综述.航空制造技术,2000,11(6):24-27.

[29] 方昌德.航空发动机的发展前景.航空发动机,2004,30(1):1-5.

[30] TU Q Y, CHEN Y C, SU S M, et al. Effects of Reynolds number on control schedule and performance of HALE engine. Journal of Propulsion Technology, 2005, 26(2):125-128.

[31] 郭琦,李兆庆.无人机和巡航导弹用涡扇/涡喷发动机的设计特点.燃气涡轮试验与研究,2007,2(2):58-62.

[32] 叶蕾.飞航导弹用涡喷/涡扇发动机的发展及关键技术.飞航导弹,2009,2(5):49-54.

[33] 李子衍,李成智.CFM56 航空发动机案例研究.工程研究——跨学科视野中的工程,2017,9(6):628-637.

[34] 卢小松.浅谈公务航空的发展和中国市场展望.空运商务,2006,30(4):16-19.

[35] 朱阳历,张华良,陈海生,等.航空发动机陆用改型设计与分析.航空工程进展,2011,2:100-104.

[36] 江和甫.涡扇发动机性能的发展趋势.航空工程进展,2001,45(3):26-32.

[37] 胡晓煜.国外高空长航时无人机动力技术的发展.燃气涡轮试验与研究,2006,19(4):56-60.

[38] 金卯,晓立.大飞机发动机关键技术.航空制造技术,2008,23(13):38-39.

[39] 卜贤坤,邵伏永.高空长航时无人机/涡扇发动机的飞发一体化分析.战术导弹技术,2016,56(13):369.

[40] 陈金国.军用航空发动机的发展趋势.航空科学技术,1994,6(5):9-12.

[41] 刘大响,程荣辉.世界航空动力技术的现状与发展.北京航空航天大学学报,2002,28(5):492-495.

[42] 程荣辉,古远兴,黄红超.民用航空发动机核心机技术发展研究.燃气涡轮试验与研究,2007,20(1):1-7.

[43] ZHU M M, ZHANG Z Z, ZHANG Y, et al. An experimental study of the ignition and combustion characteristics of single droplets of biochar-glycerol-water slurry fuels. Proceedings of the Combustion

Institute, 2017, 36(2): 2475-2482.

[44] 刘红霞. GE 公司变循环发动机的发展. 航空发动机, 2015, (2): 1672-1676.

[45] 陈玉春, 刘振德, 王晓东. 飞航导弹/涡扇发动机一体化设计-约束分析与任务分析. 推进技术, 2006, 27(4): 303-306.

[46] 尤·阿·李特维诺夫, 弗·奥·鲍罗维克. 航空涡轮喷气发动机的特性和使用性能. 陈炳慈, 译. 北京: 国防工业出版社, 1986.

[47] 徐思远, 刘振德, 王永文, 等. 基于飞/发一体化的涡轮冲压组合发动机概念方案设计. 燃气涡轮试验与研究, 2013, 26(6): 46-51.

[48] 赵刚, 蔡元虎, 屠秋野. 高空长航时无人机用涡扇发动机技术分析. 推进技术, 2009, 30(2): 154-158.

[49] 朱丹书, 蒋文静. 小型燃气轮机的发展前景. 上海汽轮机, 2000, 4(7): 51-56.

[50] 徐智珍, 赵永建, 张轲. 国外舰船航改燃气轮机的发展特点. 燃气涡轮试验与研究, 2010, 5(6): 58-62.

[51] 陈光. 航空发动机结构设计分析. 2 版. 北京: 北京航空航天大学出版社, 2014.

[52] WASSELL A B. Reynolds number in a axial compressors. Journal of Engineering for Power, 1968, 90(4): 149-156.

[53] 童凯生. 航空涡轮发动机性能变比热计算方法. 北京: 航空工业出版社, 1991.

[54] 谭智勇, 周淼, 齐小龙. 齿轮传动型涡扇发动机研究综述. 民用飞机设计与研究, 2013, (3): 42.

[55] 胡军, 张津. 旅客机/涡扇发动机设计参数一体化选择研究. 北京航空航天大学学报, 1996, 22(2): 183-188.

第 5 章
航空燃气涡轮发动机设计

学习要点

（1）掌握航空燃气涡轮发动机的气体状态、性能指标相关参数的定义。

（2）了解涡喷发动机的总体性能设计流程。

（3）了解涡喷发动机的总体结构设计流程，了解发动机部件的气动设计、强度设计、寿命预测及振动特性分析的方法。

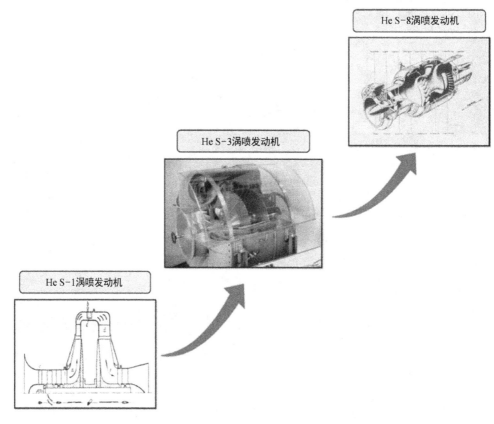

My thoughts began to focus on a steady aerodynamic flow process in which the energy for compressing the fresh air would be extracted from the combustion gas without

machinery.

——Hans von Ohain: elegance in flight

作为涡喷发动机的发明者之一,德国物理学家 Hans von Ohain 在博士学习期间便认识到活塞发动机的不足,并提出利用排出的燃气直接产生推力的设想。他最初设想利用膨胀的燃气直接压缩进入发动机的新鲜空气,而不使用任何机械部件,但在计算、分析后,他发现燃气和新鲜空气直接混合会导致极大的内部损耗,因而设计了压气机和涡轮分别实现空气压缩过程和燃气膨胀做功过程。在一系列发动机热力循环和结构设计之后,Hans von Ohain 的第一台涡喷发动机 He S-1 在 1937 年试验成功,采用单级离心式压气机和涡轮背靠背的结构形式,实现了 10 000 r/min 的转速并输出了 1.1 kN 的推力;此后,Hans von Ohain 将环形燃烧室置于离心式压气机和涡轮之间,设计了 He S-3 涡喷发动机,并于 1939 年在 Heinkel He 178 飞机中成功首飞,但 He S-3 的迎风面积过大,不利于高速飞行;之后,Hans von Ohain 在 He S-8 涡喷发动机中采用了导流叶片、离心式压气机和轴流涡轮等结构,进一步提高了涡喷发动机的性能[1-3]。追溯 Hans von Ohain 的发明和设计工作可以发现,作为由多个高度耦合的部件和系统组成的动力装置,航空燃气涡轮发动机的设计是一个追求优异总体性能,兼顾总体结构、部件设计的反复迭代、优化过程。

5.1　概　　述

航空燃气涡轮发动机是当前高空、高速无人机的主要动力,它的出现使航空飞行器克服了活塞发动机难以逾越的声障,开启了航空飞行的新篇章。由于技术复杂、涉及多学科且依赖工业基础,航空燃气涡轮发动机的研制是一个"设计、材料、工艺、测试"等多方面促进和融合的过程,其中,设计是航空燃气涡轮发动机研制的灵魂,是决定其性能和可靠性的"基因",甚至直接影响整机的研制进度和发动机型号的成败。

航空燃气涡轮发动机设计是一个自顶向下的迭代优化过程,其设计流程如图 5.1 所示。首先,根据客户要求或市场需求,包括发动机应用于何种飞机(含无人机)以及飞机的飞行包线、性能特点、典型飞行任务剖面等,确定设计目标,可具体量化为发动机推力、质量、轮廓尺寸和耗油率等。其次,基于设计目标,从涡喷、涡扇、涡轴及涡桨等发动机类型中,选择和确定发动机的类型。再次,依次开展总体性能设计和总体结构设计,总体性能设计是根据发动机的热力循环过程,确定工作过程中的热力循环参数;而总体结构设计是在总体性能设计的基础上,确定结构总体构型、布局等。在总体设计的基础上可进一步开展压气机、燃烧室、涡轮等部件设计,包括部件气动设计和部件结构设计等,总体设计和部件设计并没有唯一方案,而是在多种可行方案中通过反复迭代尽力寻找最优方案。在总体设计、部件设计的同时,还需开展控制系统、润滑系统、燃油系统、操纵系统、点火系统以及引气系统等工作系统设计。在详细设计并加工制造之后,航空燃气涡轮发动机需经过一系列验证试验才能定型,定型之后还可不断地进行改型优化[4]。

从航空燃气涡轮发动机的设计流程来看,总体性能设计、总体结构设计和部件设计是核心环节。涡喷发动机是航空燃气涡轮发动机的典型,其设计方法具有一定代表性,因此

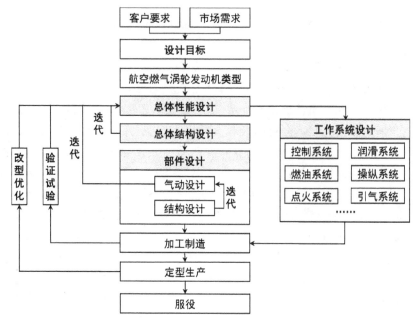

图 5.1 航空燃气涡轮发动机设计流程

本章以涡喷发动机为例,首先介绍主要气体状态参数、发动机性能指标的基本定义;其次依次介绍其总体性能设计、总体结构设计,并以压气机叶片为例介绍部件设计。在每部分内容中,首先介绍设计流程,其次介绍具体的设计原理和设计方法,期望读者能对航空燃气涡轮发动机的设计过程有所了解。

5.2 基 本 定 义

为了更清晰地介绍航空燃气涡轮发动机的设计过程,本节对设计过程中涉及的主要气体状态参数、发动机性能指标进行解释说明。

5.2.1 气体状态参数

气体状态参数是用来描述气体状态的热力学参数,包括温度、压力和密度等参数,此处重点介绍温度相关的静温、总温,压力相关的静压、总压参数。

1. 静温和总温

气体没有与外界的热交换,没有气体微团间的换热,也不对外界做功或吸收功,这样的气体流动称为绝热流动。单位质量绝热流动的气体,因其流动速度而具有一定的机械能,也具有一定的微观热运动能,这两种能量可以合成而计为一个总能量。假设气体微团绝热地滞止到速度为零,此时气体的动能转化为热能,使温度升高到 T_t,此时的温度称为总温(滞止温度)[5]。如式(5.1)所示:

$$c_p T + \frac{V^2}{2} = c_p T_t = \text{const} \tag{5.1}$$

其中,V 为气流速度;c_p 为气体的比定压热容。

静温指的是流体实际的温度,总温和静温之间的关系如下:

$$T_t = T + \frac{V^2}{2c_p} \tag{5.2}$$

其中,$V^2/(2c_p)$ 表征气流速度滞止到零的过程中,动能转变成热能而引起的气体温度升高,一般称为动温。

气体的比定压热容可以由式(5.3)计算:

$$c_p = \frac{kR}{k-1} \tag{5.3}$$

其中,k 为气体绝热指数;R 为理想气体常数。

根据式(5.2)和式(5.3),可以得到静温 T 与总温 T_t 之间的比值:

$$\frac{T}{T_t} = \frac{1}{1 + \frac{k-1}{2}Ma^2} \tag{5.4}$$

可以看到,静温和总温的比值取决于气流马赫数的大小。

2. 静压和总压

气体所含的机械能没有通过摩擦等耗散途径转换成热能的流动,叫做可逆流动。绝热的可逆流动称为等熵流动,等熵流动中,单位质量的气体具有的宏观运动机械能是守恒的,由动能 $V^2/2$ 和流动功 p/ρ 两者构成,其中,ρ 为气体密度。假设气流等熵地减速到滞止状态,即 $V=0$,气体的动能转化为流动功,造成压强 p 升高,此时的压强称为总压,本书中用 p_t 表示。

由于 $p/p_t = (T/T_t)^{k/(k-1)}$,总压 p_t 与静压 p 之间存在如下关系:

$$\frac{p}{p_t} = \left(\frac{1}{1 + \frac{k-1}{2}Ma^2} \right)^{\frac{k}{k-1}} \tag{5.5}$$

5.2.2 发动机性能指标

涡喷发动机的性能指标主要包括:空气流量、总增压比、涡轮前温度、推力、单位推力、耗油率、推重比、热效率、推进效率和总效率等[6]。

1. 空气流量 W_a

空气流量指的是单位时间内流入发动机的空气质量流量,是发动机的重要参数之一。空气流量与发动机尺寸、推力等密切相关,一般而言,空气流量越大,发动机的推力越大。典型的涡喷发动机空气流量为 $60 \sim 70 \text{ kg/s}$[7],先进军用涡扇发动机的空气流量为 $100 \sim 120 \text{ kg/s}$,先进民用大涵道比涡扇发动机的空气流量可达到 700 kg/s 以上。

2. 总增压比 π

不同类型的发动机具有不同的压缩部件,具体包括风扇、低压压气机和高压压气机,总增压比表示高压压气机出口总压与进气道进口气流总压之比。总增压比是影响发动机热力循环的重要参数,对发动机的耗油率和单位推力有重要影响。双转子涡喷发动机的总增压比为 8~9,先进军用涡扇发动机的总增压比为 23~32,先进大涵道比涡扇发动机的总增压比可达到 40 以上[7]。

3. 涡轮前温度 T_{t4}

涡轮前温度是发动机涡轮第一级转子进口的燃气总温,涡轮前温度是提高发动机热力循环有效功和热效率的重要参数。典型的涡喷发动机涡轮前温度为 1 000~1 100 K,现代先进涡扇发动机的涡轮前温度可达到 1 800~2 000 K[7]。

4. 推力 F

推力 F 是指发动机内部所有表面的气体作用力的轴向合力 F_{in} 与外表面的气体作用力的轴向合力 F_{out} 之和:

$$F = F_{in} + F_{out} \tag{5.6}$$

忽略摩擦阻力,并认为发动机对气流扰动较小,推力的表达式为

$$F = W_g V_9 - W_a V_0 + (p_9 - p_0)A_9 \tag{5.7}$$

其中,W_g 为发动机排气燃气流量;W_a 为发动机空气流量;V_9 为发动机尾喷管的排气速度;V_0 为飞行速度;p_9 为尾喷管排气压力;p_0 为大气压力,A_9 为尾喷管出口面积。

目前,涡喷发动机的推力可以达到 200 kN 量级,涡扇发动机的推力可以达到 600 kN 量级。

5. 单位推力 F_s

单位推力是发动机的推力与空气流量之比,用 F_s 表示,是表征发动机性能的重要指标。在一定的设计推力要求下,单位推力越高,空气流量的设计值就越小,进而发动机的尺寸就越小,质量越轻。目前涡喷发动机最大推力状态的单位推力为 60~75 daN/(kg/s),加力状态下单位推力可达 110 daN/(kg/s)。

6. 耗油率 sfc

耗油率是发动机燃油流量 W_f 与发动机推力 F 之比,用符号 sfc 表示,表示发动机每小时产生 1 N 推力所需要的燃油质量,如式(5.8)所示,单位为 kg/(N·h) 或者 kg/(daN·h)。

$$sfc = \frac{3\,600 W_f}{F} = \frac{3\,600 f}{F_s} \tag{5.8}$$

其中,f 为燃油流量和空气流量之比,简称油气比。

目前涡喷发动机最大推力状态的耗油率为 0.8~1.0 kg/(daN·h),大涵道比涡扇发动机的耗油率已经降到 0.4 kg/(daN·h) 以下。

7. 部件性能参数

部件性能参数包括各部件的效率、总压恢复系数等,这些参数是与部件类型、设计技

术水平密切相关的,部件性能参数对提高发动机的整体性能水平起到至关重要的作用。部件性能参数的定义以及不同类型的部件性能参数参考取值范围如表 5.1 所示。

表 5.1　部件性能参数的定义及参考取值范围

部件性能参数	符号	定　义	部件类型	参考取值范围
进气道总压恢复系数	σ_i	进气道出口气流总压和进口气流总压之比	短舱式亚声速进气道 机身内安装的亚声速进气道 超声速进气道	$0.98 \sim 0.995$ $0.96 \sim 0.97$ 0.94
压气机绝热效率	η_C	实际压缩功与理想等熵压缩功之比	离心式压气机 轴流式压气机	$0.78 \sim 0.81$ $0.88 \sim 0.91$
燃烧效率	η_b	燃烧产物内能增加量与燃油在绝热条件下完全燃烧所释放的内能之比	主燃烧室 加力燃烧室	$0.99 \sim 0.995$ $0.96 \sim 0.97$(未点燃) $0.94 \sim 0.96$(点燃)
燃烧室总压恢复系数	σ_b	燃烧室出口气流总压和进口气流总压之比	主燃烧室 加力燃烧室	$0.94 \sim 0.96$ 0.93(未点燃) 0.97(点燃)
涡轮绝热效率	η_T	实际膨胀功与理想等熵膨胀功之比	非冷却式 冷却式	$0.89 \sim 0.91$ $0.87 \sim 0.89$
尾喷管总压恢复系数	σ_e	尾喷管出口气流总压和进口气流总压之比	固定面积的收敛形喷管 可变面积的收敛形喷管 可变面积的收敛扩散形喷管	$0.98 \sim 0.995$ $0.97 \sim 0.985$ $0.95 \sim 0.98$

5.3　总体性能设计

总体性能设计是基于发动机设计目标,利用热力学、空气动力学、传热学、燃烧等多学科理论,确定发动机工作过程中热力循环参数的过程,总体性能设计流程如图 5.2 所示,主要包括设计点热力循环参数计算、发动机流路尺寸估算、发动机质量估算、非设计点性能计算、发动机与无人机性能匹配等步骤。下面分别介绍设计流程中各个步骤的工作内容。

5.3.1　设计点热力循环参数计算

无人机在飞行过程中会经历不同高度、不同速度,涡喷发动机也会存在多种工作状态。开展总体性能设计,首先需要选定一个特定的飞行条件和发动机工作状态——设计点,来开展热力循环参数计算。发动机热力循环是指发动机重复地对空气进行压缩、加热、膨胀和放热的过程,而决定一个热力循环能量转化效率的关键参数称为热力循环参数。对于理想的发动机热力循环而言,确定热

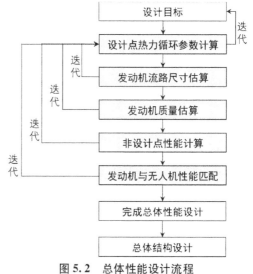

图 5.2　总体性能设计流程

力循环参数之后,整个循环过程即可完全确定,对应的单位推力、耗油率等也可确定。因此,开展总体性能设计,首先需要根据设计目标进行设计点热力循环参数的计算。

对于涡喷发动机而言,常选择巡航状态或最大推力状态作为设计点。开展设计点热力循环参数计算,需要依次开展进气道进出口参数计算、压气机压缩过程计算、燃烧室加热过程计算、涡轮膨胀过程计算以及尾喷管出口气流计算等工作,得到气体流动路径中各部位的压力、温度等参数,进而计算发动机的单位推力、耗油率等,并与设计目标进行对比,若不满足要求,则改变热力循环参数进行迭代计算。需要注意的是,为了便于开展定量分析,需要进行一些简化假设以得到发动机的理想循环,具体包括:

1)工质为热力学意义上的完全气体,比热容为常数,并且不随气体温度变化;

2)工质成分在燃烧过程中不发生变化;

3)工质在尾喷管出口的静压与外界大气压相等[8]。

下面以单轴涡喷发动机为例,介绍其设计点理想热力循环的参数计算方法。

在总体性能设计中,可以把发动机的每个部件视为一个"黑盒子",不描述部件内部的详细工况;同时,为了便于区分不同位置,可以定义发动机截面,如图5.3所示,其中:0-0为进气道进口截面,2-2为压气机进口截面,3-3为压气机出口截面,4-4为燃烧室出口截面,5-5为涡轮出口截面,9-9为尾喷管出口截面。在确定设计点的基础上,根据空气流动过程,设计点热力循环参数的计算按照进气道、压气机、燃烧室、涡轮和尾喷管的顺序依次进行,如图5.4所示。

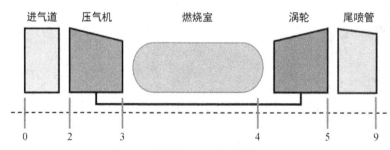

图5.3 涡喷发动机计算截面定义

1. 进气道

在进气道进口位置(即0-0截面),可以根据飞机的飞行高度 H 查询国际标准大气表,得到空气静温 T_0 和静压 p_0,也可采用下面的方法计算得到[9]。

当 $H \leqslant 11$ km 时:

$$T_0 = 288.15 - 6.5H \ (单位:\text{K}) \tag{5.9}$$

$$p_0 = 101\,325(1 - H/44.308)^{5.225\,3} \ (单位:\text{Pa}) \tag{5.10}$$

当 $H > 11$ km 时:

$$T_0 = 216.7 \ (单位:\text{K}) \tag{5.11}$$

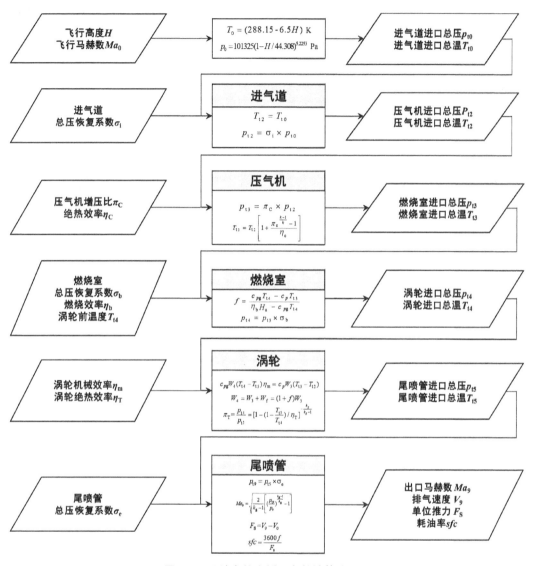

图 5.4　设计点热力循环参数计算流程图

$$p_0 = 0.227 \times \frac{11 - H}{e^{6.338}} \times 10^5 \text{（单位：Pa）} \tag{5.12}$$

在此基础上，可以得到进口位置的声速 a_0：

$$a_0 = \sqrt{kRT_0} \tag{5.13}$$

根据飞行马赫数 Ma_0，可以得到 $0-0$ 截面的气流速度 $a_0 \cdot Ma_0$。然后，利用静温 T_0、静压 p_0 和给定的飞行马赫数 Ma_0，可以计算 $0-0$ 截面的总压 p_{t0} 和总温 T_{t0}，分别为

$$p_{t0} = p_0 \left(1 + \frac{k-1}{2} Ma_0^2 \right)^{\frac{k}{k-1}} \tag{5.14}$$

$$T_{t0} = T_0 \left(1 + \frac{k-1}{k} Ma_0^2 \right) \tag{5.15}$$

在理想热力循环中,空气在进气道内经历等熵压缩过程,所以总温不变。设进气道的总压恢复系数是 σ_i,则进气道出口气体的总温和总压分别为

$$T_{t2} = T_{t0} \tag{5.16}$$

$$p_{t2} = \sigma_i \times p_{t0} \tag{5.17}$$

2. 压气机

在理想热力循环中,空气在压气机内同样经历等熵压缩过程。设压气机的增压比为 π_C,则压气机出口总压为

$$p_{t3} = \pi_C \times p_{t2} \tag{5.18}$$

因为存在总压损失,假设压气机绝热效率(将机械能转化为压力势能的效率)为 η_C,则压气机出口总温为

$$T_{t3} = T_{t2} \left(1 + \frac{\pi_C^{\frac{k-1}{k}} - 1}{\eta_C} \right) \tag{5.19}$$

3. 燃烧室

在理想热力循环中,气体在燃烧室内经历等压加热过程。燃烧室内的能量平衡如图 5.5 所示,其中,W_{3a}、W_f 为进入燃烧室的空气流量和燃油流量,T_f 为燃油温度,η_b 为燃烧效率,H_u 为燃油热值。W_f、W_{3a} 的比值 W_f/W_{3a} 为油气比 f,油气比是计算发动机耗油率的关键参数。

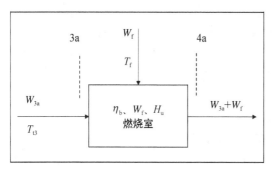

图 5.5　燃烧室内的能量平衡示意图

根据能量守恒定律,燃烧室内的能量平衡关系如下:

$$c_{pg}(W_{3a} + W_f) T_{t4} = c_p W_{3a} T_{t3} + \eta_b W_f H_u \tag{5.20}$$

其中,T_{t4} 为燃烧室出口总温;c_{pg} 为燃气的比定压热容;c_p 为空气的比定压热容。

根据式(5.20),可确定油气比 f:

$$f = \frac{c_{pg} T_{t4} - c_p T_{t3}}{\eta_b H_u - c_{pg} T_{t4}} \tag{5.21}$$

此外,假设燃烧室的总压恢复系数为 σ_b,则燃烧室出口的气体总压为

$$p_{t4} = p_{t3} \times \sigma_b \tag{5.22}$$

燃烧室的出口总温一般是设定值。

4. 涡轮

在理想热力循环中,气体在涡轮内经历等熵膨胀过程。假设涡轮的机械效率为 η_m, 涡轮出口温度为 T_{t5},涡轮内的空气流量为 W_{4a},根据涡轮与压气机的功率平衡,有

$$c_{pg} W_{4a} (T_{t4} - T_{t5}) \eta_m = c_p W_{3a} (T_{t3} - T_{t2}) \tag{5.23}$$

此外,根据流量平衡可得到

$$W_{4a} = W_{3a} + W_f = (1 + f) W_{3a} \tag{5.24}$$

根据式(5.23)和式(5.24),可以解得涡轮出口的总温 T_{t5};再根据涡轮绝热效率 η_T, 结合式(5.4)和式(5.5),可以求出涡轮落压比为

$$\pi_T = \frac{p_{t4}}{p_{t5}} = \left[1 - \left(1 - \frac{T_{t5}}{T_{t4}} \right) \Big/ \eta_T \right]^{-\frac{k_g}{k_g - 1}} \tag{5.25}$$

其中,k_g 为燃气的气体绝热指数,数值为 1.33 左右[10]。

利用涡轮落压比可以进一步得到涡轮出口总压。

5. 尾喷管

在理想热力循环中,气体在尾喷管内经历等熵膨胀过程,总温不变。假设尾喷管的总压恢复系数为 σ_e,则尾喷管出口总压为

$$p_{t9} = p_{t5} \times \sigma_e \tag{5.26}$$

此外,假设气体在出口完全膨胀,静压与大气压相等($p_9 = p_0$),通过式(5.5)可以求得出口马赫数为

$$Ma_9 = \sqrt{\frac{2}{k_g - 1} \left[\left(\frac{p_{t9}}{p_9} \right)^{\frac{k_g - 1}{k_g}} - 1 \right]} \tag{5.27}$$

根据马赫数可以求得尾喷管出口排气速度 V_9:

$$V_9 = Ma_9 \times a_9 \tag{5.28}$$

其中,a_9 为尾喷管出口处声速,可以由式(5.29)求得:

$$a_9 = \sqrt{k_g R T_9} \tag{5.29}$$

6. 单位推力和耗油率计算

根据牛顿第二定律,发动机单位空气流量产生的推力为

$$F_s = V_9 - V_0 \tag{5.30}$$

其中,V_0 为飞机飞行速度。

进而可以计算发动机的耗油率 sfc:

$$sfc = \frac{3\,600f}{F_s} \qquad (5.31)$$

得到单位推力和耗油率后,可与设计目标中的单位推力和耗油率进行比较。若不满足性能要求,可以改变设定的热力循环参数,得到多组单位推力和耗油率,最终选取合适的设计点热力循环参数。

下面给出具体的涡喷发动机设计点热力循环参数计算实例。

某型涡喷发动机的设计输入条件如下:设计点飞行高度为 11 km,飞行马赫数为 1.6,标准大气条件下温度为 216.7 K,压强为 0.227×10^5 Pa,设发动机的增压比为 11,涡轮前温度为 1 400 K,部件效率、损失系数等参数见表 5.2,下面确定其单位推力和耗油率。

表 5.2　发动机部件效率及损失系数

参　数	数　值	参　数	数　值
进气道总压恢复系数 σ_i	0.97	轴机械效率 η_m	0.98
压气机绝热效率 η_C	0.89	空气的比定压热容 $c_p/[\mathrm{J/(kg \cdot K)}]$	1 005
燃烧效率 η_b	0.98	空气绝热指数 k	1.4
燃烧室总压恢复系数 σ_b	0.97	燃气的比定压热容 $c_{pg}/[\mathrm{J/(kg \cdot K)}]$	1 244
涡轮绝热效率 η_T	0.92	燃气绝热指数 k_g	1.3
尾喷管总压恢复系数 σ_e	0.98	燃油热值 $H_u/(\mathrm{kJ/kg})$	42 900

基于图 5.4 中的设计点热力循环参数计算流程,代入上述输入条件,举例计算的结果如表 5.3 所示。得到发动机单位推力 $F_s = 103.99$ daN/(kg/s),耗油率 $sfc = 0.901$ kg/(daN · h),然后便可判断是否满足设计目标要求。

表 5.3　设计点性能参数举例计算结果

设计点性能计算参数	计算结果	设计点性能计算参数	计算结果
进气道进口总压 p_{t0}	0.96×10^5 Pa	涡轮进口总温 T_{t4}	1 400 K
进气道进口总温 T_{t0}	327.57 K	尾喷管进口总压 p_{t5}	3.183×10^5 Pa
压气机进口总压 p_{t2}	0.9×10^5 Pa	尾喷管进口总温 T_{t5}	1 109 K
压气机进口总温 T_{t2}	327.57 K	出口马赫数 Ma_9	2.35
燃烧室进口总压 p_{t3}	9.95×10^5 Pa	排气速度 V_9	1 512 m/s
燃烧室进口总温 T_{t3}	689.74 K	单位推力 F_s	103.99 daN/(kg/s)
涡轮进口总压 p_{t4}	0.966×10^6 Pa	耗油率 sfc	0.901 kg/(daN · h)

需要注意的是,上述设计点热力循环参数计算流程是简化的解析计算过程,采用了多种简化假设,计算精度较低,需要辅以大量的试验来反映设计中存在的问题,并不断迭代、改进。

随着计算机技术的发展,目前发动机设计和研制单位都编制了各自的发动机总体性能通用程序,如美国的 AEDsys 计算程序、NASA TN D-7901 "DYNGEN" 程序、德国的GASTURB 程序等[11]。这些程序可以实现涡喷、涡扇、涡桨、涡轴等发动机的整机热力学设计或性能分析,并获得各个部件的性能参数。利用发动机总体性能通用程序,只需要输入一系列变量,即可得到发动机的推力和耗油率,而通过改变输入变量在可行域内的数值,可以寻找最优的目标值,如图 5.6 所示。其中,左侧输入参数中,自变量热力循环参数是设计中可在一定范围内变化的优化变量的参数,对于涡喷发动机,指的是增压比和涡轮前温度;常量热力循环参数是部件设计水平能实现的热力循环参数,如压气机绝热效率、燃烧室燃烧效率和总压损失、涡轮绝热效率、转子机械效率等。

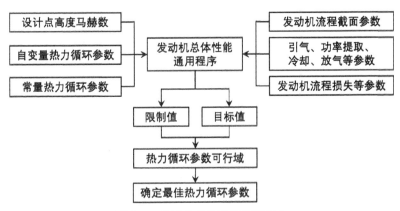

图 5.6　发动机总体性能通用程序

5.3.2　发动机流路尺寸估算

发动机流路尺寸是指发动机内部气流通道的尺寸。开展发动机流路尺寸估算的主要目的有两个。一是判断流路尺寸是否满足设计目标中的发动机尺寸约束。基于设计点热力循环参数,可以初步计算各部件的流路尺寸,并与设计目标对比,进而从流路尺寸的角度判断设计点热力循环参数计算的合理性。二是为后续部件设计提供一些必要的参数,如确定压气机级数需要压气机进、出口面积作为输入条件。

开展发动机流路尺寸估算,需要充分参考成熟的设计经验,以设计点热力循环计算得到的各截面参数为输入,首先选取重要的、负荷大的部件,进行流路尺寸设计。对于涡喷发动机,可以先开展涡轮通道尺寸设计,根据涡轮的设计结果,逐次开展压气机和燃烧室的通道尺寸设计,得到各部件的特征尺寸,进而判断是否满足设计目标中的发动机尺寸约束。

1. 涡轮通道尺寸设计

设计涡轮通道尺寸,首先由涡轮功率确定涡轮平均切线速度,同时考虑涡轮叶片的应力参数计算涡轮设计转速,最后利用平均切线速度和涡轮设计转速计算涡轮直径和出口涡轮叶片高度,具体设计流程如图 5.7 所示。

涡轮功率的计算公式如下:

$$P_{\mathrm{T}} = \frac{u_{\mathrm{T, av}}^2 \cdot Z_{\mathrm{T}}}{2Y_{\mathrm{T, av}}^2} \tag{5.32}$$

其中,P_{T} 为已知的涡轮功率;$u_{\mathrm{T, av}}$ 为涡轮平均切线速度;Z_{T} 为涡轮级数,是设计发动机时初步选定的参数;$Y_{\mathrm{T, av}}$ 为平均载荷参数,由设计经验给定。

通过式(5.32)计算得到涡轮平均切线速度后,可由式(5.33)计算设计转速 n:

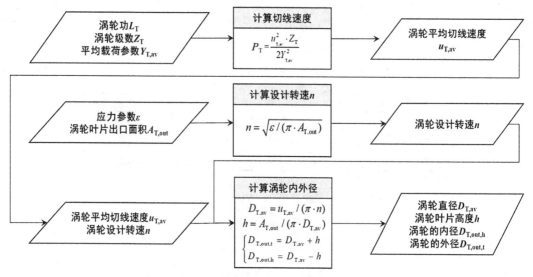

图 5.7　涡轮通道尺寸设计流程图

$$n = \sqrt{\varepsilon / (\pi \cdot A_{T, out})} \tag{5.33}$$

其中,ε 为应力参数,由叶片材料、冷却系统、涡轮工作温度确定;$A_{T, out}$ 为涡轮叶片出口面积。

进而可以确定涡轮直径 $D_{T, av}$ 和涡轮叶片高度 h:

$$D_{T, av} = u_{T, av} / (\pi \cdot n) \tag{5.34}$$

$$h = A_{T, out} / (\pi \cdot D_{T, av}) \tag{5.35}$$

最后可以分别确定涡轮的外径 $D_{T, out, t}$、内径 $D_{T, out, h}$:

$$\begin{cases} D_{T, out, t} = D_{T, av} + h \\ D_{T, out, h} = D_{T, av} - h \end{cases} \tag{5.36}$$

2. 压气机通道尺寸设计

压气机通道尺寸设计的具体设计流程(以等外径压气机为例)如图 5.8 所示[4],首先开展压气机出口面积计算,据此计算压气机出口内外径;其次基于等外径规律,开展压气机进口内外径计算;最后确定压气机级数。

首先要初步选定压气机出口位置轮毂直径与叶轮直径的比值——轮毂比 $\bar{d}_{C, out}$ (图 5.9),以及出口叶片高度 h_{out},然后得到压气机出口面积 $A_{C, out}$:

$$A_{C, out} = \pi_C \cdot h_{out}^2 \cdot \frac{1 + \bar{d}_{C, out}}{1 - \bar{d}_{C, out}} \tag{5.37}$$

在此基础上,可计算压气机出口外径 $D_{C, out, t}$ 和出口内径 $D_{C, out, h}$:

$$D_{C, out, t} = \frac{2A_{C, out}}{\pi \cdot h_{out}(1 + \bar{d}_{C, out})} \tag{5.38}$$

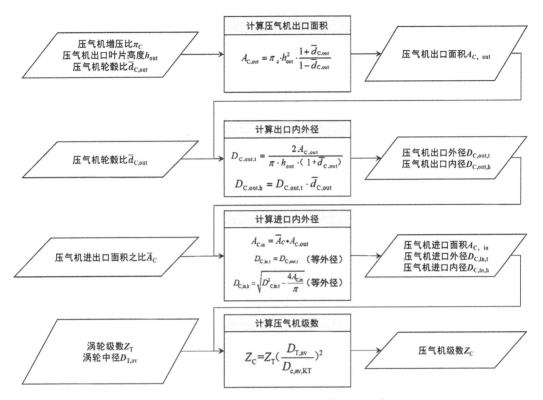

图 5.8　压气机通道尺寸设计流程图(以等外径设计为例)

$$D_{\text{C, out, h}} = D_{\text{C, out, t}} \cdot \bar{d}_{\text{C, out}} \qquad (5.39)$$

根据流量连续方程,可以得到压气机进、出口面积的近似关系:

$$\bar{A}_{\text{C}} = \frac{A_{\text{C, in}}}{A_{\text{C, out}}} \approx 0.6 \times \pi_{\text{C}}^{5/6} \qquad (5.40)$$

其中, $\bar{A}_{\text{C}}$ 为进、出口面积之比。

由于压气机增压比已知,可以求得 $\bar{A}_{\text{C}}$,进而可以得到压气机进口面积:

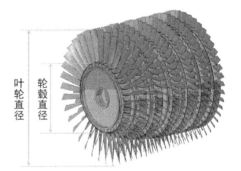

图 5.9　压气机轮毂比

$$A_{\text{C, in}} = \bar{A}_{\text{C}} \cdot A_{\text{C, out}} \qquad (5.41)$$

得到压气机进口面积后,可以计算压气机进口的内径与外径。具体需要根据不同的压气机结构形式进行区分,压气机结构形式有等外径、等中径和等内径 3 种形式。

1) 等外径($D_{\text{C, out, t}} = \text{const}$):

$$D_{\text{C, in, t}} = D_{\text{C, out, t}} \qquad (5.42)$$

$$D_{\text{C, in, h}} = \sqrt{D_{\text{C, in, t}}^2 - \frac{4A_{\text{C, in}}}{\pi}} \qquad (5.43)$$

2）等中径（$D_{C, out, av} = const$）：

$$D_{C, in, av} = D_{C, out, av} = (D_{C, out, t} + D_{C, out, h})/2 \qquad (5.44)$$

$$h_{in} = \frac{2A_{C, in}}{\pi(D_{C, out, t} + D_{C, out, h})} \qquad (5.45)$$

$$D_{C, in, h} = D_{C, in, av} - h_{in} \qquad (5.46)$$

$$D_{C, in, t} = D_{C, in, av} + h_{in} \qquad (5.47)$$

3）等内径（$D_{C, out, h} = const$）：

$$D_{C, in, h} = D_{C, out, h} \qquad (5.48)$$

$$D_{C, in, t} = \sqrt{D_{C, in, h}^2 + \frac{4A_{C, in}}{\pi}} \qquad (5.49)$$

此后,根据压气机和涡轮的功率平衡,可计算压气机的级数:

$$Z_C = Z_T \left(\frac{D_{T, av}}{D_{C, av, K_T}}\right)^2 \qquad (5.50)$$

其中,K_T为载荷参数,可以选择 0.4~0.5。

3. 燃烧室通道尺寸设计

燃烧室通道尺寸的设计流程如图 5.10 所示,首先确定燃烧室长度 L_b,可以采用半经验半理论的公式进行计算;其次,开展扩散器的设计;最后,开展主燃区设计。

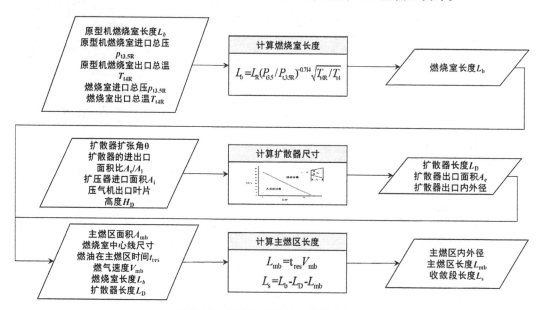

图 5.10 燃烧室通道尺寸设计流程图

1）计算燃烧室长度。可采用对原型机进行缩放的方法,缩放公式为

$$L_b = L_R (p_{t3.5}/p_{t3.5R})^{-0.714} \sqrt{T_{t4R}/T_{t4}} \tag{5.51}$$

其中，L_R 为原型机燃烧室的长度；$P_{t3.5}$ 为燃烧室进口总压；$P_{t3.5R}$ 为原型机燃烧室进口总压；T_{t4R} 为原型机燃烧室出口总温；T_{t4} 为燃烧室出口总温。

2) 开展扩散器设计。首先，选定扩张角 θ；其次，查找扩散器分离极限图得到气流不分离时的扩散器长度 L_D 与进口高度 H_D 的比值 L_D/H_D，图 5.11 为某型发动机的扩散器分离极限图；再次，由 L_D/H_D 及选定的扩散效率可确定扩散器的进出口面积比 A_e/A_i，将压气机出口面积作为扩散器进口面积 A_i，则可进一步计算得到扩散器出口面积 A_e；最后，将压气机出口平均半径处与高压涡轮进口平均半径处的连线作为燃烧室的平均中线，取压气机出口叶片高度

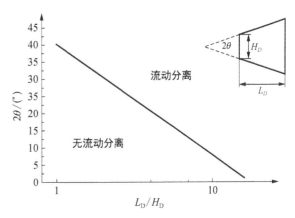

图 5.11　某型发动机的扩散器分离极限图

作为扩散器进口高度 H_D，则由比值可求得扩散器长度 L_D。再根据扩散器出口面积 A_e 和扩散器长度 L_D，就可以计算扩散器出口的内、外径。

3) 计算主燃区的内外径和长度。首先，可以采用燃油在主燃区停留的时间 t_{res} 和选定的速度 V_{mb} 的乘积得到主燃区的长度 L_{mb}；其次，由主燃区的面积 A_{mb} 和燃烧室中心线的尺寸可以确定主燃区的内、外径；最后，由燃烧室长度 L_b 减去扩散器长度 L_D 和主燃区的长度 L_{mb} 得到涡轮进口的收敛段长度 L_S。

5.3.3　发动机质量估算

在设计点热力循环参数计算过程中，仅以满足单位推力、耗油率等性能参数要求为目的，未考虑发动机质量的影响，而质量过大会降低发动机的推重比，影响发动机的实用性，因此，确定设计点热力循环参数之后，需估算发动机质量，判断是否满足设计目标要求。

在总体性能设计阶段，由于各部件的材料尚未确定，无法利用材料参数估算发动机质量，一般是在原型机的基础上，根据推力的变化对发动机质量进行一定比例的放大或缩小。涡喷发动机放大或缩小时，推力按照线形尺寸的平方关系增加，而质量按照线形尺寸的立方增加，因此，质量的增加倍数等于推力增加倍数的 3/2 次幂倍：

$$M_{E,N} = M_{E,O} \left(\frac{F_N}{F_O} \right)^{3/2} \tag{5.52}$$

其中，$M_{E,O}$ 为原型机质量；$M_{E,N}$ 为在研发动机的质量；F_O 为原型机的推力；F_N 为在研发动机的推力。

5.3.4　非设计点性能计算

在飞机飞行过程中，飞行条件、大气条件和发动机油门杆位置都会发生变化，使发动

机偏离设计点而工作在非设计点。为了评估发动机在整个飞行任务中的性能表现,在总体性能设计中,需要进行非设计点的性能计算,以确保发动机能够在宽广的状态范围内稳定工作。

开展非设计点性能计算,首先需要确定发动机控制规律以及各部件特性;其次,以飞行速度和飞行高度为自变量,采用与设计点热力循环计算相同的方法,开展非设计点性能计算,估算发动机推力、耗油率等随飞行速度、飞行高度的变化情况,得到速度特性和高度特性。

1. 选定发动机控制规律

在几何不可调的发动机中,只有燃油流量 W_f 一个控制量,因此只能控制一个被控量,组成单变量控制系统。在早期的涡喷发动机中,可选择的被控量有发动机转速 n 和涡轮前温度 T_{t4},因为涡轮前温度 T_{t4} 较高且温度场不均匀、测试不方便,所以一般采用发动机转速 n 作为被控量,通过控制燃油流量 W_f 来控制转速 n 保持恒定,而涡轮前温度 T_{t4} 作为极限值来进行限制。

随着技术的发展,为了充分发挥涡喷发动机的性能,必须同时控制转速 n 和涡轮前温度 T_{t4} 两个被控量,这就要求发动机增加一个可控变量,成为双变量控制系统。大部分的发动机选择尾喷管出口面积 A_9 作为增加的可控变量,通过改变燃油流量 W_f 来保证转速 n 不变,通过调节尾喷管出口面积 A_9 来控制涡轮前温度 T_{t4} 不变,实际控制时,采用温度传感器测量涡轮后燃气温度的变化,并自动对尾喷管控制机构作用,调节尾喷管出口面积 A_9,实现涡轮的落压比 π_T 和相应的涡轮功率 P_T 变化,以保证涡轮前温度 T_{t4} 不变。

发动机控制规律:

被控量随着飞行条件、大气条件和发动机油门杆位置变化的关系,是发动机自动控制系统通过控制量对发动机被控量进行调节时所遵循的规律,常用的被控量有转速、涡轮前温度等。图 5.12 是某型双轴涡喷发动机在保持涡轮前温度 T_{t4} 恒定的条件下,低压轴转速 n_1 及高压轴转速 n_2 随压气机进口总温 T_{t2} 的变化规律。

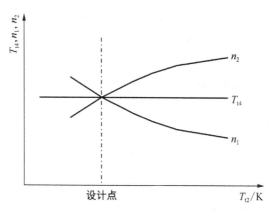

图 5.12 某型双轴涡喷发动机的控制规律示意图

2. 确定部件特性

发动机的部件特性,指的是当工作转速、进口气流压力和温度等参数偏离设计点时,部件的参数将发生变化,对于压气机,增压比和效率将发生变化;对于涡轮,换算流量和效率将发生变化;对于燃烧室,燃烧效率将发生变化。部件的特性通常用曲线的形式来表示,下面对压气机、涡轮和燃烧室的特性进行介绍。

压气机特性指的是增压比 π_c 和效率 η_c 随着转速和流量变化的关系。压气机的特性一般利用在试验台上开展试验得到,通过测取不同转速、不同流量下压气机的参数并进行数据整理和计算,获得试验条件的总温、总压下压气机的试验特性曲线。由于总温、总压随着飞行条件发生变化,可以利用相似参数来综合反映不同进口参数对压气机特性的影响,用相似参数表示的压气机特性称为压气机通用特性。图 5.13 给出了两种发动机的压气机通用特性曲线,横坐标为压气机的换算流量,纵坐标为增压比和效率,参变量为压气机的换算转速[12]。在每条等转速线上,当进入压气机的换算流量减小时,增压比增加,效率先增加后减小,出现效率最高值;当换算流量减少到一定程度,压气机出现不稳定工作状态,甚至出现喘振。

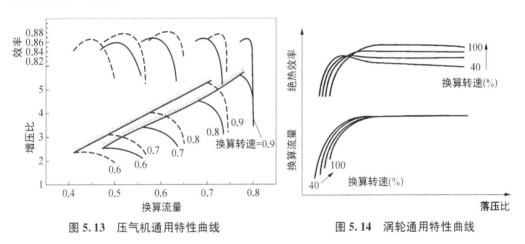

图 5.13　压气机通用特性曲线　　　　图 5.14　涡轮通用特性曲线

涡轮的通用特性表达方式和压气机通用特性类似,不同的是,涡轮通用特性曲线的横坐标采用落压比,而纵坐标采用换算流量和绝热效率,通用特性曲线如图 5.14 所示[6]。

燃烧室的特性一般指的是燃烧效率 η_b 随着燃烧室余气系数 α_b 变化的关系。余气系数的定义为实际空气流量与供入的燃料完全燃烧时所需的理论空气量的比值,可表示为[13]

$$\alpha_b = \frac{1}{L_0 f_a} \tag{5.53}$$

式中,L_0 为理论空气流量,即完全燃烧 1 kg 燃料所需的空气量;f_a 为油气比。

余气系数等于 1 时表示流入燃烧室的空气恰好使燃油完全燃烧,而没有燃油和氧气剩余,此时称为最恰当混合比状态;余气系数小于 1 表示流入燃烧室的空气少于燃油完全燃烧所需空气,此时燃气中还存在未烧完的燃油,称为富油状态;余气系数大于 1 表示流入燃烧室的空气多于燃油完全燃烧所需空气,燃烧后还有氧气剩余,称为贫油状态。典型的燃烧室特性曲线如图 5.15 所示[14]。

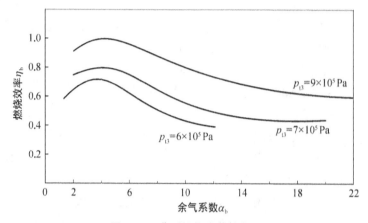

图 5.15 典型燃烧室特性曲线

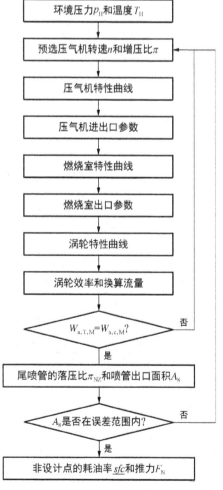

图 5.16 非设计点性能计算过程

在开展非设计点的性能计算之前,需要给出上述各部件特性作为输入。对于新设计的发动机,如果本身不具备部件特性,输入的部件特性可以采用如下办法获得:第一,各部件根据发动机提出的要求,进行初步理论计算获得部件特性;第二,根据已有的相近发动机的部件特性,按照设计点的参数进行适当的换算获得部件特性。

3. 非设计点速度、高度特性计算

非设计点性能计算过程与设计点基本相同,如图 5.16 所示,也是从发动机进口开始,逐个部件依次开展计算,区别在于各部件的性能参数不是事先选定的,而需要通过部件特性和部件的共同工作来确定。

下面根据图 5.16,给出详细的非设计点性能计算过程。

1)选定飞行状态:飞行高度 H 和飞行马赫数 Ma。

2)根据飞行状态计算环境压力 p_H 和温度 T_H。

3)计算压气机进出口参数。

首先假设压气机的工作点:压气机转速 n 和工作点增压比 π。用假设的工作点查压气机特性曲线,获得压气机效率 η_C 和换算流量 $W_{a,C,M}$。

计算压气机进出口参数：p_{t2}、T_{t2}、p_{t3}、T_{t3}。计算方法与设计点热力循环参数计算相同。

4）规定涡轮进口参数 T_{t4}。

5）计算燃烧室进出口参数。

燃烧室进口（压气机出口）气流参数为 p_{t3}、T_{t3}，计算燃烧室温升 ΔT，由 p_{t3} 和 ΔT 查燃烧室特性曲线，计算燃烧室出口气流参数，计算过程与设计点热力循环参数计算相同。

6）涡轮进出口参数计算。

根据功率平衡和转速相等，得到涡轮功率 P_T 和换算转速 n_T，由 P_T 和 n_T 查涡轮特性曲线，获取涡轮效率 η_T 和换算流量 $W_{a,T,M}$。如果获得的换算流量 $W_{a,T,M}$ 和 3）中的换算流量 $W_{a,C,M}$ 不相等，则返回到 3）。

7）计算尾喷管的落压比 π_{NZ} 和尾喷管出口面积 A_9，比较 A_9 和设计点获得的 A_9 之间的差别，如果不相等或不在要求的误差范围之内，则返回到 3）。

8）计算发动机非设计点的耗油率 sfc 和推力 F_N。

在飞行包线内，改变发动机的飞行高度 H 和马赫数 Ma，可以获得发动机的高度特性和速度特性。涡喷发动机高度特性示意图如图 5.17 所示，其中，图 5.17（a）为推力随马赫数的变化规律，可以看到，在同一飞行高度下，推力随着马赫数的增加基本呈增大趋势；图 5.17（b）为耗油率随马赫数的变化规律，可以看到，在同一飞行高度下，耗油率随着马赫数的增加先减小后增大。

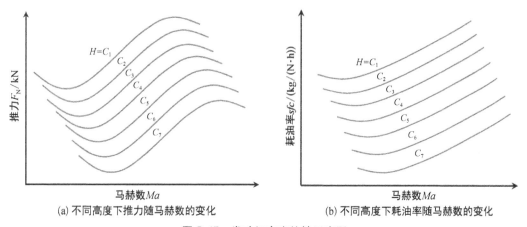

(a) 不同高度下推力随马赫数的变化　　　　(b) 不同高度下耗油率随马赫数的变化

图 5.17　发动机高度特性示意图

5.3.5　发动机与无人机性能匹配

在完成设计点和非设计点的性能计算之后，发动机总体性能设计工作尚未完成。为确定能否满足无人机的性能需求，还需要开展发动机与无人机的性能匹配计算，根据计算结果来检验发动机的性能设计是否达标，如未达标，需要重新进行总体性能设计。

涡喷发动机与无人机进行性能匹配的具体流程如图 5.18 所示：第一，发动机设计部门向无人机设计部门提供涡喷发动机的高度、速度特性和巡航特性；第二，由无人机设计部门根据无人机的极曲线和发动机的特性进行匹配协调计算,计算无人机的最大飞行马赫数、最小平飞速度、起飞距离、着落距离、作战半径、航程和起飞质量等,判断是否达到无人机的设计指标要求;第三,由无人机设计部门将匹配计算后发现的无人机战术技术要求中的一些问题反馈给发动机设计部门,并与发动机设计部门一起协调研究;第四,由发动机设计部门调整热力循环参数、部件特性和调节规律,无人机设计部门调整无人机的极曲线;第五,最终实现匹配结果能够全面满足无人机的技术要求和性能指标,最终调整后的发动机设计点热力循环参数即为涡喷发动机最终确定的总体性能参数。

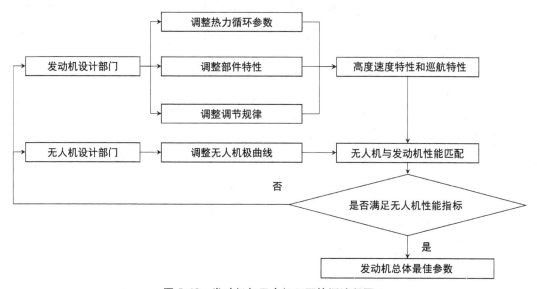

图 5.18　发动机与无人机匹配协调流程图

5.4　总体结构设计

涡喷发动机总体性能的实现依赖于转子叶片、盘、轴以及连接件等具体结构,因此需要开展总体结构设计。总体结构设计是为了实现总体性能要求的设计转速,同时保证结构载荷分布和传力路径的合理性,质量和刚度在转子系统上的合理分配,结构形式简单可靠,从而降低整机的振动水平并使其具有较长的工作寿命与较高的可靠性。开展总体结构设计,需要充分借鉴成熟的设计经验,确定发动机总体的结构形式和布局等,具体设计流程如图 5.19 所示,主要包括转子结构形式设计、转子支承方案设计、支承结构设计和承力系统设计环节,下面依次介绍各环节的设计流程和方法。

5.4.1　转子结构形式设计

由转子叶片、盘、轴等旋转部件组成的转子,工作过程中承受高速旋转所产生的各种载荷(包括离心载荷、转子扭转的扭矩、机动过程产生的弯矩以及轴向拉压载荷等),是涡喷发动机实现能量转换和传递的核心部件。为了确保转子系统与机匣、导叶等静子部件不发生碰磨,需要开展转子结构形式设计,以保证转子具有较大的刚度,同时合理安排转子系统上的刚度、质量分布。转子结构形式设计的主要内容是确定转子叶片、盘、轴的基本类型及连接方式。

开展转子结构形式设计,需要充分借鉴成熟经验。涡喷发动机的转子有 3 种基本结构形式:鼓式、盘式和盘鼓混合式,如图 5.20 所示。

鼓式转子的基本构件是一个圆柱形或圆锥形鼓筒,鼓筒通过安装边和螺栓与前、后轴颈连接,外表面加工安装转子叶片的榫槽。工作过程中,作用在转子上的各种载荷主要由鼓筒承受和传递。鼓式转子结构简单、零件数目少、加工方便、抗弯刚性较高,但强度有限,若要工作在高转速下,需要采用高强度的材料。

盘式转子由若干轮盘与中心轴组成,扭矩通过中心轴传给轮盘,轮盘驱动转子叶片。与鼓式转子相比,盘式转子具有较高的强度,但抗弯刚性低、容易产生振动。

盘鼓混合式转子由若干轮盘、鼓筒和中心轴组成,鼓筒可与轮盘制成一体或单独制成,扭矩由盘间的鼓逐级传递。盘鼓混合式转子兼具鼓式转子抗弯刚性高及盘式转子强度高的优点。

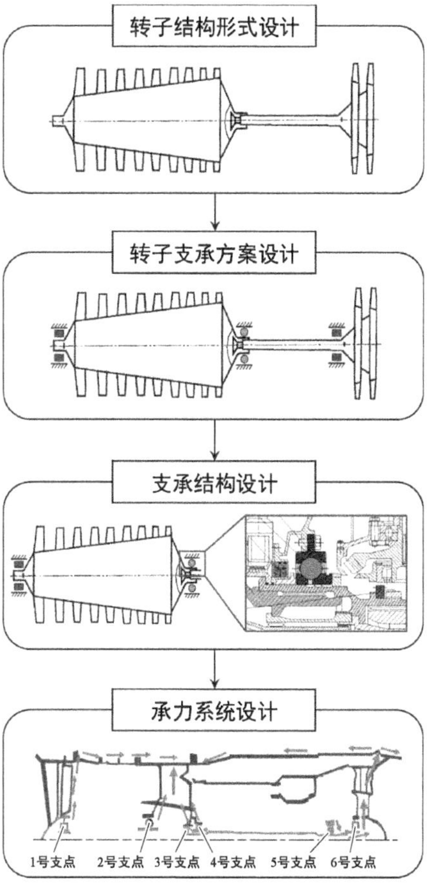

上述 3 种转子结构形式在涡轮发动机压气机部件中均有应用,而涡轮部件大多采用盘式转子,这是因为涡轮部件在高温环境中工作,需要采用强度较高的结构形式。

图 5.19　总体结构设计流程

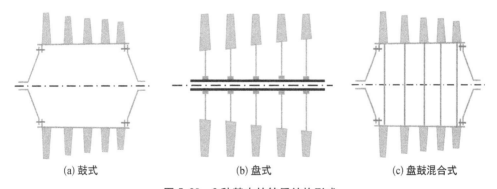

(a) 鼓式　　　　　(b) 盘式　　　　　(c) 盘鼓混合式

图 5.20　3 种基本的转子结构形式

开展总体结构形式的设计,需要考虑发动机总体性能参数和转子部件的结构特征(级数和结构类型)。除此以外,还要合理设计转子沿轴向的质量、刚度分布,使转子具有最优的力学特征,具体设计原则如下。

1) 高压转子的轴系一般采用刚性转子设计,且应具有较高的弯曲刚度,质量和刚度沿轴向的分布应协调,以保证轴系在工作转速范围内无弯曲临界转速。

2) 低压转子的轴系支承间距跨度较大,因此轴系的弯曲刚度较低,在低压压气机前方与低压涡轮部位应具有较高的局部刚性,尽量减小局部变形。

针对上述设计要求,一般会根据设计经验首先给定转子的结构形式,之后根据有限元计算校核该结构是否满足上述要求,若不满足,则针对计算中暴露的问题进行结构方案修改。凭借已有成熟的设计经验,目前涡喷发动机压气机转子大多采用盘鼓混合式转子,涡轮转子大多采用盘式转子。

5.4.2 转子支承方案设计

转子支承方案设计是根据转子的结构形式和总体结构布局,确定转子的支点轴承数目和轴承位置。转子支承方案对整机结构变形、动力特性和结构质量分布具有重大影响,而支承方案的确定是一项综合考虑技术优势和经验继承的复杂决策过程。为了保证转子系统满足总体性能设计要求,并实现长时间的可靠工作,需要遵循一些重要的基本原则:

1) 支承方案应有利于转子变形控制、转子和静子间的间隙控制;

2) 支承方案应有利于发动机载荷的分布和传递;

3) 支点轴承要有利于降低整机振动,并满足装配的要求;

4) 要保证较少的支点数目,以减少支承结构以及承力框架的结构质量;等等。

转子支承方案设计主要包括初选支承方案、临界转速校核和转子刚性校核3个步骤。

1. 初选支承方案

首先,根据总体性能设计确定的转子个数,以及发动机到飞机的传力路径,可初步确定支点的个数以及支点的位置。

为了便于表述,常采用两条前、后排列的横线分别代表压气机转子和涡轮转子,每条横线前、后及中间的数字表示支点的数目,如"n_1-n_2-n_3"中 n_1 表示压气机前的支点数目,n_2 表示压气机与涡轮之间的支点数目,n_3 表示涡轮后的支点数目。

在初选支承方案中,备选方案主要包括三点支承和两点支承方案。图 5.21 展示了两种典型的三点支承方案,包括 1-2-0 以及 1-1-1 两种。在 1-2-0 支承方案中,压气机前、后各安排一个支点,同时涡轮前安排一个支点,每段转子均支承于两个支点上,刚性较高,只有压气机后的支点承受轴向负荷,且轴向负荷较小。当涡轮级数较多时,为了避免涡轮转子外悬过长,可采用 1-1-1 支承方案,即压气机前、后各安排一个支点,同时涡轮后安排一个支点[15]。

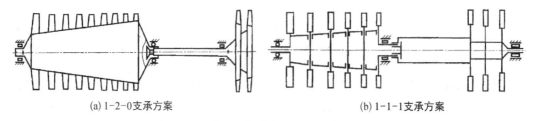

(a) 1-2-0支承方案   (b) 1-1-1支承方案

图 5.21 单转子涡喷发动机常用支承方案

两点支承方案一般针对转子刚性较强的情况,其中,1-0-1 和 1-1-0 两种支承方案较为常见(图 5.22)[16]。随着材料与制造业的发展,可以保证转子系统具有较高的刚性,两点支承方案较多地应用到先进航空燃气涡轮发动机中。

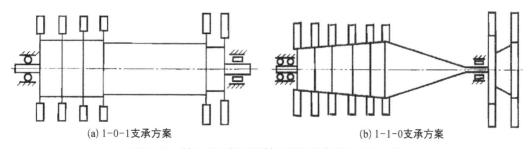

(a) 1-0-1支承方案　　　　　　　　　　　(b) 1-1-0支承方案

图 5.22　轴向长度较短的轴流式涡喷发动机支承方案

2. 临界转速校核

为避免整机振动过大,需要对转子系统的临界转速进行计算,并将计算结果与发动机的工作转速进行比对,防止两者产生重叠。目前,通过解析方法或数值方法可以确定临界转速。

转子临界转速:

临界转速是转子及其支承系统的固有振动频率对应的转速,在临界转速下转子系统会产生较大挠曲,并伴随强烈振动,极易导致转子系统出现故障。图 5.23 为一典型的单盘转子,当转子转速达到临界转速时,转子系统的变形量 δ 会明显增大。为避免转子因振动而失效,转子工作转速应尽可能避开临界转速,若无法避开,则应采取一定的防振措施。

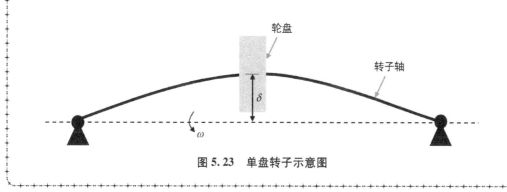

图 5.23　单盘转子示意图

(1) 解析方法

求解临界转速的解析方法主要是传递矩阵法,这是一种简化计算方法。它的基本原理是依次建立转子轴各截面上状态参数之间的传递矩阵关系,并对其施加对应的边界条件,从而确定临界转速以及相应的振型。用该种方法计算临界转速主要分为以下几步[17]。

首先,进行模型简化。将转子系统处理为便于分析的简化模型,仅考虑转子轴、压气机盘、涡轮盘等主要零部件,同时将支点简化为具有一定支承刚性的弹簧系统,如某个1-1-0支承方案的转子系统可简化为图5.24。

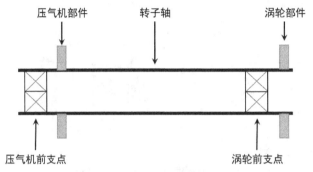

图5.24 简化的转子系统模型

其次,将转子系统分段。基于简化后的转子系统模型,需要对转子系统进行分段,以便分别建立传递矩阵。转子系统分段一般有以下原则:转子中轮盘等具有较大集中质量处需要独立成一段;支点对轴系有支反力作用,需要独立成一段;转子轴横截面有较大变化处需要独立成一段。

再次,建立每段的传递矩阵。对转子系统的每一段进行力学分析,联立力平衡、力矩平衡、变形连续方程。结合转子系统两端的边界条件,可以建立起转子系统0截面(第一个截面)和 n 截面(最后一个截面)力、位移相关的方程[18]。

最后,进行临界转速的求解。针对建立的方程,忽略转子系统0截面和 n 截面处的已知参量,可以从方程的系数矩阵中筛选出对应的元素组成一个2×2的子矩阵,考虑到转子系统位于临界转速时,解出的振幅可以充分大,此时需满足系数子矩阵行列式为0。由于该矩阵中含有转速作为变量,基于行列式为0的约束求解得到的转速即为转子系统的临界转速。

(2) 数值方法

数值方法基于有限元计算软件,对转子系统进行动力学建模、求解。与解析方法相比,数值方法可考虑更多的细节信息,计算精度较高,但由于计算量较大,需要消耗较长时间。

简化后的某转子有限元模型如图5.25所示,考虑到计算资源有限,该模型忽略了转子叶片、篦齿封严等细节信息,并将其质量等效到所在的轮盘上,同时在支承处设置弹簧阻尼边界,弹簧的刚性和阻尼系数由支点的动力学响应决定。最后利用有限元软件的模态分析模块,计算得到该转子系统的临界转速[19]。

基于上述两种方法得到转子的临界转速后,进行对比校核,若计算结果与发动机的工作转速存在重叠区间,则需要调整支承处的刚性或支点的位置,从而改变转子系统的临界转速,并保证工作转速与前几阶临界转速没有重叠。

3. 转子刚性校核

为了防止转子变形引起转静子碰磨,需要进行转子刚性的校核。与临界转速的计算方法相似,转子变形也可以分别通过解析方法和数值方法获得。

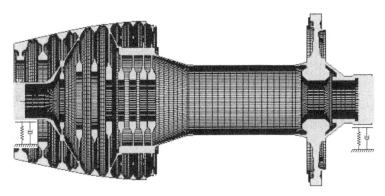

图 5.25　某转子有限元模型

在解析计算中,可以基于传递矩阵法分析得到转子模态,进而估算转子的变形,该方法精度有限。在数值计算中,可建立考虑转子叶片等细节结构的转子系统有限元模型,并对其进行模态分析,但该方法仅可以得到转子系统位移分布的相对值,还需要结合转子系统的地面旋转试验,测量发动机工作时某点位移的绝对值,进而得到转子系统的总体位移分布(图 5.26)[20]。

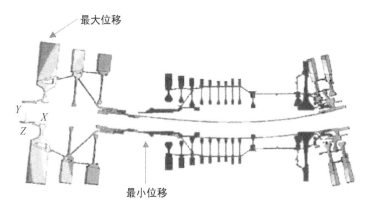

图 5.26　转子系统位移分布

基于上述方法得到转子叶片叶尖的径向位移量后,与转子叶片气动设计要求的叶尖间隙进行对比,可判断是否会发生转子叶片和机匣间的碰磨。若产生碰磨,需要通过调整支点的刚度和支点位置来降低转子叶片的径向位移。通过临界转速和刚性校核,可基本确定发动机的转子支承方案。

5.4.3　支承结构设计

在确定支承方案的基础上,为实现支点处轴承的高效、可靠工作,需要针对所有支点逐一开展支承结构设计,包括确定支点处轴承的类型,确定轴承滑油的类型以保证轴承处的冷却、润滑,同时开展轴承密封结构设计以防止油腔中滑油泄露。

1. 支点受力分析

开展支点受力计算,首先需分析转子系统的载荷情况。转子系统所受载荷主要可以分为气体载荷、质量载荷以及温度载荷,相比于前两种载荷,温度载荷对支点产生的影响较小,通常不予考虑。

支点处支反力的求解可以通过解析、数值两种方法进行。解析方法中,可将转子系统简化为轴系结构,如图5.27所示,通过求解轴系的力平衡、力矩平衡方程,得到支点位置的支反力。该种方法计算较为简单,但精度较差。数值方法中,可借助有限元软件建立转子系统的有限元模型,通过对模型施加气动、质量等载荷,求解各支点处的支反力。该种方法计算量较大,计算所需时间较长。

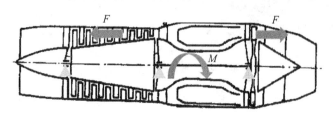

图 5.27 转子系统受力分析

2. 轴承选型

基于支点受力分析结果,以及总体性能设计对于轴承寿命的要求,可选择各支点处适用的轴承型号。首先需要确定轴承类型,若支点处承受轴向力和径向力,需选用滚珠轴承;若只承受径向力,则可选择滚棒轴承。基于国标中轻型和特轻型轴承的标准,可以选择轴承的具体牌号,选择的流程如下。

计算轴承所受的当量动载荷 P:

$$P = f_{d}(XF_{r} + YF_{a}) \tag{5.54}$$

其中,f_{d} 为冲击载荷系数;X、Y 为径向动载荷系数和轴向动载荷系数,可通过查阅滚动轴承设计手册获得;F_{r}、F_{a} 为轴承承受的径向载荷和轴向载荷[21]。

在此基础上,可计算轴承的动载荷系数 C_{F}:

$$C_{F} = P\left(\frac{L_{h}n}{16\,670}\right)^{1/\varepsilon} \tag{5.55}$$

其中,L_{h} 为总体性能要求的轴承工作时间;n 为轴承的额定转速;ε 为轴承的寿命指数,对于球轴承 $\varepsilon = 3$,对于滚珠轴承 $\varepsilon = 3.33$。

查阅滚动轴承设计手册,所选取轴承的动载荷系数大于或等于上述计算结果即可。

3. 确定润滑油类型

轴承在工作时,滚子和轴承内外环之间的摩擦会产生大量的热量,加之高温部件向轴承的导热,会造成轴承的温度升高,需要通过供入润滑油带走热量,降低轴承的温度。

润滑油类型主要依据轴承的速度因子 DN 值来判断,DN 值的表达式如下[22]:

$$DN = n \times d \tag{5.56}$$

其中,n 为轴承的转速;d 为轴承的内径。

基于计算结果可以查阅滚动轴承设计手册选择对应润滑油[21]。

4. 密封结构设计

为防止润滑油进入发动机的空气系统,需要对油腔进行密封设计。篦齿封严的应用较多,这种方法的原理如图 5.28 所示,浅色箭头为润滑油流动方向,深色箭头为发动机空气系统处引出的高压气体流动方向,高压气体流经篦齿后伴随着流速降低和压力升高,当气体压力高于油腔的压力时,便实现了对润滑油的密封。在进行篦齿封严设计时,主要通过对篦齿齿形的设计,来保证润滑油较低的泄漏量。

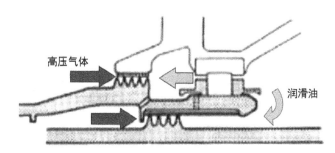

图 5.28　篦齿封严原理示意图

开展篦齿封严设计,现阶段大多基于半经验公式进行计算,主要步骤如下[23]。

1) 预先给定缩流系数。

缩流系数是指流体在篦齿内流经突然扩大的截面(齿间)时,由于惯性的作用,其流动截面并不能立即与下游的截面积相等,而是在一定距离内继续收缩,然后才逐渐扩大到下游的整个较大的截面,缩流系数用来描述上述截面积收缩的程度。在进行篦齿的设计时,一般预先给定缩流系数 $C = 0.7$。

2) 计算流量系数 C_D。

基于给定的缩流系数,计算流量系数 C_D,其计算公式如下:

$$\frac{1 - C_D}{1 - C} = \begin{cases} 1 - 0.7(C - 0.1)\dfrac{\dfrac{1}{\beta} - 1}{\dfrac{1}{\beta_c} - 1}, & \beta \geqslant \beta_c \\ 1 - 0.7(C - 0.1) - (0.2 + 0.1C)\left[1 - \left(\dfrac{\beta}{\beta_c}\right)^2\right], & \beta < \beta_c \end{cases} \tag{5.57}$$

其中, β 为篦齿前后的增压比; β_c 为临界增压比[23]。

3) 计算雷诺数 Re。

雷诺数的计算表达式如下:

$$Re = \frac{4CG}{A\mu} \tag{5.58}$$

其中, G 为篦齿所允许的泄漏量; A 为泄露面积; μ 为动力黏性系数,受温度影响,可查空气物理参数表格获得[23]。

4）校核缩流系数。

本步骤需要对第 1）步确定的缩流系数进行校核，引入与篦齿形状相关的经验公式，可以计算得到缩流系数[23]。

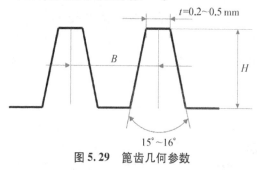

图 5.29 篦齿几何参数

5）迭代计算。

对第 2）步~第 4）步进行迭代计算，直到前后两次迭代的结果满足 $|C_{i+1} - C_i| \leqslant \varepsilon$，式中 ε 为误差系数，一般取作 0.001。

篦齿的几个重要几何参数如图 5.29 所示，根据计算所得的缩流系数，在篦齿设计时一般根据经验取 t 一般为 0.2~0.5 mm，齿高、齿距比 H/B 推荐为 1.0，H 一般为 3~5 mm。

5.4.4　承力系统设计

在转子结构形式和支承方案设计完成之后，还需要提供转子系统在支点处所需的支反力，同时将转子系统产生的推力传递到发动机静子部件进而传递到飞机上，因此需要进行承力系统设计。承力系统是由各个轴承座到发动机安装节（发动机与飞机的连接结构）之间的承力结构的统称，包括承力框架和承力机匣等。

开展承力系统设计，主要是开展承力框架和安装节设计，其中承力框架将支点处的支反力传递到发动机静子部件上，安装节则将发动机产生的推力传递到飞机上。

1. 承力框架设计

转子承力框架简称为承力框架，指用于提供转子的支反力，由支承轴承通过气流通道处的静子部件传至外承力机匣的构件。其设计流程如图 5.30 所示，首先，需要确定承力框架的位置；其次，根据设计经验进行承力框架结构设计，要求其传力路径尽量短，以减轻结构质量；最后，对承力框架的强度与刚度进行校核，保证其可靠工作，若不满足要求，需要对结构设计进行修改。

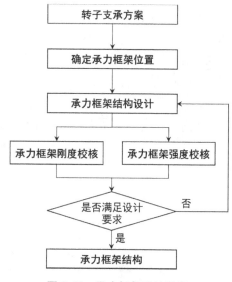

图 5.30　承力框架设计流程

确定承力框架的位置需要结合转子的支承方案。对于 1-0-1 和 1-1-0 转子支承方案来说，其承力框架所在的位置并不相同。图 5.31 为 1-0-1 支承方案的承力框架位置，分别位于压气机前支点处和涡轮后支点处；图 5.32 为 1-1-0 支承方案的承力框架位置，分别位于压气机前支点处和燃烧室支点处。

确定承力框架位置后，对其进行结构设计。为保证较短的传力路径，从而实现较低的结构质量，承力框架一般由轴承座和相邻的静子叶片组成，以实现轴承处支反力向发动机机匣的传递,承力框架结构设计初步完成之后,可利用解析方法或数值方法开展强度校核,确保结构不会发生断裂失效或屈曲失稳;同时还要校核承力框架的刚度,确保满足转子支承方案设计中关于支点刚性的要求。

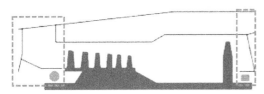

图 5.31　1-0-1 支承方案对应的承力框架位置

图 5.32　1-1-0 支承方案对应的承力框架位置

2. 安装节设计

安装节是发动机与飞机之间的连接结构,负责将发动机的推力和负荷传到飞机。发动机一般有两个安装节,即主安装节和辅助安装节,某型发动机两个安装节的位置如图 5.33 所示[24]。主、辅安装节位于发动机前后两个平面内,并且垂直于发动机的轴线。其中,主安装节靠近发动机质心位置,辅助安装节远离主安装节,便于平衡辅助力矩和飞机机动飞行时产生的惯性载荷。

安装节的设计流程如图 5.34 所示,包括发动机载荷分析、建立发动机整机模型、安装节受力计算、安装节结构设计和安装节强度校核 5 个步骤。具体过程如下。

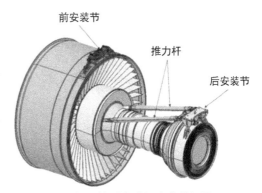

图 5.33　某型发动机安装节位置

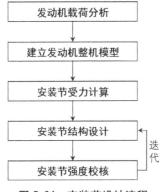

图 5.34　安装节设计流程

图 5.35　发动机整机有限元模型

在设计过程中需要以发动机整机为对象,开展安装节受力分析、计算安装节处的支反力,具体可利用解析方法或数值方法进行。解析方法中,首先将发动机简化为具有简单几何结构的变形体,其次联立受力平衡方程、求解安装节处的支反力。这种方法简单易行、方便迭代求解,但计算精度较差,在安装节初步设计时较为常用。以有限元方法(finite element method, FEM)为代表的数值方法精度较高,利用数值方法计算,首先需要

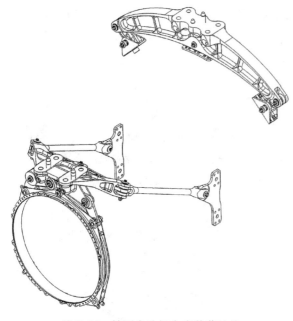

图 5.36 某型发动机主安装节结构

建立整个发动机的有限元网格模型（图 5.35），为了适当降低建模复杂度，可以省略叶片等细节结构而用质量节点代替；其次，设定发动机中每个部件的材料属性，并将各种载荷施加到网格模型上，利用软件求解即可得到安装节处的支反力，为安装节的结构设计提供输入。

基于以上安装节处的支反力计算结果，可以开展安装节结构设计。具体而言，首先基于已有经验初步设计安装节结构，主安装节一般设计为"马鞍"型结构（图 5.36）[24]，并通过销钉和螺栓连接，辅助安装节一般设计为"横辕"型结构；其次，开展安装节结构的有限元分析，确保安装节有较大的强度裕度，在最大载荷下不会发生断裂失效，若不满足强度要求，需进一步优化安装节结构。

5.5 部件设计举例——压气机叶片

为了实现总体性能设计得到的部件特性要求，需要在总体结构设计的基础上，开展部件设计，包括部件气动热力设计、结构静强度设计等。在进行部件设计时，需要考虑部件性能与整体性能之间的迭代过程，每一轮部件设计结束后，若性能指标不满足总体要求，则需要对部件进行优化设计；若部件多次优化后仍不满足要求，则需要重新调整总体性能参数，并根据新的总体要求开展部件设计。通过上述过程的多次迭代、总体与部件之间的相互妥协，实现设计目标。

在部件设计中，压气机叶片设计是一个关键环节，其设计方法也具有一定代表性，本节以压气机叶片设计为例，分多个角度讲解设计方法。在气动方面，为实现高效地增压做功，需要进行转子、静子叶片叶型的优化设计。此外，为了保证压气机叶片在工作过程中不发生失效，还要依次开展静强度设计、寿命预测及振动特性分析。

5.5.1 气动设计

开展压气机叶片的气动设计，是通过叶片叶型设计，满足总体性能设计中对于压气机总增压比及效率的要求，其流程如图 5.37 所示。首先，将总体性能设计分配给压气机部件的总增压比分配到单级压气机上；其次，为实现压气机每一级的增压比，基于基元级的速度三角形和守恒方程确定叶片进出口的几何参数；再次，在此基础上，进行叶片叶型设计；最后，需要利用数值方法检验上述设计结果是否满足总体

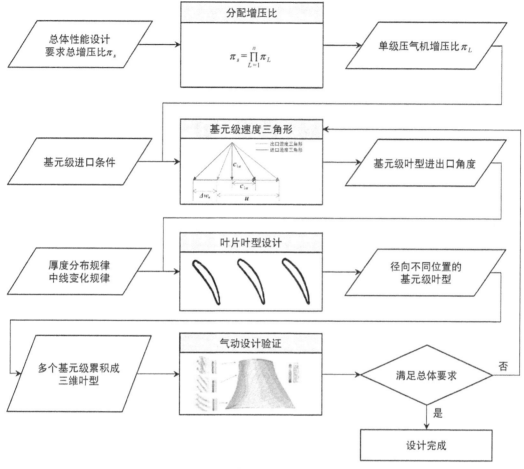

图 5.37　压气机叶片气动设计流程

要求。

1. 分配增压比

针对总体性能设计要求,为实现较高的循环热效率,发动机常常具有较高的增压比。考虑到单级压气机的增压能力有限,现阶段,涡喷发动机的压气机大多为多级轴流式,如图 5.38 所示。开展压气机叶片的气动设计,首先需将总体性能需求中的总增压比分配到单级压气机(包括一级转子、一级静子)上,考虑到多级压气机的增压比由单级压气机增压比相乘得到

$$\pi_s = \prod_{L=1}^{n} \pi_L \tag{5.59}$$

其中,π_L 为第 L 级压气机的增压比;π_s 为多级压气机的增压比;n 为压气机的级数。考虑到多级压气机中间部位的效率较高,在设计时通常分配较高的增压比。

2. 确定基元级速度三角形

为进一步简化单级压气机,常常选取压气机的基元级进行研究。对于单级压气机,考虑到进口和出口处沿径向的直径变化不大,同时流线大致局限于各圆柱面上,沿叶高方向的流动可以忽略,因此,可将其简化为叶栅基元级。每个基元级沿叶高方向的厚度很薄,

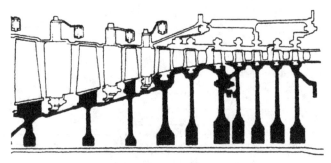

图 5.38　多级轴流式压气机示意图

一级压气机可以看成是多个基元级沿径向累积而成,而每个基元级的工作原理相近。

叶栅基元级:

　　针对一级叶栅的转子和静子叶片,沿同一半径取一级压气机的周向截面,得到二维曲面下单级压气机的一级转子和一级静子,称为叶栅基元级(图 5.39)。

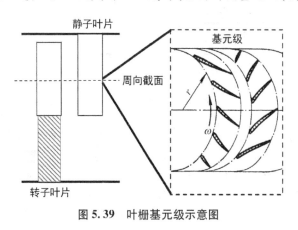

图 5.39　叶栅基元级示意图

　　通过多级压气机到单级压气机,再到基元级,可以将流动简化为二维流动。在进行叶型设计时,一般利用速度三角形分析基元级中的流动。如图 5.40 所示,根据速度矢量的

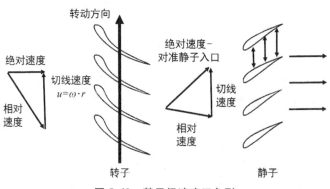

图 5.40　基元级速度三角形

合成分解原理,可以得到式(5.60):

$$c = u + w \tag{5.60}$$

其中,c 表示在静止坐标系中观察到的气流绝对速度(矢量);u 表示动叶叶栅的圆周切线速度(矢量);w 表示站在动叶观察到的气流相对速度(矢量)。

将压气机动叶进出口的速度三角形放在一起,并忽略进出口轴向速度的变化量(图5.41),可以发现,基元级的速度三角形需要由以下 4 个参数确定。

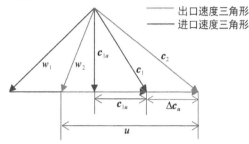

图 5.41　压气机基元级速度三角形

1)动叶进口绝对速度的轴向分量 c_{1a}。 第一级压气机的 c_{1a} 大小选取较为重要,它决定了发动机的迎风面积和压气机效率等参数。例如,民航客机的 c_{1a} 大小选取为 120 m/s,而战斗机的 c_{1a} 大小选取为 202 m/s,前者要求较高的效率,而后者要求较小的迎风面积。

2)动叶进口绝对速度的周向分量 c_{1u}。 当气流进入动叶之前在圆周方向有绝对速度的分量时,就说明气流有了预先旋转,若 c_{1u} 与圆周速度 u 方向相同,则称为"正预旋",方向相反即为"反预旋"。

3)圆周速度 u。 圆周速度直接影响叶片对气流的加功量大小,u 越大加功量越大。同时,参数 u 又由式(5.61)确定:

$$u = \omega \times r \tag{5.61}$$

其中,ω 为发动机转速;r 为基元级所在半径。

对于应用于无人机的燃气涡轮发动机,其径向尺寸较小,为保证加功量,通常采用较大的设计转速。

4)动叶前后绝对速度周向分量的变化量 Δc_u。 参数 Δc_u 代表气流沿周向的扭转量,又称扭速,其表达式如下:

$$\Delta c_u = c_{1u} - c_{2u} \tag{5.62}$$

3. 确定叶片叶型

基于上述速度三角形分析,仅可以得到叶型进出口角度(图 5.42 中的 β_1 和 β_2),还需进一步确定叶片的其他几何参数。基元级叶型涉及的几何参数如图 5.42 所示,包括叶型中线的变化规律、叶身厚度分布、叶片弦长以及栅距。下面将分别介绍这些参数的确定方法。

1)弦长 b: 基元级中叶型的弦长 b 和所要求的展弦比有关。叶型的展弦比

图 5.42　基元级叶型几何参数

C 定义如下:

$$C = h/b \qquad (5.63)$$

其中,h 为叶片的高度。

根据设计经验,前几级一般设计为长叶片,展弦比为 3.0~4.5;后几级设计为短叶片,展弦比为 1.8~2.5。前几级叶片较长,可以减小压气机的轴向尺寸和质量;后几级选取较小的展弦比,可以避免过多的叶片数目和过低的雷诺数,有利于减少损失。

2) 栅距 t: 在确定基元级栅距前,首先要定义叶栅的稠度 τ:

$$\tau = b/t \qquad (5.64)$$

基于叶栅稠度 τ,可以得到叶栅的扩散因子 D:

$$D = 1 - \frac{w_2}{w_1} + \frac{\Delta w_u}{2w_1 \tau} \qquad (5.65)$$

其中,w_1 和 w_2 为基元级进、出口的相对速度,可以基于速度三角形得到;Δw_u 为相对速度切向分量的变化量。

D 的物理意义为表征气体流经叶栅通道的相对扩压程度的大小。根据试验结果和经验公式,动叶叶尖的 D 因子应不大于 0.4,否则会导致较大的流动损失;其他部位和静子叶片的 D 因子以不大于 0.6 为宜,否则也会降低叶栅的效率。基于上述对于 D 因子取值范围的要求,可以得到叶栅稠度的取值范围,进而得到叶栅栅距 t 的范围。

3) 厚度分布: 压气机叶片所采用的叶型,大多是由对称的机翼翼形或薄翼螺桨叶型,按照一定要求弯曲而成的。未弯曲之前的原始叶型称为原始叶型,设计中较为常用的原始叶型有 3 种,即 C$_4$ 叶型、NACA-65 叶型及 BC-6 叶型[25],这些叶型是基于地面吹风试验选择的效率较高的叶型。

在进行原始叶型选择前,需要定义几何参数 $\bar{e}$:

$$\bar{e} = e/b \qquad (5.66)$$

其中,e 为叶型中最大厚度点到前缘的距离。

基于气动分析可知,在来流速度较大的情况下,需要选择 $\bar{e}$ 较大的叶型,即 BC-6 叶型或 NACA-65 叶型,最大厚度位置后移有利于提高叶栅的临界马赫数,从而降低高速流动下的损失。而 C$_4$ 叶型在低速条件下的性能较好。

4) 中线的变化规律: 对称的原始叶型无法实现对气体做功的功能,需要对其中线进行弯曲,从而产生进出口的 Δc_u。压气机中常用的叶型中线包括:单圆弧形、双圆弧形以及抛物线形。

下面着重讨论双圆弧形中线,其绘制方法如图 5.43 所示。首先找到叶型中最大挠曲 f_{max} 对应点,基于该点作垂线 l_1,之后找到进口处 A 点,基于该点作进口气流方向的垂线 l_2,l_1 和 l_2 的交点即为第一个圆弧的圆心 O_1,并以 r_1 为半径作出第一个圆弧如图 5.43 中蓝色弧线所示,同理可以作出第二个圆弧如右侧红色弧线所示,至此就完成了双圆弧形叶形中线的确定。

对于其他两种中线,单圆弧形可以看成是双圆弧形两圆半径相等时的特殊情况,而抛物线形将中线定义为抛物线表达式,基于进出口角度约束求解方程中对应参数即可。

基于上述基元级二维叶型的设计方法,可以确定叶片每个径向截面上的叶型,在叶型设计中一般考虑 6 个以上截面的基元级叶型,相邻截面之间进行光滑过渡,从而可以确定整个叶片的叶型。

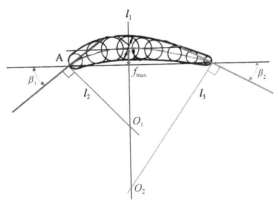

图 5.43　双圆弧形中线

4. 气动设计验证

考虑到叶栅中的气体微团具有沿径向的速度分量,流动不仅仅局限于基元级之内,故传统的设计方法具有一定的局限性,其设计结果需要利用三维方法进行验证。现阶段,随着计算流体力学(computational fluid dynamics,CFD)的发展,利用商业软件如 Fluent、CFX 等可以求解出叶栅通道中的三维流动。图 5.44 为某风扇叶片的 CFD 计算结果,从该图上显示的流线可以看出,距离叶片较近的气流具有沿叶高方向的速度分量,这是常规设计方法所不能考虑的[26]。基于 CFD 计算,可以对上述叶型设计结果进行验证,判断其是否符合总体性能设计关于压气机增压比、效率的要求,若不满足,则需要针对数值计算中发现的问题,对原始方案进行修改。

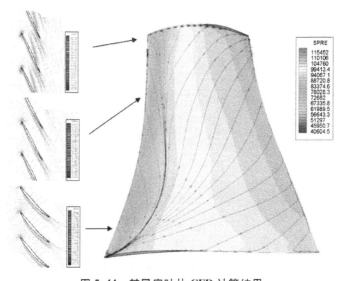

图 5.44　某风扇叶片 CFD 计算结果

5.5.2　静强度设计

叶片的静强度设计是为了保证叶片在最大载荷下不会发生断裂失效。开展叶片静强度设计,首先需要确定失效准则;其次开展叶片应力计算,获取最大应力数值,并利用失效准则进行判读,若不满足强度要求,则需要对叶片结构参数进行优化。

1. 确定失效准则

叶片的静强度设计是要保证工作状态下叶片的最大应力小于许用应力,失效准则可以表示为[17]

$$\sigma_{\max} \leqslant \frac{[\sigma]}{n} \tag{5.67}$$

其中,$\sigma_{\max}$ 为叶片的最大等效应力;$[\sigma]$ 为材料的许用应力,一般定义为强度极限或屈服极限;n 为安全系数。

2. 叶片应力分布计算

叶片应力可以通过解析方法或数值方法计算。在解析方法中,首先将叶片简化为悬臂梁,如图5.45所示。根据叶身某截面的合成弯矩与集中力,可通过计算得到该截面的应力分布。截面的合成弯矩和集中力通过静力等效法获得,这需要对叶片所受载荷进行分析。在发动机工作过程中,叶片承受离心载荷、气动载荷和温度载荷的共同作用,叶片截面中的集中力主要由离心载荷引起,而截面产生的弯矩主要由离心载荷和气动载荷引起。基于弹性力学中的线性叠加原理,集中力和弯矩产生的应力分布可以分别进行考虑,得到对应的应力分布,之后将这两个应力分布进行叠加,得到最终结果,从而判断是否满足强度设计准则。

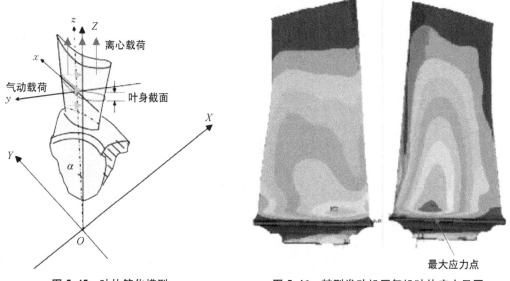

图 5.45 叶片简化模型　　图 5.46 某型发动机压气机叶片应力云图

上述解析方法仅考虑叶身部位的应力分布,且计算精度有限[27]。借助有限元等数值方法,可在应力计算中考虑热应力等复杂载荷以及叶片榫齿等复杂几何形状,实现高精度的应力计算。在有限元方法中,首先将叶片的连续实体离散为多个较小的单元体,单元体之间通过节点连接并实现力和位移的传递;其次,建立单元体的刚度矩阵,用以表征力与位移之间的关系,并将单元刚度矩阵组合为整体刚度矩阵,且可将力学中的偏微分方程转化为代数方程,方便计算机求解;最后,可在叶片有限元模型的节点上施加离心力、气动力、温度载荷、振动载荷等多种载荷以及位移约束,基于叶片材料属性及载荷和约束条件便可开展计算。上述过程可借助有限元软件实现,求解结果可通过应力云图的形式直观呈现,图 5.46 为某型发动机压气机叶片的应力分布云图,从计算结果中可以快速确定叶片上的应力最大值,结合安全系数,便可判断叶片是否满足静强度要求。

5.5.3　寿命预测

涡喷发动机对压气机叶片的寿命有一定要求。本小节主要考虑低循环疲劳、高低周复合疲劳以及蠕变-疲劳 3 种失效模式,介绍相应的寿命预测方法。

1. 叶片载荷谱转化

一般的寿命预测模型仅能考虑峰谷值恒定的标准循环,但发动机的外场载荷一般为非标准循环,因此需要对载荷谱进行转化。对于一般的发动机载荷谱,可以利用雨流计数法进行转化,形成转速的统计峰谷值矩阵,即转速变化的范围及其出现的频数。之后基于统计出的转速范围进行叶片的应力计算,得到叶片上应力变化的范围及其频数,从而为寿命预测提供输入条件。

2. 确定寿命预测模型

工作过程中,压气机叶片的转速会在较大范围内循环,导致叶片上的应力在一定范围内循环,从而引起低循环疲劳损伤。Masson-Coffin 公式是一种较为常用的低循环疲劳模型,其表达式为[28]

$$\frac{\Delta \varepsilon}{2} = \frac{\sigma'_{\mathrm{f}}}{E}(2N_{\mathrm{f}})^b + \varepsilon'_{\mathrm{f}}(2N_{\mathrm{f}})^c \tag{5.68}$$

其中,$\Delta \varepsilon$ 为循环的应变幅;E 为材料的弹性模量;N_{f} 为低循环疲劳寿命;其他均为模型参数,需要依靠寿命试验拟合得到。之后利用 Masson-Coffin 公式结合线性损伤累积法则进行低循环疲劳寿命预测。

压气机叶片在工作过程中还会受到振动载荷的作用,虽然叶片上振动应力一般较小,但其具有较高的频率,会引起高循环疲劳损伤;同时考虑低循环疲劳损伤的影响,一种基于线性损伤累积的寿命预测模型为[29]

$$D = D_{\mathrm{LCF}} + D_{\mathrm{HCF}} \tag{5.69}$$

其中,D 为叶片的总损伤;D_{LCF}、D_{HCF} 分别为低循环疲劳损伤和高循环疲劳损伤。总损伤达到 1 代表叶片发生断裂失效。

一定循环数下的高循环疲劳损伤为

$$D_{\mathrm{HCF}} = \sum \frac{N_i}{N_{\mathrm{HCF}i}} \tag{5.70}$$

其中,N_i、$N_{\mathrm{HCF}i}$ 分别为叶片振动应力的循环数和对应载荷下的高循环疲劳寿命,可通过材料手册中的 S－N 曲线获得[30]。

同理,也可以结合应变-寿命曲线,得到线性损伤模型中的低循环疲劳损伤。

5.5.4 振动特性分析

压气机叶片在工作过程中会受到气流的激振,为防止其产生较大振动,需要对其进行振动设计。在振动设计中,首先需要计算叶片在不同转速下的固有频率,其次利用 Campbell 图判断此时叶片是否会发生共振,若有共振的风险,则需要采取一定的阻尼减振措施。

1. 叶片固有频率计算

叶片在不同转速下的固有频率是后期 Campbell 分析的输入条件,其计算方法主要可以分为解析方法和数值方法两种。

在利用解析方法求解叶片固有频率时,首先要将叶片简化为悬臂梁,其次联立梁的几何、物理、平衡方程,求解即可得到叶片不同阶数的固有频率,称之为叶片的静频。若将叶片进一步简化为等截面梁,可以通过解析方法得到其各阶固有频率如下:

$$f_1 = \frac{1.12}{l^2} \sqrt{\frac{EI}{\rho A}} \tag{5.71}$$

$$f_1 : f_2 : f_3 = 1 : 6.3 : 17.5 \tag{5.72}$$

其中,f_1、f_2、f_3 为第一、二、三阶固有频率;E 为材料的弹性模量;I 为截面的极惯性矩;A 为截面积;ρ 为密度。

考虑到不同转速下叶片的离心力对固有频率有一定影响,在叶片的静频的基础上还要进行动频修正,其表达式如下:

$$f_d^2 = f_0^2 + Bn^2 \tag{5.73}$$

其中,f_d 为叶片考虑离心力作用时的动频;f_0 为叶片不考虑离心力时的固有频率;B 为动频修正系数;n 为转速[31]。

解析方法对叶片的几何结构进行了较大的简化,使得其计算结果与真实情况相差较大。有限元方法保留了叶片原有几何结构,同时通过数值方法计算结构的模态和固有频率,具有较高精度。叶片各节点的自由振动方程如下[32]:

$$M\ddot{\delta}^e + K\delta^e = 0 \tag{5.74}$$

其中,M 为结构质量矩阵;δ^e 为节点位移矩阵;$\ddot{\delta}^e$ 为节点加速度矩阵;K 为结构刚度矩阵。

假设节点位移为简谐振动的叠加,从而得到结构的特征方程:

$$| M\omega^2 + K | = 0 \tag{5.75}$$

通过求解式(5.75),可以得到叶片在不同转速下的固有频率,从而可以判断是否会发生共振。有限元方法还可以考虑轮盘较薄、刚性较差时的叶盘耦合振动,图 5.47 为有限元方法计算得到的叶盘耦合振动的应力分布云图,可以发现此时的应力最大部位位于叶冠处;而若针对单个叶片进行分析,应力最大部位一般位于榫齿处。

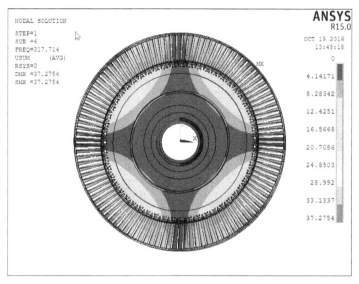

图 5.47   叶盘耦合振动应力分布云图

2. 绘制 Campbell 图

在工程中,常采用 Campbell 图判断压气机叶片是否会发生共振[31]。如图 5.48 所示,蓝线代表激振力频率,黑线代表叶片不同阶数的固有频率,当两条曲线相交时,代表该转速下可能会发生共振。

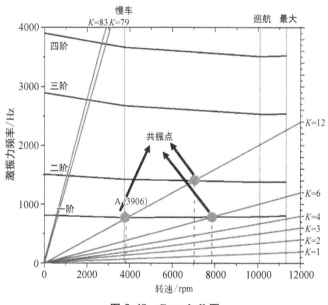

图 5.48   Campbell 图

若通过 Campbell 图判断叶片在某转速下可能会发生共振,则可以采取一定的阻尼减振措施。叶片带箍环是另一种减振措施,可以使叶片之间产生相互的约束,增加其整体的刚性,从而调节固有频率,实现减振。

5.6 本 章 小 结

本章以涡喷发动机为例,简要介绍了航空燃气涡轮发动机设计中的核心内容——总体性能设计、总体结构设计和部件设计。

在总体性能设计中,首先选取发动机设计点热力循环参数,设计点热力循环参数确定后,发动机在设计点的推力、耗油率等性能就得到确定;其次依次开展流路尺寸设计、质量估算、非设计点性能计算;最后将得到的流路尺寸、质量、高度与速度特性和无人机的特性进行匹配,通过反复迭代得到最优设计。

总体性能设计需要依赖具体机械结构实现。开展涡喷发动机总体结构设计,需要依赖已有的设计经验,结合力学解析方法及数值方法,确定转子结构形式、支承方案、支承结构及承力系统,从而实现转子系统上刚度与质量的合理分布,进而保证发动机工作过程中不会发生较大振动。

部件设计以总体性能设计和总体结构设计结果为输入,本章以压气机叶片为例,具体介绍了叶片的气动设计、静强度设计、寿命预测和振动特性分析。压气机叶片气动设计中,基于速度三角形进行叶型设计,并利用 CFD 进行验证;叶片静强度设计通过计算叶片中的最大应力,判断结构是否满足失效准则;寿命预测考虑了低循环疲劳失效及高低周复合疲劳失效,基于雨流计数法及寿命预测模型计算叶片寿命;振动特性分析通过解析方法或数值方法计算叶片振动频率和振动应力,避免共振对叶片的损伤。

航空燃气涡轮发动机的设计过程是一个追求整体性能最优的过程,需要总体性能设计、总体结构设计及部件设计等的不断迭代,不能片面追求某一方面性能或某个部件性能最优,一台性能优异的发动机是从总体到部件相互约束、平衡的结果。

习 题

1. 衡量涡喷发动机性能的指标有哪些? 衡量部件设计水平的性能指标有哪些?

2. 在涡喷发动机中,哪些部件受到向前的轴向力? 哪些部件受到向后的轴向力?

3. 简述什么是发动机的速度特性和高度特性。

4. 在总体性能设计中,涡喷发动机的单位推力和耗油率与哪些热力循环参数相关? 试用公式说明。

5. 说明使用推力计算公式 $F = W_a(v_9 - v_0)$ 时,作了哪些假设条件。

6. 简述涡喷发动机转子系统支承方案设计的原则。

7. 发动机转子系统中,盘式转子有哪些优势?

8. 画出涡喷发动机涡轮叶片的进出口速度三角形,并分析其能量传递的方向。

9. 写出叶片静强度设计中的失效准则。

参 考 文 献

［ 1 ］ GUSTON B. World encyclopedia of aero engines：from the pioneers to the present day. 5th ed. Stroud：Sutton Publishing，2006.

［ 2 ］ KAY A L. German jet engine and gas turbine development 1930—1945. Ramsbury：The Crowood Press，2002.

［ 3 ］ KAY A L. Turbojet history and development 1930－1960，volume 2：USSR，USA，Japan，France，Canada，Sweden，Switzerland，Italy and Hungary. Ramsbury：The Crowood Press，2007.

［ 4 ］《航空发动机设计手册》总编委会.航空发动机设计手册　第 5 册：涡喷及涡扇发动机总体.北京：航空工业出版社,2001.

［ 5 ］ 潘锦珊,单鹏.气体动力学基础.北京：国防工业出版社,2011.

［ 6 ］ 朱之丽,陈敏,唐海龙,等.航空燃气涡轮发动机工作原理及性能.上海：上海交通大学出版社,2014.

［ 7 ］ 姜健.飞机推进原理.北京：航空工业出版社,2018.

［ 8 ］ 廉筱纯,吴虎.航空发动机原理.西安：西北工业大学出版社,2005.

［ 9 ］ 廉小纯,吴虎.航空燃气轮机原理(下册).北京：国防工业出版社,2001.

［10］ 沈维道,郑佩芝,蒋淡安.工程热力学(第二版).北京：高等教育出版社,1983.

［11］ 陈大光,张津.飞机-发动机性能匹配与优化.北京：北京航空航天大学出版社,1990.

［12］ 彭泽琰.航空燃气轮机原理.北京：国防工业出版社,2008.

［13］ 黄勇,林宇震,樊未军,等.燃烧与燃烧室.北京：北京航空航天大学出版社,2009.

［14］ 林宇震,许全宏,刘高恩,等.燃气轮机燃烧室.北京：国防工业出版社,2008.

［15］ 洪杰,马艳红,张大义.航空燃气轮机总体结构设计与动力学分析.北京：北京航空航天大学出版社,2014.

［16］ 闫晓军.典型航空发动机结构对比与分析.北京：北京航空航天大学出版社,2011.

［17］ 王延荣,李其汉.航空发动机结构强度设计问题.上海：上海交通大学出版社,2014.

［18］ 陈光.航空发动机结构设计分析.北京：北京航空航天大学出版社,2014.

［19］ 曹妍妍,赵登峰.有限元模态分析理论及其应用.机械工程与自动化,2007,5(1)：73－74.

［20］ 张欢,陈予恕.航空发动机转子系统的动态响应计算.动力学与控制学报,2014,2(1)：36－43.

［21］ 唐金松.《机械设计手册》第 3 版.中国机械工程,2004,(11)：947.

［22］ 艾斯曼,哈斯巴根,韦根特.滚动轴承设计与应用手册.刘家文,译.武昌：华中工学院出版社,1985.

［23］ 曹玉璋.航空发动机传热学.北京：北京航空航天大学出版社,2005.

［24］ 陈光,洪杰,马艳红.航空燃气涡轮发动机结构.北京：北京航空航天大学出版社,2010.

［25］ 舒士甄,朱力,柯玄龄,等.叶轮机械原理.北京：清华大学出版社,1991.

［26］ 张金环,周正贵,周旭.大涵道比风扇叶片气动优化设计.航空动力学报,2017,32(1)：239－247.

［27］ UCHINO K，KAMIYAMA T，INAMURA T，et al. Three-dimensional photoelastic analysis of aeroengine rotary parts// NISIDA M，KAWATA K. Photoelasticity：Proceedings of the International Symposium on Photoelasticity. Tokyo：Springer-Verlag，1986.

［28］ 陈立杰,谢里阳.某低压涡轮工作叶片高温低循环疲劳寿命预测.东北大学学报(自然科学版),2005,26(7)：673－676.

［29］幸杰.基于数值模拟的压气机叶片高低周复合疲劳裂纹萌生行为研究.天津：天津大学,2017.

［30］《航空发动机设计用材料数据手册》编委会.航空发动机设计用材料数据手册(第四册).北京：航空工业出版社,2010.

［31］宋兆泓.航空燃气涡轮发动机强度设计.北京：北京航空学院出版社,1988.

［32］王伟,赖永星,苗同臣,等.振动力学与工程应用.郑州：郑州大学出版社,2008.

第6章
航空电力推进系统原理

学习要点

(1) 掌握全电推进系统、混合推进系统的工作原理及在无人机中的应用情况。

(2) 掌握有刷电机、无刷电机的工作原理和结构特点。

(3) 了解3种混合推进系统(串联式、并联式和混联式)中机械功率、电功率的传输关系。

On the 30th June 1957, Colonel H. J. Taplin of the United Kingdom made the first officially recorded electric powered radio controlled flight with his model "Radio Queen", which used a permanent-magnet motor and a silver-zinc battery.

——History of Solar Flight

1957 年,世界上第一架电力推进无人机 Radio Queen 诞生,该无人机以永磁有刷电机为动力装置、以锌银电池为能源,并由电动机驱动螺旋桨产生拉力[1]。Radio Queen 翼展137 cm,整体机翼面积为 6 250 cm²,翼尖部分采用了带有弧度的弯曲设计[2]。此后,用于无人机的电力推进系统不断成熟,电动机由有刷电机发展为无刷电机,电池也从单一的蓄电池发展出太阳能电池、燃料电池等多种能源形式。相较于采用化石燃料的传统动力系统,电力推进具有可持续、低污染的显著优势,在无人机的未来发展中占据重要地位。

6.1 概　述

　　航空活塞发动机和航空燃气涡轮发动机均以化石燃料为能源,虽然是目前大、中型无人机的主要动力装置,但从人类可持续发展的角度,也面临着严峻挑战:首先,化石燃料燃烧会造成大量碳氧化物与氮氧化物等有害物质的排放,对环境造成极难恢复的有害影响[3];其次,化石燃料为不可再生资源,20 世纪下半叶因石油供应不足而出现过 3 次石油危机,基于化石燃料的推进方式面临能源枯竭的危机;最后,航空活塞发动机、航空燃气涡轮发动机在工作过程中会产生巨大的噪声。

　　航空电力推进是以电能为能量来源,通过将电能转换为机械能以驱动推进装置产生升力或推力的动力系统。电力推进系统具有诸多显著优势:首先,电力推进直接将电能转换为机械能,其对电能的利用率可达 70%[4],与之相比,涡扇发动机对燃料能源的利用率仅有 40%[5];其次,电力推进可以极大缓解航空业对于化石燃料的巨大需求,使航空业进入"可持续"的发展轨道中;再次,电力推进具有环境友好性,电能作为一种绿色能源,可以极大降低碳氧化物与氮氧化物的排放,减少对环境的危害,满足绿色航空的发展需求[4];最后,采用电力推进系统,无人机可以摆脱原有的诸多结构限制,设计出气动效率更高的构型,并降低噪声。

　　电力推进系统目前正在逐步应用于多种无人机中,几乎涵盖了从微型到大型的所有无人机类别。根据能量来源,电力推进系统可以分为全电推进和混合推进两种[6]。全电推进是指无人机的所有动力均由电源提供,没有除电能以外的能源形式。受功率约束,目前全电推进系统主要应用于微型、小型无人机中,大型全电推进无人机主要是轻型、高空太阳能无人机[5]。为了兼顾电力推进和化石燃料推进的优点,同时采用化石燃料和电能两种能源的混合推进系统已经问世,并在无人机中得到了初步应用[7]。

　　本章围绕全电推进、混合推进两种航空电力推进系统,分别介绍动力装置的工作原理、工作系统的特点,以及电力推进系统在无人机中的发展历程。

6.2 全 电 推 进

　　全电推进系统一般由电源、电调、电动机和推进器等组成,如图 6.1 所示。电源为全电推进系统提供能量;电调接收控制端的信号,调节电动机的转速;电动机将电能转换为

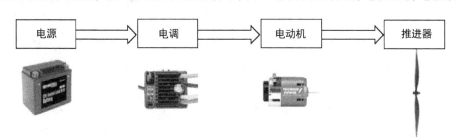

图 6.1　全电推进系统组成

机械能并输出;推进器在电动机的驱动下产生升力或拉力。其中,电源在本书第 2 章中已有介绍,本节首先阐述电动机的工作原理,其次梳理电动机在无人机中的发展历程,最后分别介绍电调及推进器的工作原理和特点。

6.2.1　电动机工作原理

电动机的基本原理是通电导线在磁场中受到安培力的作用,通过一定的结构设计利用安培力产生扭矩,输出旋转运动。无人机全电推进系统主要采用直流电机,根据不同的划分标准,电动机存在多种分类:根据电磁场换向方式的不同,直流电机可以分为有刷电机和无刷电机;根据电动机绕组材料的不同,可以分为普通电机和超导电机。下面依次介绍不同分类电动机的特点及原理,并举例说明其在无人机中的应用。

1. 有刷电机

有刷电机的结构组成如图 6.2 所示,包括定子(也叫静子)、换向器、转子、电刷和线圈等。其中,定子是电机中固定不动的部分,定子上的磁极之间形成固定的磁场;换向器固定在转子上,在工作中随着转子一起旋转;线圈缠绕在转子上,在磁场中切割磁感线;电刷的位置固定不动,其与换向器之间接触,在转子旋转过程中不断转换线圈中的电流方向。

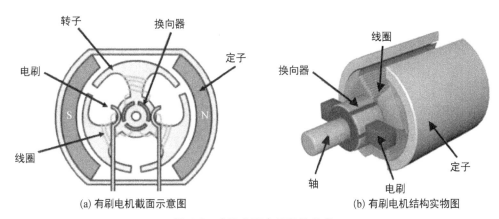

(a) 有刷电机截面示意图　　　　　　　　(b) 有刷电机结构实物图

图 6.2　直流有刷电机结构组成

下面利用图 6.3 中的有刷电机简化模型介绍其工作过程,N、S 为定子磁极;A、B 为电刷;abcd 为线圈绕组,绕组两端分别与两个换向器连接,换向器随绕组转动;从电池流出的电流,始终由电刷 B 流入绕组,然后经电刷 A 流回电池。其工作过程如下:绕组 abcd 通电后在磁场作用下受到安培力作用,一对安培力形成了作用于绕组的一个力矩,这个力矩在电机中称为电磁转矩。如图 6.3(a)所示,从电刷一侧看,转矩为顺时针方向,驱动线圈按顺时针方向转动。当绕组旋转 180°后,两个换向器也旋转 180°,绕组 cd 段旋转到 N 极一侧、ab 段旋转到 S 极一侧,电流由电刷 B 流入,经导体 ab、cd 后从电刷 A 流出,此时在绕组中产生的转矩仍为顺时针方向,如图 6.3(b)所示。在电刷与换向器的共同作用下,绕组中形成方向不变的转矩,使电机能够连续旋转。

有刷电机最显著的特点是采用机械换向,磁极不动、绕组旋转。绕组转动过程

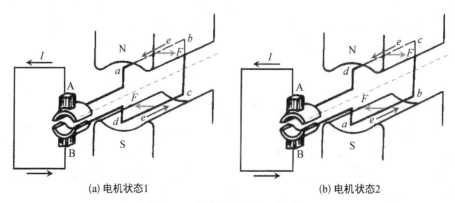

(a) 电机状态1　　　　　　　　　　　(b) 电机状态2

图 6.3　直流有刷电机工作过程

中,电刷与换向器之间存在摩擦,造成电刷损耗、需要定期更换电刷;电刷与绕组之间通断交替,会发生电火花,产生电磁波,干扰电子设备;此外,有刷电机的工作噪声大。目前,有刷电机多应用于成本较低的小型多旋翼无人机中。中国深圳市乐迪电子有限公司推出的 F110S 四旋翼无人机[图 6.4(b)],采用 8520"三石"直流有刷电机[图 6.4(a)],其性能指标如表 6.1 所示。F110S 四旋翼无人机主要用于娱乐,续航时间约 6 min。

(a) 8520"三石"直流有刷电机　　　　　　　(b) F110S四旋翼无人机

图 6.4　有刷电机实例及无人机应用

表 6.1　8520"三石"直流有刷电机性能参数

性 能 指 标	数 值	性 能 指 标	数 值
电压/V	3.6	额定转矩/(N·m)	0.1
高度/mm	20	额定转速/(r/min)	45 000

2. 无刷电机

无刷电机有多种结构类型,图 6.5 中的无刷电机包括转子、永磁铁、定子和线圈等,其中,转子上固定有多组永磁铁;定子固定不动,线圈缠绕在定子上。

无刷电机与有刷电机在结构与原理上类似,都具有定子与转子。两者的区别如图

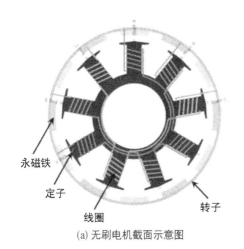
(a) 无刷电机截面示意图

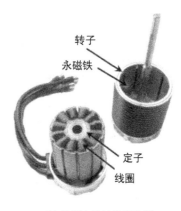
(b) 无刷电机结构实物图

图 6.5　直流无刷电机结构组成

6.6 所示,有刷电机具有电刷和换向器,通过电刷和换向器实现电路控制和磁场换向;无刷电机不再采用换向器和电刷,而是利用位置传感器实现电路控制,进而控制磁场换向。

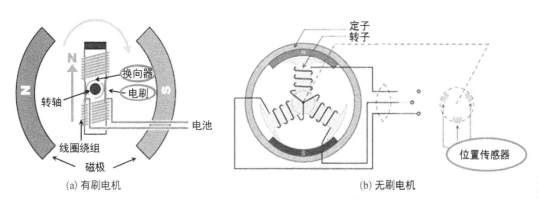

(a) 有刷电机　　　　　　　　　　　　　　　　(b) 无刷电机

图 6.6　有刷电机与无刷电机的区别

　　无刷电机通过控制三相定子绕组的通电顺序来形成旋转磁场,带动转子旋转。如图 6.7 所示,定子上分别有 A、B、C 3 种颜色的线圈,转子上固定有 N 极和 S 极永磁铁。无刷电机采取单相通电的控制方式,如图 6.7(a) 所示,当 A 相通电时,A+线圈磁场形成 S 极,

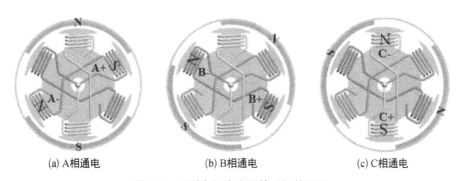

(a) A相通电　　　　　　　(b) B相通电　　　　　　　(c) C相通电

图 6.7　无刷电机产生旋转磁场的原理

A–线圈磁场形成 N 极,吸引转子上的永磁铁转动,使转子沿顺时针方向旋转;当转子转到如图6.7(b)所示位置时,A 相断电,B 相通电,B+线圈磁场形成 S 极,B–线圈磁场形成 N 极,吸引转子上的永磁铁转动,使转子沿顺时针方向旋转;当转子转到如图6.7(c)所示位置时,B 相断电,C 相通电,C+线圈磁场形成 S 极,C–线圈磁场形成 N 极,吸引转子上的永磁铁转动,使转子沿顺时针方向旋转。至此,转子正好旋转半周(即180°),按此规律依次通电,转子即可旋转。

无刷电机何时换相只与转子位置有关,为了检测转子的位置,无刷电机一般会在定子中嵌入霍尔传感器。每当转子磁极经过霍尔传感器附近时,由于霍尔效应,霍尔传感器会发出一个高电平或低电平信号,表示 N 磁极或 S 磁极正经过该传感器。根据霍尔传感器信号的组合,就能决定换向的精确顺序。

霍尔效应:

如果对位于磁场中的导体施加一个电流,该电流的方向垂直于磁场的方向,那么在既与磁场方向垂直又和所施加电流方向垂直的方向上会产生另一个电压,人们将这个电压叫做霍尔电压,产生的这种现象被称为霍尔效应,如图6.8所示。

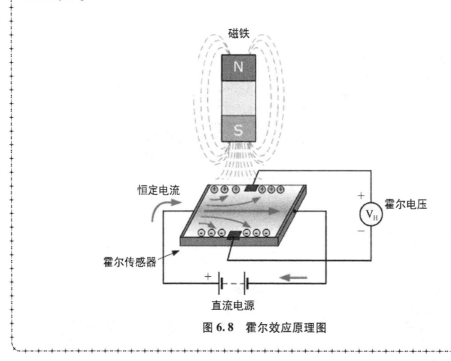

图6.8 霍尔效应原理图

与有刷电机相比,无刷电机由于未采用电刷和换向器,避免了磨损,寿命长;此外,无刷电机结构简单、零部件可精密配合,运行平滑,噪声低;无刷电机还可以实现快速动态响应,具有较高的转速范围。大疆公司"精灵"无人机采用大疆2312直流无刷电机,如图6.9所示,大疆2312直流无刷电机参数见表6.2。

(a) 大疆2312直流无刷电机　　　　　　　　(b) "精灵"无人机

图 6.9　无刷电机实例及无人机应用

表 6.2　大疆 2312 直流无刷电机参数

性　能　指　标	数　　值	性　能　指　标	数　　值
电压/V	14.8	拉力/g	850
质量/g	53	KV 值/[(r/min)/V]	960

3. 超导电机

普通电动机一般采用铜线圈作为绕组材料,而超导电机是指绕组材料为超导材料的电动机。超导材料是在一定的低温条件下电阻等于零的材料,目前已发现有 28 种元素在常温下具有超导性。由于超导材料在低温环境下电阻变为零,线圈在通电工作过程中没有功率损耗;另外,由于导线没有电阻,导线上没有电流大小的限制,超导电机相较于常规电动机体积更小、质量更轻[8]。下面介绍超导电机的结构和特点。

超导电机的结构如图 6.10 所示,主要包括转子超导线圈、电磁屏蔽罩、轴、定子铜线圈和冷却箱等结构。其中,定子铜线圈固定在定子上,产生固定的磁场;转子超导线圈固定在转子上,在旋转过程中切割磁感线;轴固定在转子上,随着转子旋转;冷却箱为转子超导线圈提供低温环境。

超导电机的工作过程如下:转子中的超导线圈通电产生旋转磁场,旋转磁场与定子的固定磁场相互作用,带动转子在磁场中旋转,同时,轴随着转子旋转并输出力矩。在工作过程中,冷却箱需要给转子超

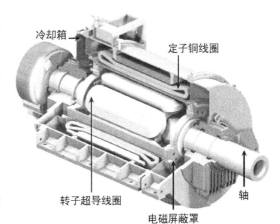

图 6.10　超导电机结构示意图

导线圈降温至超导状态;电磁屏蔽罩需要屏蔽来自外界的电磁干扰,维持电机正常运转。

目前超导电机还存在诸多缺点,如冷却系统成本高、质量大,电机轴承需要耐低温且绝缘,转子不稳定倾向大等,因此尚未成功应用于航空飞行。2017 年,美国 NASA 的格伦研究

中心提出了一个用于飞机的超导电机方案,其目标是设计一个功率为 1.4 MW、功重比为 16 kW/kg 的超导电机,电机计划采用自冷超导转子和无槽定子技术来实现功能目标[9]。

6.2.2 电动机发展历史

电动机是全电推进系统的核心,本节重点围绕电动机探究全电推进系统在无人机中的发展历程。根据电动机的重要技术突破,其历史大致可以划分为两个阶段:有刷电机阶段与无刷电机阶段。

1. 有刷电机阶段(20 世纪 50~80 年代)

这一阶段陆续诞生了多种全电推进无人机,包括英国的 Radio Queen、美国的"超级明星"(Super Star)和美国的 Sunrise Ⅰ 太阳能无人机等,它们的主要技术特点为:均采用直流有刷电机,且受电源制约,电机的功率有限。

1957 年,第一架电动无人机 Radio Queen 诞生于英国[1],如图 6.11 所示。Radio Queen 采用上单翼布局,机翼翼展 2.1 m,采用英国 Electronic Developments Ltd. 的 3.46 ED Hunter diesel 永磁有刷电机。同年,德国首次实现了电动无人机的成功试验,此无人机采用镉镍电池驱动有刷电机。

**图 6.11 Radio Queen,3.46 ED Hunter diesel 永磁有刷电机,
英国 H. J. Taplin,1957 年,航模**

此后,一直到 20 世纪 70 年代,无人机中的电动机都不能实现自主控制。1972 年,世界上第一架采用自主控制电动机的无人机"超级明星"问世,如图 6.12 所示,主体结构主要采用塑料与泡沫,由两块镍镉电池为电动机供电,这款无人机为后续自主飞行电动无人机的发展奠定了基础。

1974 年,美国 Astro Flight Inc. 研制成功了世界上第一架太阳能电动无人机 Sunrise Ⅰ,如图 6.13 所示。该无人机翼展 9.76 m,飞机空重 12.25 kg,机翼和水平尾翼上表面共有 4 096 片硅太阳电池,采用直流有刷电机,在理想阳光照射下能输出 450 W 功率,飞行时间达到 20 min,飞行高度 100 m。

图 6.12　"超级明星"电动无人机,某型有刷电机,美国,1972 年,航模

图 6.13　Sunrise I,某型有刷电机,美国 Astro Flight Inc.,1974 年,科研

2. 无刷电机阶段(20 世纪 80 年代至今)

伴随着无刷电机的问世,采用无刷电机的全电推进系统在无人机、有人飞机中得到了越来越广泛的应用,包括瑞士的"阳光动力"太阳能电动飞机、大疆公司"精灵"电动无人机、美国的 X-57 全电推进飞机等。这一阶段的技术特点主要为:采用无刷电机,电机的噪声和电火花干扰显著降低,效率和功率显著提高。

1978 年,西德 Mannesmann Corporation 首次推出商用永磁无刷电机,得到了快速发展并逐渐取代了有刷电机。2003 年,世界上第一部电动载人飞机适航证书颁给了 Lange Antares 20E[9],如图 6.14 所示,其配有一台功率 42 kW 的直流无刷电动机,采用锂离子电池,该飞机使用充满电的电池可以爬到 3 000 m。此后,波音、空客、NASA 等均开展了全电推进客机的研究,力图通过发展电动飞机提升效率,并降低航空碳排放,如美国 NASA 在全电推进计划下研发的全电推进飞机 X-57[10]（图 6.15），配备 14 个与机翼整合的直流无刷电机,在起飞阶段,14 个电机全部工作、驱动推进装置;到巡航高度后,只有机翼两端的两个引擎运转。

图 6.14　Lange Antares 20E 电动飞机,某型无刷电机,德国 Lange Aviation GmbH,2003 年,载人

图 6.15　X-57 全电推进飞机,某型无刷电机,美国 NASA,2018 年,研究

2010 年,瑞士制造出了世界上第一架昼夜连续飞行的太阳能电动飞机"阳光动力",如图 6.16 所示,其配有 4 台功率 7.35 kW 的直流无刷电动机,采用锂离子电池,飞行时速达到 70 km/h。此后,包括大疆公司在内的多家公司相继推出了采用直流无刷电机的多旋翼无人机,并得到了爆炸式发展。

图 6.16　"阳光动力"太阳能电动飞机,某型无刷电机,瑞士 École
polytechnique fédérale de Lausanne,2010 年,科研

6.2.3　电调

电调全称为电子调速器(electronic speed control，ESC)，主要作用是根据控制信号控制电动机的转速。电调分为有刷电调和无刷电调，其中有刷电调与有刷电机配合工作，而无刷电调与无刷电机配合工作。下面依次介绍有刷电调和无刷电调的结构特点、工作原理和应用情况。

1. 有刷电调

有刷电调用于接收来自控制端的信号，控制有刷电机的转速。图 6.17 和图 6.18 分别给出了有刷电调的实物及示意图，包括 2 根电源输入线，用于连接电池，接收来自电池的电能；2 根电源输出线，用于连接有刷电机，向有刷电机输出电能；信号线用于接收控制端传来的控制信号。

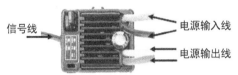

图 6.17　某型多旋翼无人机有刷电调实物图

图 6.18　有刷电调线路连接示意图

有刷电调在接收到控制端的电信号后，调整输出的电流大小，从而控制有刷电机转速的快慢。其控制原理如图 6.19 所示，当有刷电机处于 $0\sim t_1$ 阶段时，电调输出电流恒定，有刷电机转速不变；当有刷电机处于 $t_1\sim t_2$ 阶段时，电调输出电流增大，有刷电机转速增加；当有刷电机处于 $t_2\sim t_3$ 阶段时，电调输出电流减小，有刷电机转速降低。

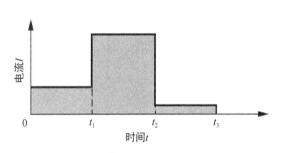

图 6.19　有刷电调的工作原理

有刷电机由于存在诸多缺点，已经慢慢被无刷电机取代，因此与之相匹配的有刷电调目前只在少数小型无人机上使用，如图 6.4 中的 F110S 无人机。

2. 无刷电调

无刷电调将控制端的控制信号进行功率放大，调整输出的占空比，以控制无刷电机转速。图 6.20 和图 6.21 分别给出了无刷电调的实物及示意图，包括 2 根电源输入线，用于

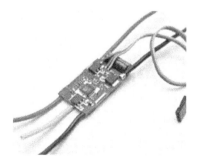

图 6.20　某型多旋翼无人机无刷电调
结构实物图

图 6.21　无刷电调线路连接示意图

连接电池;3根电源输出线,用于连接无刷电机;信号线用于连接控制端,接收来自控制端的信号。

无刷电调通过调节占空比来改变无刷电机转速。在多旋翼无人机中,占空比等于电调等效输出电压与电调输入电压的比值。由于电调实际工作中输入信号的电压值(即电调输入电压)是恒定的,调节占空比大小即可改变电调等效输出电压,进而改变电动机转速。具体而言,占空比越大,电调等效输出电压越大,电动机转速越快,反之亦然。且无论电压为正还是为负,均可通过改变占空比来调整电动机转速。

占空比:

占空比是指在一个脉冲循环内,通电时间相对于总时间所占的比例,也称油门开度。在电调中,占空比的调节是通过脉宽调制技术实现的,图6.22中占空比由上到下分别为5%、50%、80%。通过调节占空比,电调可以达到控制功率输出的目的。

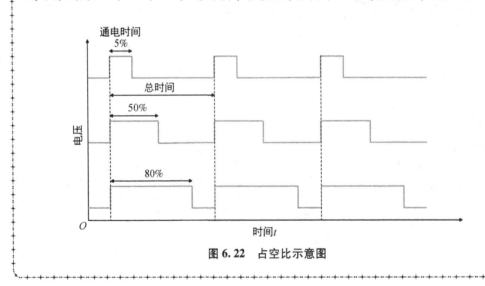

图 6.22　占空比示意图

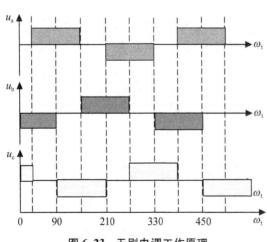

图 6.23　无刷电调工作原理

无刷电调的控制原理:电调接收到控制端发送的脉宽调制控制信号,经过自身的电路进行处理和放大,再送至逆变器各功率管,沿一定次序输出至无刷电机定子上的各个绕组,从而在无刷电机气隙中产生跳跃式旋转磁场。电调的控制方式最常见的为二·二导通式,如图6.23所示,转子每转过60°,电动机的各相均导通120°。

无刷电调可以将直流电转为三相交流电并输出到无刷电机上,在无人机中得到了越来越广泛的应用。图6.24是大疆公司为多旋翼无人机设计的snail动力系统,采用无刷电调,该动力系统适配多款无人机。

6.2.4 推进器

除电动机和电调以外,全电推进系统的正常运行还需要推进器的协同工作。推进器在电动机的驱动下旋转,产生升力或拉力。当前,全电推进的推进器包括螺旋桨、涵道风扇等不同形式,下面依次介绍。

图 6.24 大疆公司 snail 动力系统

1. 螺旋桨

螺旋桨是具有中央桨毂和辐射形桨叶的装置,螺旋桨旋转时产生的升力或拉力来源于两方面:一方面为翼型产生的升力,从螺旋桨的翼型剖面看,上、下表面不对称,根据伯努利定理,旋转过程中的气流流过螺旋桨时,下表面受到向上的压力比上表面受到向下的压力要大,该压力差即翼型产生的升力;另一方面为气动升力,螺旋桨的截面与旋转平面呈一定角度,旋转时螺旋桨将空气压缩,被压缩的空气气动压力大于大气压力,该压力差即气动升力[11]。

伯努利定理:

不可压、理想流体沿流管作定常流动时,若流动速度增加,流体的静压将减小;反之,流动速度减小,流体的静压将增加,如图 6.25 所示。但是流体的静压和动压之和,称为总压,将保持不变。对于气体而言,伯努利方程为

$$p + p_b = \text{const}$$

$$p_b = \frac{\rho v^2}{2}$$

式中,p 为流体中某点的静压;p_b 为流体中该点的动压;v 为流体中该点的流速;ρ 为流体的密度;const 为一个常量。

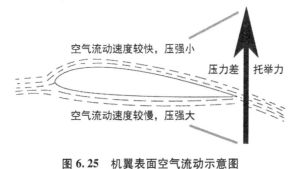

空气流动速度较快,压强小

压力差 托举力

空气流动速度较慢,压强大

图 6.25 机翼表面空气流动示意图

对于采用固定翼的无人机而言,电动机驱动螺旋桨提供拉力,由固定翼产生升力,如图 6.26(a)所示;而对于多旋翼无人机而言,螺旋桨作为旋翼直接产生升力,如图 6.26

(a)"天途SP-09北极鸥"无人机,3520无刷电机,中国北方天途航空
技术发展(北京)有限公司,2017年,航测

(b)"Parrot Bluegrass"无人机,某型无刷电机,法国Parrot Drones SAS,
2017年,航测

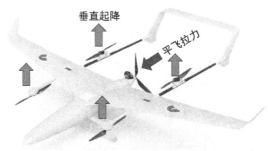

(c)"Volanti"无人机,某型无刷电机,澳大利亚Carbonicboats Pty Ltd.,
2017年,运输

图6.26 采用螺旋桨的全电推进无人机

**图6.27 微小型涵道
风扇无人机,某型无刷
电机,中国航天二院,
2018年,多用途**

(b)所示,可实现无人机的垂直起降。此外,目前还出现了混合垂直起降固定翼无人机,如图6.26(c)所示,在起飞阶段由4个旋翼提供升力,升空后旋翼停止工作,由尾部的螺旋桨提供拉力。

2. 涵道风扇

涵道风扇是在自由螺旋桨外围设置涵道的一种推进装置。螺旋桨的桨叶在做高速圆周运动时,叶尖处速度最高,导致诱导阻力较大,对外界气流产生冲击,造成噪声大、效率低。而涵道风扇中,由于叶尖处受涵道限制,冲击噪声减小,诱导阻力减小,效率较高。

图6.27为中国航天科工集团第二研究院(简称航天二院)设计的电动涵道无人机,采用涵道风扇产生推力,该无人机

长度 180 mm,涵道直径 76 mm,质量 280 g,飞行时间 8 min。

6.3　混　合　推　进

采用全电推进技术,可以降低碳排放、满足绿色航空的发展需求;但由于目前电池的能量密度远低于化石燃料,全电推进难以满足大型无人机的动力需求,而对于中型无人机而言,全电推进的续航时间有限。在此背景下,介于全电推进与传统燃油推进之间的混合推进系统应运而生。混合推进系统利用两种或两种以上的能源协同工作,现阶段无人机采用的混合推进系统主要为油电混合推进系统[12,13]。

6.3.1　工作原理

根据混合推进的连接形式,混合推进系统可以分为串联式、并联式与混联式 3 种[14]。下面依次介绍其工作原理。

1. 串联式

串联式混合推进系统的原理及组成如图 6.28 所示,该系统组成包括燃料、发动机、发电机、储存电能的储能装置和电动机等[6]。其中,发动机可以是航空活塞发动机或航空燃气涡轮发动机;电动机可以布置多个,同时驱动多个螺旋桨、风扇等功率输出装置。串联式混合推进系统工作过程中,油箱为发动机提供燃料;发动机工作输出功率并带动发电机工作;发电机输出的电能可以直接驱动电动机,多余电能也可以在电池、电容等储能系统中储备起来;最后,电动机驱动螺旋桨等功率输出装置,产生升力或推力[15]。

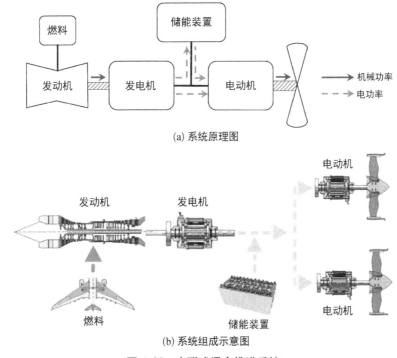

(a) 系统原理图

(b) 系统组成示意图

图 6.28　串联式混合推进系统

　　串联式混合推进系统的主要特征是发动机不直接驱动功率输出装置,避免了发动机轴与螺旋桨等功率输出装置的驱动轴直接相连,确保无论发动机在何种飞行条件下工作,驱动轴都可以在最佳的转矩和转速范围内工作;同时可以保护发动机轴,延长发动机的使用寿命。但由于发动机输出的功率要先带动发电机发电,随后才能将电能转换为机械能带动螺旋桨等旋转,串联式混合推进系统的整体机械效率较低;且为了满足功率要求,动力系统质量增加。

　　由中国汇星海科技(天津)有限公司研发的 GAIA 160HY 无人机采用了 H2 串联式混合推进系统,如图 6.29 所示。H2 推进系统由活塞发动机驱动发电机,直接输出直流电为电动机提供电能,其具体指标如表 6.3 所示。借助 H2 推进系统,GAIA 160HY 无人机起飞质量达到 19.5 kg,最长续航时间为 5 h,其使用成本、续航能力、使用便捷性、环境适应性等方面远远超出锂离子电池[16]。

(a) H2串联式混合推进系统　　　　　　　　(b) GAIA 160HY无人机

图 6.29　串联式混合推进系统实例及其应用

表 6.3　H2 油电混合推进系统性能参数

性　能　指　标	数　值	性　能　指　标	数　值
质量/kg	5.2	耗油率/[g/(kW·h)]	750
尺寸/(mm×mm×mm)	260×312×325	功率/kW	2

2. 并联式

　　并联式混合推进系统将机械功率和电功率以并联的方式组合在一起,从而使得机械功率和电功率发挥各自的性能优势,进一步拥有更好的燃油经济性与动力性能。根据动力系统中发动机与电动机是否共用传动装置,并联式混合推进系统可以分为独立传动装置混合推进系统与共同传动装置混合推进系统两种。

　　独立传动装置混合推进系统的原理及组成如图 6.30 所示,发动机与电动机并联,且相互独立。系统工作时,发动机输出的功率只用于驱动特定的螺旋桨,不会影响其他的螺旋桨;同样电动机也只驱动特定的螺旋桨,不会影响由发动机驱动的螺旋桨。在低速小功率运行时可以关闭发动机,利用电动机进行驱动;在中高速平稳运行时,可以只利用发动机进行驱动[17-19]。

　　独立传动装置混合推进系统的特点体现在:发动机不为电动机供电,电动机具有单独的供电系统,因此整个系统具有良好的燃油经济性。但由于发动机不为电动机供电,电

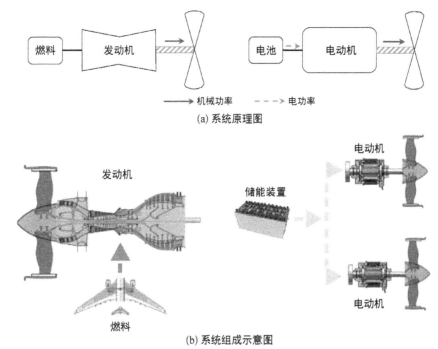

(a) 系统原理图

(b) 系统组成示意图

图 6.30　独立传动装置混合推进系统

动机的动力电池需要单独充电,极大地限制了无人机的续航时间与航程。2016 年 11 月在珠海航展亮相的猎鹰 LY - 20 涵道式垂直起降无人机,采用独立传动装置混合推进系统,如图 6.31(b) 所示。在该推进系统中,由 RS 256 活塞发动机[图 6.31(a),性能参数见表 6.4]驱动涵道中心的旋翼,提供主要动力;电动机驱动外围的小旋翼,提供补充动力同时负责姿态调节[20]。

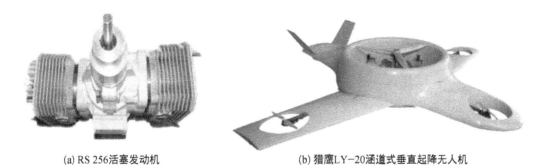

(a) RS 256 活塞发动机　　　　　　　(b) 猎鹰LY-20涵道式垂直起降无人机

图 6.31　独立传动装置混合推进系统应用实例

表 6.4　RS 256 活塞发动机性能参数

性 能 指 标	数 值	性 能 指 标	数 值
质量/kg	15	耗油率/[g/(kW·h)]	—
尺寸/(mm×mm×mm)	—	功率/kW	17.6

共同传动装置混合推进系统的原理及组成如图 6.32 所示,与上一种方案的区别在于,发动机与电动机通过传动装置共同驱动同一个功率输出装置;同时,发动机产生的一部分能量经发电机产生电能储存在储能装置中。发动机一直在最佳工况点附近运行,若发动机产生的功率较小,电动机用来提供不足的功率;当发动机输出功率大于飞行所需时,电动机作为发电机运行吸收多余能量,并储存于电池、电容等储能装置中。

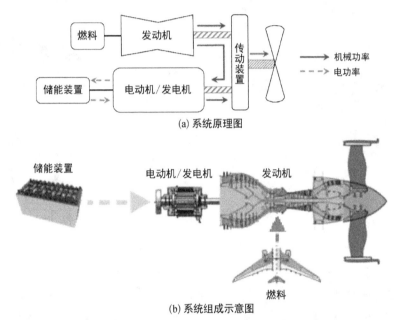

(a) 系统原理图

(b) 系统组成示意图

图 6.32　共同传动装置混合推进系统

共同传动装置混合推进系统的特点体现在:系统效率较高,燃油消耗也较少;但发动机通过传动装置直接与功率输出装置连接,限制了效率的进一步提高。图 6.33 中由英国剑桥大学设计的轻型飞机 Alatus,采用并联式共同传动装置混合推进系统。

图 6.33　剑桥大学混合推进飞机 Alatus

3. 混联式

混联式混合推进系统的原理及组成如图 6.34 所示,与串联式、并联式混合推进系统相比,混联式混合推进系统包含的部件类型基本相同,其显著特征是发动机不只带动发电机工作,还会直接驱动螺旋桨等功率输出装置。

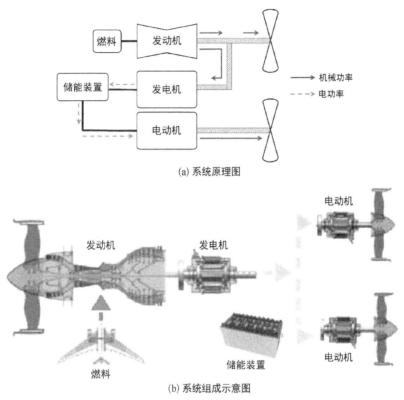

(a) 系统原理图

(b) 系统组成示意图

图 6.34　混联式混合推进系统

混联式混合推进系统在工作时,可以根据无人机服役环境的变化采用多种能量协调的方式。在爬升、降落需要大额功率时,发动机与电动机可采用并联方式同时提供功率;巡航时,可以采用串联方式,发动机运转驱动发电机为电动机提供电能,仅由电动机带动螺旋桨产生升力,也可以由发动机产生的一部分功率驱动螺旋桨产生升力或推力,另一部分功率带动发电机发电产生电能储存至储能装置。

混联式混合推进系统综合了串联式和并联式混合推进系统的优点,能够使得电动机、发动机、发电机等部件始终处于最优状态下运转。同时,这种系统效率较高,燃油消耗也较少。此外,采用混联式混合推进系统的无人机,若在执行任务时使用电动机提供动力,可大大降低无人机的噪声和热信号,从而提升无人机的隐身性能;在不执行任务时(如往返途中)采用发动机提供动力,又可以提高其续航能力[20]。但是,混联式混合推进系统结构复杂、质量大、设计成本高,难以实现无人机轻量化与混联式混合推进系统的协调,目前尚未成功应用于无人机中。

6.3.2　发展历史

混合推进系统至今已有 100 多年历史,早期主要被用于汽车中。由于集成了燃油推进及电力推进系统,混合推进系统质量大、效率低,直到进入21世纪以后,改进、优化后的混合推进系统才开始成功应用于航空飞行器中,并成为极具发展潜力的无人机动力形式。本节按照时间顺序,分萌芽发展期、快速发展期两个阶段,依次阐述混合推进在无人机中的发展。

1. 萌芽发展期(20世纪末~21世纪初)

混合推进系统诞生于19世纪末,最早被应用于汽车领域。20世纪末、21世纪初,随着传统石油资源的日渐匮乏与航空业绿色发展的迫切需要,混合推进开始进入航空领域,如DA36 E-Star与剑桥大学研制的混合推进飞机Alatus。这一阶段,混合推进系统的主要技术特点为:混合推进形式复杂度小,系统的能量转换效率低。

2011年,第一架混合推进飞机问世,德国Siemens AG、奥地利Diamond Aircraft Industries和欧洲European Aeronautic Defence and Space Company联合推出了一款轻型飞机DA36 E-Star[21],如图6.35所示。该飞机采用串联式油电混合推进系统,包括一台功率70 kW的电动机和一台功率30 kW的汪克尔活塞发动机。工作过程中,活塞发动机输出功率驱动发电机,并将电能储存于电池中。DA36 E-Star经济性好、效率高、污染物排放少,与传统飞机相比,它的油耗和排放都降低了25%;但因为该混合推进系统能量转换效率不高,所以未能得到广泛推广。

图6.35 第一架混合推进飞机DA36 E-Star

认识到串联式混合推进系统的弊端之后,并联式混合推进系统很快被用于航空飞行器中。2012年,英国剑桥大学成功研制出了世界上第一架并联式混合推进飞机,如图6.36所示,这架飞机为单座轻型飞机,配备一台四冲程的活塞发动机、一台电动机及锂离子电池。在起飞阶段,发动机和电动机同时工作以满足起飞所需的动力需求;当到达巡航高度,电动机切换至发电模式,为蓄电池充电,或切换至引擎辅助模式以节省燃料,该飞机较同类型飞机能够节省约30%的燃料[22]。

2. 快速发展期(21世纪初至今)

这一阶段,世界各国成功研制了多种混合推进无人机,涵盖了微型、中型、大型无人机,包括LY-33、"神速"(Greased Lightning)等。这一阶段的混合推进系统技术特点为:串联式、并联式混合推进系统日渐完善,混联式混合推进系统得到发展,噪声、燃油消耗等性能显著改善。

美国兰利研究中心(Langley Research Center)于2014年研发的"神速"大型无人机,采用油电混合推进,可以实现垂直起降和悬停,如图6.37所示。该无人机采用倾转机翼与

图 6.36　第一架并联式混合推进飞机

倾转尾翼的气动布局,机翼上安装 8 个推进器、尾翼上安装 2 个推进器,每个推进器都由 2 部微型燃料发动机、高级发电机和锂离子电池构成[23]。

图 6.37　"神速"(Greased Lightning)无人机,油电混合推进,
美国 Langley Research Center,2014 年,多用途

北京猎鹰无人机科技有限公司于 2017 年发布的 LY-33 无人机,采用并联式油电混合推进系统[24],如图 6.38 所示。在起飞和降落阶段,由电池供电的电动机驱动 4 个

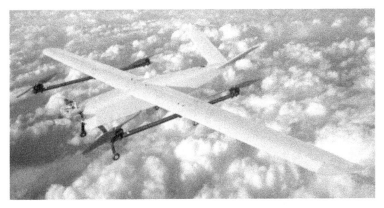

图 6.38　LY-33 无人机,并联式混合推进系统,北京猎鹰无人机科技
有限公司,2017 年,航测

旋翼实现垂直起降,到达设定飞行高度后,电动机停止工作,汽油活塞发动机驱动螺旋桨旋转。凭借混合推进系统的优势,LY-33 无人机的续航时间达到 260 min。

图 6.39　N3-X

NASA 于 2008 年曾对未来民用航空的燃油消耗、噪声控制与污染排放等性能指标提出要求,其中目标于 2030 年实现民用飞行器 71 dB 的噪声减少,接近 80% 的污染物排放减少和接近 70% 的燃油消耗减少[25,26]。针对此发展目标,出现了诸如 N3-X、SUGAR Volt 等概念飞行器。NASA 与美国 General Electric Company 合作推出的未来大型商用客机 N3-X,采用串联式混合推进系统,如图 6.39 所示,N3-X 在两个翼尖各装有一台涡轴发动机,两台涡轴发动机驱动发电机产生共计

30 MW 电能,然后通过电动机驱动嵌入机身、均匀分布的 14 台电动风扇,以产生 426.9 kN 的目标推力[27]。

SUGAR Volt 是美国 The Boeing Company 提出的一款混合推进概念飞行器,如图 6.40 所示。SUGAR Volt 使用两台涡扇发动机,装配有能量密度为 750 Wh/kg 的电池,电机功率可达 5.3 MW。在起飞时涡扇发动机提供推力,飞机巡航时改为电机运转产生动力。这样的混合推进设计可以极大地满足 NASA 对于燃油消耗、噪声控制与污染排放等性能指标的要求。

图 6.40　SUGAR Volt

6.3.3　储能系统

储能系统用于储存电能,主要由蓄电池组及其汇流装置组成。储能系统既可以作为整个混合推进系统中电动机的主要能量来源,也可以作为辅助系统为动力系统储备能源。

对于小型混合推进无人机,储能系统如蓄电池可以直接作为电动机的主能量来源;而对于大型混合推进无人机,其主要能量来源为发动机驱动的发电机。储能系统能够在无人机需要较大推进功率时(如起飞爬升阶段)提供额外功率,从而起到功率调配的作用,使得发动机能够始终在最佳工作点附近高效运行。与此同时,在巡航阶段,储能设备可以

将发动机产生的额外能量储存起来,供后续使用。

由中国深圳市艾特航空科技股份有限公司研发出的 AT-1290 无人机[图 6.41(b)],采用油电混合推进系统,配备 1.8 L 燃料油箱,采用 6S/18 000 mA·h 聚合物锂离子电池[图 6.41(a)]作为储能系统,该储能系统具有容量高、稳定、电芯工艺先进等优点。借助上述混合推进系统,AT-1290 无人机最大飞行时间达到了 120 min。

(a) 6S/18 000 mA·h聚合物锂离子电池

(b) AT-1290油电混合推进无人机

图 6.41　AT-1290 油电混合推进无人机及其储能系统

6.3.4　能量控制系统

混合推进系统的正常运行依赖于发动机、发电机、电动机、储能装置等的协同工作,此外,对各部分之间的能量进行协调、管理的能量控制系统也具有重要作用。无人机混合推进系统中控制能量分配,协调电池、发电机、发动机等部件工作的控制系统称为能量控制系统,是无人机混合推进系统中的核心工作系统之一。

以最为复杂的混联式混合推进系统为例,飞行器的每一次飞行可简单划分为爬升、巡航、降落 3 个阶段。爬升时,飞行器需要较大的功率以实现起飞,此时,发电机全额运转产生的电能可能仍不能满足飞行器的功率需求,能量控制系统将电池中储备的电能用于驱动电动机,为飞行器爬升提供功率。进入巡航阶段,飞行器需要的功率趋于稳定,能量控制系统协调各部件的能量分配,将发电机运转产生的一部分电能用于巡航飞行,另一部分电能储存到电池中。降落时,飞行器同样需要较大的功率,但不超过发电机所发出的电量。飞行器平稳降落之后,储能系统中储满能量,为下一次飞行做好能量准备。

某型油光混合推进系统中的能量控制系统如图 6.42(a)所示,油光混合推进的能量来源为化石燃料与太阳能,二者协同工作为无人机提供动力[28],如图 6.42(b)所示。图 6.42(a)中能量控制系统通过转速、扭矩等传感器捕捉无人机运转动态,并根据事先设置好的能量控制策略对无人机的能量分配进行控制,以使得无人机运转达到最佳状态与最经济能量消耗。

(a) 太阳能电池板及能量控制系统　　　(b) 某型油光混合推进无人机模型

图 6.42　某型油光混合推进无人机及其能量控制系统

6.4　本章小结

　　全电推进以电能作为唯一能量来源,通过推进装置将电能转换为机械能以产生推力或升力。目前,采用全电推进系统的无人机中,微型、小型和中型无人机多以蓄电池为能源,而实现成功飞行的大型无人机主要基于太阳能电池;此外,全电推进目前主要采用直流无刷电机,并主要以螺旋桨为功率输出装置,当螺旋桨作为旋翼时可直接提供升力,而其与固定翼配合时则提供推力。

　　混合推进系统介于全电推进与燃油推进之间,包括发动机、发电机、电动机及电池等储能装置等。在不同的布局形式中,发动机输出功率可直接驱动螺旋桨,也可驱动发电机产生电能储存于电池中。混合推进系统弥补了燃油推进能源消耗大、噪声大与全电推进暂时难以应用于大型无人机的缺陷,兼具低排放、低噪声、长航时等优点,在无人机电力推进领域占据越来越重要的地位,俨然成为无人机电力推进发展的一个重要方向。

习　　题

1. 与其他动力装置相比,电动机有哪些优势?
2. 除本章介绍的电动机结构外,电动机还有没有其他结构形式?
3. 简述有刷电机、无刷电机的换向原理。
4. 无刷电调的技术瓶颈是什么?
5. 超导电机目前存在哪些技术缺陷?
6. 全电推进的推进器有哪些类型?
7. 简要总结3种混合推进系统的区别。
8. 除油电混合推进系统外,还有哪些混合推进系统?

9. 实现大型飞行器的全电推进需要克服哪些关键技术难点?

10. 总结混合推进系统中能量控制系统的控制原理。

参 考 文 献

[1] NOTH A, SIEGWART R, ENGEL W. Design of solar powered airplanes for continuous flight. Lausanne: Ecole Polytechnique Fédérale de Lausanne, 2008.

[2] BOUCHER R. History of solar flight. Cincinnati: 20th Joint Propulsion Conference, 1984: 1429.

[3] 刘志逊,刘珍奇,黄文辉. 中国化石燃料环境污染治理重点及措施. 资源与产业,2005,7(5): 49 − 52.

[4] 黄俊,杨凤田. 新能源电动飞机发展与挑战. 航空学报,2016,37(1): 57 − 68.

[5] 张小伟. 面向 2030 年的分布式混合电推进技术. 北京:第二届中国航空科学技术大会,2015: 330 − 334.

[6] FELDER J L. NASA electric propulsion system studies. Cleveland: 5th EnergyTech 2015, 2015.

[7] CHEN H, KHALIGH A. Hybrid energy storage system for unmanned aerial vehicle (UAV). Glendale: IECON 2010 − 36th Annual Conference on IEEE Industrial Electronics Society, 2010: 2851 − 2856.

[8] HARAN K S, KALSI S, ARNDT T, et al. High power density superconducting rotating machines— development status and technology roadmap. Superconductor Science and Technology, 2017, 30 (12): 123002.

[9] RATHKE P, KALLO J, SCHIRMER J, et al. Antares DLR − H2 − Flying test bed for development of aircraft fuel cell systems. ECS Transactions, 2013, 51(1): 229 − 241.

[10] NASA. NASA Armstrong fact sheet: NASA X − 57 Maxwell. (2018 − 09 − 14)[2019 − 06 − 05]. https: //www. nasa. gov/centers/armstrong/news/FactSheets/FS − 109. html.

[11] 万佳,刘洪,王福新. 多旋翼无人飞行器必要建模因素. 北京航空航天大学学报,2017,43(6): 1072 − 1079.

[12] LEE B, PARK P, KIM C, et al. Power managements of a hybrid electric propulsion system for UAVs. Journal of Mechanical Science & Technology, 2012, 26(8): 2291 − 2299.

[13] OZDEMIR U, AKTAS Y O, VURUSKAN A, et al. Design of a commercial hybrid VTOL UAV system. Journal of Intelligent & Robotic Systems, 2014, 74(1/2): 371 − 393.

[14] MERICAL K, BEECHNER T, YELVINGTON P. Hybrid-electric, heavy-fuel propulsion system for small unmanned aircraft. SAE International Journal of Aerospace, 2014, 7(1): 126 − 134.

[15] HUNG J Y, GONZALEZ L F. On parallel hybrid-electric propulsion system for unmanned aerial vehicles. Progress in Aerospace Sciences, 2012, 51(51): 1 − 17.

[16] 瑞深航空动力. H2. (2017 − 12 − 17)[2019 − 06 − 13]. http://www. richenpower. com/ products/rs24/.

[17] ROBERGE V, TARBOUCHI M, ALLAIRE F. Parallel hybrid metaheuristic on shared memory system for real-time UAV path planning. International Journal of Computational Intelligence & Applications, 2014, 13(2): 1450008 − 1450010.

[18] HARMON F G, FRANK A A, JOSHI S S. The control of a parallel hybrid-electric propulsion system for a small unmanned aerial vehicle using a CMAC neural network. Neural Networks, 2005, 18(5/6): 772 − 780.

［19］HARMON F G. Neural network control of a parallel hybrid-electric propulsion system for a small unmanned aerial vehicle. Davis：University of California at Davis，2005.

［20］FAHLSTROM P，GLEASON T. Introduction to UAV systems. Chichester：John Wiley & Sons，2012.

［21］FRIEDRICH C， ROBERTSON P A. Hybrid-electric propulsion for automotive and aviation applications. CEAS Aeronautical Journal，2015，6(2)：279－290.

［22］SIGLER D. A hybrid motorized ultralight sailplane. (2014－12－24)［2019－06－15］. http：// cafe. foundation/blog/hybrid-motorized-ultralight-sailplane/.

［23］ROTHHAAR P M，MURPHY P C，BACON B J，et al. NASA Langley distributed propulsion vtol tiltwing aircraft testing，modeling，simulation，control，and flight test development. Atlanta：14th AIAA Aviation Technology，Integration，and Operations Conference，2014：2999.

［24］FACCON. LY－33垂直起降固定翼无人机(油电混合动力). (2017－09－28)［2019－06－22］. http：//www. faccon. cn/t_class/show－2194. html.

［25］孔祥浩,张卓然,陆嘉伟.分布式电推进飞机电力系统研究综述.航空学报,2018,39(1)：46－62.

［26］BRADLEY M K，DRONEY C K. Subsonic ultra green aircraft research. Huntington Beach：Boeing Research and Technology，2011.

［27］KIM H D，FELDER J L，TONG M T，et al. Turboelectric distributed propulsion benefits on the N3－X vehicle. Aircraft Engineering & Aerospace Technology，2014，86(6)：558－561.

［28］刘文戣.多动力源固定翼无人飞行器的动力匹配与控制策略研究.长春：吉林大学,2017.

第7章
航空电力推进系统设计

学习要点

（1）理解多旋翼无人机的飞行原理。

（2）掌握多旋翼无人机电力推进系统中螺旋桨、电动机、电调及电池的相关数学模型。

（3）掌握多旋翼无人机电力推进系统的设计流程和方法。

　　或用枣心木为飞车，以牛革结环剑，以引其机。或存念作五蛇六龙三牛、交罡而乘之，上升四十里，名为太清。

——《抱朴子》

　　竹蜻蜓是中国广泛流传的一种民间玩具。晋朝葛洪（公元 284～364 年）所著《抱朴子》中记载的"飞车",被广泛认为是关于竹蜻蜓的最早记载[1]。竹蜻蜓包括竹柄和翅膀两部分,竹柄为竖直的光滑圆棒;翅膀中间开有圆孔,用于安装竹柄,以圆孔为中心,翅膀两侧切有对称的斜面。用双手夹住竹柄,快速搓转并放手,竹蜻蜓便旋转升空。竹蜻蜓是螺旋桨的原型,由多个螺旋桨提供升力的小型电动多旋翼无人机自问世之后得到了快速发展。与固定翼无人机、单旋翼无人直升机不同,多旋翼无人机的飞行动作依赖于多个旋翼、多个电动机之间的协调工作,开展电力推进系统设计是研制多旋翼无人机的重要内容。

7.1 概　　述

在采用航空电力推进系统的无人机中,多旋翼无人机凭借结构简单、价格低廉、易于操控、小型化等优点,近年来呈现爆炸式发展,广泛应用于军事和民用领域,成为采用航空电力推进系统的典型代表。因此,本章以多旋翼无人机的电力推进系统为例,介绍航空电力推进系统的设计方法。

多旋翼无人机是利用多个螺旋桨来产生升力、实现飞行的无人飞行器。多旋翼无人机的发展历史最早可以追溯到我国的民间玩具——竹蜻蜓。竹蜻蜓传到欧洲后,法国人Paul Cornu(1881 年 6 月~1944 年 6 月)在 1906 年制造出了世界上第一架直升机[2];1956 年,美国 Convertawings Company 的员工 M. K. Adman 设计的大型四旋翼飞行器首次试飞,成为第一架成功飞行的四旋翼飞行器[3]。进入到 21 世纪,随着微电子技术、电池小型化技术的突破,多旋翼无人机迎来了爆发式的发展:法国 Parrot Drones SAS 在 2010 年推出了消费级的 AR. Drone 四旋翼玩具[4];美国国家工程院院士 Vijay Kumar(1962 年4 月至今)在 2012 年实现了多旋翼无人机的集群飞行[5];中国的大疆公司在 2013 年左右推出了 Phantom 四旋翼航拍一体无人机[6],该类飞行器以其简单的结构、超强的机动性、独特的飞行方式引起了国内外学者及科研机构的广泛关注,在商业和科学研究领域得到了广泛应用,成为目前国际上的研究热点之一[7]。

电力推进系统是多旋翼无人机的核心组成部分,目前多旋翼无人机多采用电池带动电动机,电动机再驱动螺旋桨,进而产生升力。电力推进系统决定了无人机载重、续航时间等总体性能,同时影响着无人机整机的稳定性及动态响应速率等。为了满足无人机整机的性能需求,需在认识多旋翼无人机飞行机制的基础上,开展电力推进系统建模和设计[8],实现电力推进系统功率密度和效率的优化。

本章主要介绍多旋翼无人机的飞行原理、电力推进系统的建模、设计流程以及设计实例。其中飞行原理着重介绍多旋翼无人机的组成及不同飞行姿态的实现,是无人机实现可控制飞行的基础,也是根据整机性能需求设计电力推进系统的依据;电力推进系统建模着重介绍电力推进系统各组成部分的重要参数及数学模型;电力推进系统的设计着眼于不同类型无人机对动力的需求,以数学模型为基础介绍电力推进系统的设计流程及设计实例。

7.2 多旋翼无人机的飞行原理

多旋翼无人机由机体、电力推进系统、通信链路系统、控制与导航系统 4 部分组成,如

图7.1所示。机体是无人机的基础平台,为其他部件或系统提供安装接口或支撑;电力推进系统为无人机提供升力;通信链路系统是无人机和控制站之间通信的桥梁,传输地面发出的控制指令,并返回无人机上的图像、姿态等实时数据;控制与导航系统对无人机进行实时监视以及准确控制,并确保无人机在执行任务过程中各项功能保持稳定。下面首先对多旋翼无人机进行受力分析,其次介绍其飞行运动的实现原理。

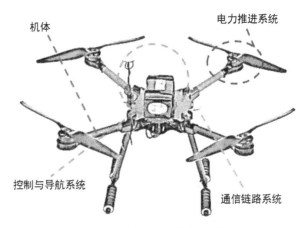

图7.1 多旋翼无人机组成

7.2.1 受力分析

多旋翼无人机在飞行过程中受升力和反扭矩的共同作用。螺旋桨旋转时,除提供升力外(机制见本书6.2.2节),根据动量守恒,还会在机体上产生与螺旋桨转矩等量且相反的扭矩,即反扭矩。为平衡多个螺旋桨产生的反扭矩,多旋翼无人机会使用两种桨型的螺旋桨——正反桨,这两种螺旋桨转速相同、转向相反时,产生的升力相同而反扭矩相反,因此达到扭矩平衡。

正反桨:

螺旋桨设计中形状对称,在转速相同、转向相反时,产生的升力相同而反扭矩相反的两种螺旋桨互称正反桨。在四旋翼无人机中,相对的两个螺旋桨转向相同,反扭矩方向相同;相邻的两个螺旋桨转向相反,反扭矩方向相反。正反桨的示意图见图7.2。

图7.2 正反桨示意图

下面以四旋翼无人机为例,详细介绍多旋翼无人机的常见布局和总体受力情况。四旋翼无人机根据飞行前进方向与机架之间的夹角关系,其布局可分为十字型和 X 型,如图7.3 所示。其中,X 型布局应用较广泛,其结构简图如图 7.4 所示,向前、向右指示无人机的运动方向;M1、M2、M3 和 M4 分别代表电动机 1、电动机 2、电动机 3 和电动机 4,其中相邻电动机使用正反桨,旋转方向相反。图 7.4 中 M1、M3 沿逆时针旋转,M2、M4 沿顺时针旋转,以平衡电动机产生的扭矩。通过调节 4 个电动机转速可以改变螺旋桨转速,进而实现升力和扭矩的输出,从而控制飞行器的运动。

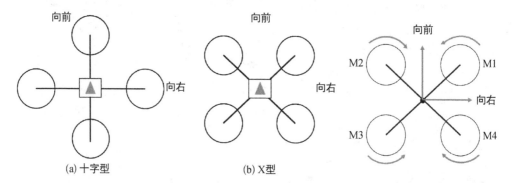

图 7.3　四旋翼无人机常见布局　　　　图 7.4　X 型四旋翼无人机结构简图

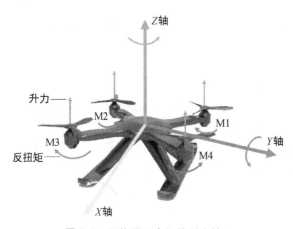

图 7.5　四旋翼无人机的受力情况

四旋翼无人机的总体受力如图 7.5 所示,包括每个螺旋桨产生的升力以及每个螺旋桨产生的反扭矩。螺旋桨产生的升力由电动机转速控制,转速越大、升力越大。当 4 个螺旋桨转速相同时,产生的升力相等且可以合成为作用在无人机中心、沿 Z 轴方向的一个总升力;当其转速不同时,在合成升力的同时,电动机各自反扭矩的不同会对整机产生力矩作用,例如,当电动机 M1、M2 转速高于电动机 M3、M4 时,无人机会产生绕 Y 轴的力矩,当电动机 M1、M4 转速高于电动机 M2、M3 时,无人机会产生绕 X 轴的力矩。4 个螺旋桨作用于机体的反扭矩由电动机转速控制,转速越大、反扭矩越大。当旋转方向不同的电动机转速相同时,反扭矩相等且可以相互抵消;当其转速不同时,在合成中不能相互抵消,会产生扭矩作用,例如,当电动机 M1、M3 转速高于电动机 M2、M4 时,无人机会产生绕 Z 轴旋转的扭矩。

7.2.2　飞行运动的实现

在升力、力矩和扭矩的共同作用下,多旋翼无人机可以实现 4 种基本运动:升降运动、滚转运动、俯仰运动和偏航运动。其中升降运动依赖于 Z 轴方向的升力,滚转运动依赖于绕 X 轴的力矩,俯仰运动依赖于绕 Y 轴的力矩,偏航运动依赖于绕 Z 轴的扭矩。下面依次详细介绍。

升降运动：为了实现无人机的上升运动，所有电动机的转速均升高，带动螺旋桨转速升高，当 4 个螺旋桨的总升力大于无人机重力时，无人机会向上飞行；反之，为了实现无人机的下降运动，所有电动机的转速均会降低，螺旋桨转速随之降低，当 4 个螺旋桨的总升力小于无人机重力时，无人机会向下飞行，如图 7.6 所示。当 4 个螺旋桨的总升力在竖直方向上等于无人机重力时，无人机会保持当前高度悬停飞行。

滚转运动：为了实现无人机的右滚转运动，电动机 M2、M3 转速升高，电动机 M1、M4 转速降低，产生右滚转的力矩；反之，为了实现无人机的左滚转运动，电动机 M1、M4 转速升高，电动机 M2、M3 转速降低，产生左滚转的力矩，如图 7.7 所示。

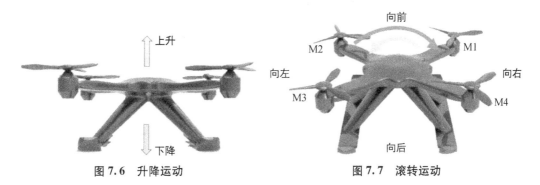

图 7.6　升降运动　　　　　　　图 7.7　滚转运动

俯仰运动：为了实现无人机的"抬头"运动，电动机 M1、M2 转速升高，电动机 M3、M4 转速降低，产生"抬头"的力矩；反之，为了实现无人机的"低头"运动，电动机 M1、M2 转速降低，电动机 M3、M4 转速升高，产生"低头"的力矩，如图 7.8 所示。

偏航运动：为了实现无人机的右偏航运动，电动机 M1、M3 转速升高，电动机 M2、M4 转速降低，电动机 M1、M3 驱动螺旋桨产生的反扭矩大于电动机 M2、M4 驱动螺旋桨产生的反扭矩，产生右偏航的扭矩；反之，为了实现无人机的左偏航运动，电动机 M1、M3 转速降低，电动机 M2、M4 转速升高，电动机 M1、M3 驱动螺旋桨产生的反扭矩小于电动机 M2、M4 驱动螺旋桨产生的反扭矩，产生左偏航的扭矩[9,10]，如图 7.9 所示。

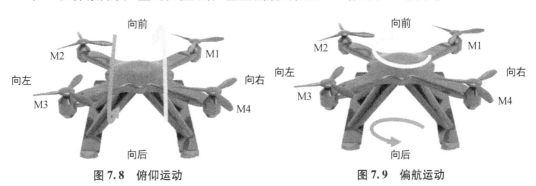

图 7.8　俯仰运动　　　　　　　图 7.9　偏航运动

在上述 4 种基本飞行运动的基础上，四旋翼无人机可以实现空间任意轨迹的运动，包括位置和姿态。举例如下。

无人机向前、后飞行，可通过升降运动和俯仰运动的耦合实现，如图 7.10 所示。当向前飞行时,电动机 M3、M4 转速高于电动机 M1、M2,同时所有电动机转速均升高;当向后飞行时,电动机 M1、M2 转速高于电动机 M3、M4,同时所有电动机转速均升高。

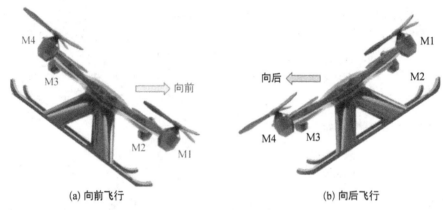

(a) 向前飞行

(b) 向后飞行

图 7.10　前后运动

　　无人机向左、右飞行,可通过升降运动和滚转运动的耦合实现,如图 7.11 所示。当向左飞行时,电动机 M1、M4 转速高于电动机 M2、M3,同时所有电动机转速均升高;当向右飞行时,电动机 M2、M3 转速高于电动机 M1、M4,同时所有电动机转速均升高。

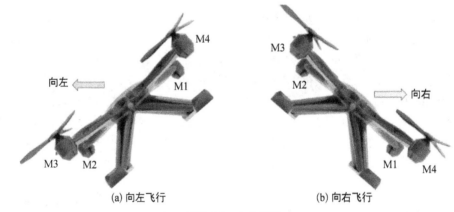

(a) 向左飞行

(b) 向右飞行

图 7.11　左右运动

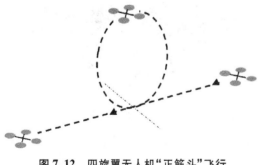

图 7.12　四旋翼无人机"正筋斗"飞行
考核动作示意图

　　最后以中国航空运动协会多旋翼无人机三级飞行考核动作"正筋斗"为例,介绍无人机飞行过程中是如何通过 4 种基本的运动来完成飞行任务的。如图 7.12 所示,红色代表无人机的前方,绿色代表无人机的后方。在初始水平飞行段,无人机通过升降运动和俯仰运动耦合,实现直线飞行;在竖直方向上的圆弧飞行段,无人机通过升降运动、俯仰运动、偏航运动相互耦合,实现圆弧飞行;在最后水平飞行段,无人机通过升降运动和俯仰运动耦合,实现直线飞行。通过上述无人机基本动作的耦合,无人机可以完成飞行考核的动作[11]。

7.3　电力推进系统建模

多旋翼无人机电力推进系统通常包括螺旋桨、电动机、电调、电池 4 部分(图 7.13)。电池为电力推进系统提供能量来源,输出电流和电压;电调对输入电流和电压处理之后,输出电动机实际工作需要的等效电流和电压;电动机将电能转换成机械能,驱动螺旋桨旋转。在开展电力推进系统设计之前,首先介绍各部分的主要参数,便于进行定量描述;其次阐述各部分关键特性的数学模型。

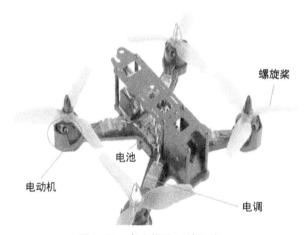

图 7.13　电力推进系统组成

7.3.1　螺旋桨

螺旋桨是由两片或多片具有特殊扭转外形的桨叶组成的气动部件。桨叶在电动机扭矩的驱动下高速旋转,使空气流过叶片表面,从而产生升力,将电动机转动的机械能转换为改变或维持运动状态需要的能量。本节依次介绍螺旋桨的关键参数及数学模型。

1. **参数**

螺旋桨参数主要包括型号(命名)、弦长、桨叶数、正反桨、转动惯量、安全转速、力效等,下面依次介绍。

1) 型号:螺旋桨型号一般以"直径×螺距"(单位:in,1 in≈25.4 mm)命名。例如 11×7 螺旋桨,11 代表螺旋桨的直径是 11 in,7 代表螺旋桨的螺距是 7 in。其中,螺距为螺旋桨在一种假想的不流动的介质中旋转一圈所前进的距离,如图 7.14 所示。

2) 弦长:桨叶在垂直于直径方向上的宽度,主要用来估算桨叶面积,进而计算升力。由于弦长随径向位置不同会有区别,一般选择螺旋桨半径 2/3 处的弦长作为螺旋桨标称弦长,如图 7.15 所示。

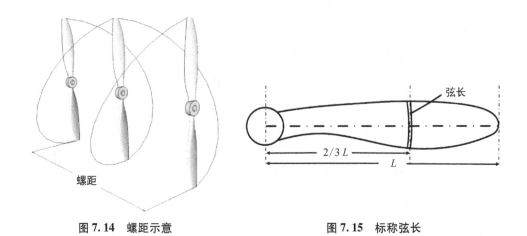

图 7. 14　螺距示意　　　　　　　　　　图 7. 15　标称弦长

3）桨叶数：螺旋桨桨叶数目，与升力大小直接相关。一般来说，对于特定的螺旋桨，桨叶数增加，其最大升力会增加，但效率有所降低。相同转速下，桨叶越多，桨叶排走的空气越多，升力也越大；同时叶间气压就会越低，因为周围的空气没法及时补充，导致螺旋桨效率降低。且随着桨叶数目增加，更多的功率会被用于克服摩擦阻力等造成的无用功，导致效率进一步降低。双叶螺旋桨效率一般较高，但在需要提高机动性时常采用多桨叶，几种常用桨叶数目见图 7.16。

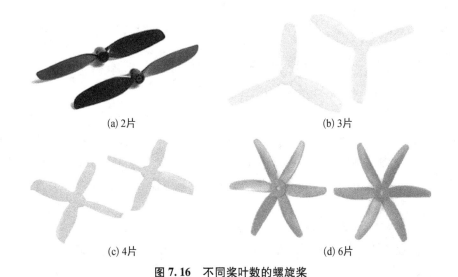

(a) 2片　　　　　　　　　　　　　(b) 3片

(c) 4片　　　　　　　　　　　　　(d) 6片

图 7. 16　不同桨叶数的螺旋桨

4）正反桨：为平衡多个螺旋桨产生的反扭矩，多旋翼无人机使用两种螺旋桨桨型。这两种螺旋桨转速相同、转向相反时，产生的升力相同而反扭矩相反。

5）转动惯量：螺旋桨绕轴转动时惯性（回转物体保持其匀速圆周运动或静止的特性）的量度，大小取决于螺旋桨的形状、质量分布及转轴的位置，如式（7.1）所示：

$$J = \sum_i m_i r_i^2 \tag{7.1}$$

式中,J 为转动惯量;m_i 为某个质量元的质量;r_i 为该质量元到转轴的垂直距离。

螺旋桨的转动惯量越小,控制越灵敏,改变转速消耗的能量越少,飞行效率越高。

6) 安全转速:螺旋桨在所有工作状态下均不允许超过的最大转速。如果转速超过安全转速,螺旋桨可能会产生较大变形,具有较高的危险性。

7) 力效:评估螺旋桨或电动机能量转换效率的指标,定义为升力与功率的比值,见式(7.2)和式(7.3)。一般来讲,同等条件下力效越高,效率越高。

$$\eta_P = \frac{F}{P_P} \tag{7.2}$$

$$P_P = M \times \Omega \tag{7.3}$$

式中,η_P 为螺旋桨力效,单位为 N/W;F 为螺旋桨升力,单位为 N;P_P 为螺旋桨功率,单位为 W;M 为螺旋桨达到转速 Ω 需要的扭矩,单位为 N·m。

2. 模型

螺旋桨模型主要描述电动机输出功率与升力等性能之间的关系,包括升力模型、扭矩(转矩)模型和功率模型。

1) 螺旋桨升力模型:螺旋桨升力主要与空气密度、角速度、桨叶几何参数(面积、长度)、桨叶数等有关,工程上可用式(7.4)近似估计升力[12-16]:

$$F = C_F \rho \left(\frac{\Omega}{60}\right)^2 D^4 \tag{7.4}$$

式中,F 为单个螺旋桨升力,单位为 N;C_F 为升力系数,为无量纲量,与螺旋桨桨形、桨叶数、螺距、桨叶安装角、无人机飞行速度、风速等相关,不为恒定值,可由试验测试得到,在无人机悬停或运动速度较低时可认为不变,在无人机运动速度较快时变化较大,需要根据试验测得的结果拟合成曲线使用;ρ 为飞行环境的空气密度,单位为 kg/m³,与当地海拔、温度有关,具体表达式见式(7.5);Ω 为螺旋桨转速,单位为 r/min;D 为螺旋桨直径,单位为 m。

$$\rho = \frac{273p}{101\,325(273 + t)} \rho_0 \tag{7.5}$$

式中,p 为大气压强,单位为 Pa;t 为温度,单位为℃;ρ_0 为标准大气密度,取 1.293 kg/m³。

2) 螺旋桨扭矩模型:螺旋桨扭矩可近似用式(7.6)表示[12-17]:

$$M = C_M \rho \left(\frac{\Omega}{60}\right)^2 D^5 \tag{7.6}$$

式中,M 为螺旋桨达到转速 Ω 需要的扭矩,单位为 N·m;C_M 为扭矩系数,与 C_F 类似,为无量纲量,与螺旋桨桨形、桨叶数、螺距、桨叶安装角、无人机飞行速度、风速等相关,不为恒定值,但是在无人机悬停或运动速度较低时可认为不变,可由试验测试得到。

3）螺旋桨功率模型：螺旋桨功率主要与转速和扭矩有关,工程上可用式(7.7)近似估计功率[12-16]：

$$P_P = C_P \rho \left(\frac{\Omega}{60} \right)^3 D^5 \tag{7.7}$$

式中,P_P 为螺旋桨功率,单位为 W;C_P 为功率系数,与扭矩系数 C_M 相关,满足：

$$C_P = 2\pi C_M \tag{7.8}$$

7.3.2 电动机

电动机的主要作用是将电能转换为驱动螺旋桨旋转的机械能。直流电机根据换相方式不同可分为有刷电机和无刷电机,目前电动多旋翼无人机中主要使用无刷电机,方便通过电调调节转速。本节依次介绍电动机的关键参数及数学模型。

1. 参数

电动机参数主要包括型号、KV 值、磁极数、空载(电动机无负载)参数等,为了考察电动机和螺旋桨是否匹配,还需要电动机的总力效,下面依次介绍。

图 7.17 无刷电机定子

1）型号：无刷电机以四位数字命名,如 2212、2018 等,前两位是定子外径(单位：mm),后两位是定子高度(单位：mm),如图 7.17 所示。前两位越大,电动机越粗;后两位越大,电动机越高。一般又大又高的电动机,功率更大,质量更大,适合带动更大的螺旋桨。

2）KV 值：指空载情况下,外加 1 V 电压得到的电动机转速值,单位为(r/min)/V。KV 值是 1 400 (r/min)/V,则在 11.1 V 电压下空转转速是 11.1×1 400 = 15 540 r/min。一般来说,KV 值小的电动机绕线更多更密,转速较低,但能产生更大的扭矩去驱动更大的螺旋桨;而 KV 值大的电动机产生的扭矩小,适合驱动直径小、转速高的螺旋桨。

3）磁极数：一般来说,电源频率一定时,电动机磁极数量越多,转速越低,扭矩越大;磁极数量越少,转速越高,扭矩越小。磁极数多、KV 值小的电动机适用于大直径螺旋桨。

4）空载参数：包括空载电压、电流和内阻。在空载试验(电动机无负载的空转试验)中,对电动机施加空载电压 U_{m0},测得的电流 I_{m0} 称为空载电流,内阻 R_m 即为电动机线圈电阻,如图 7.18 所示。

5）总力效：用螺旋桨产生的升力与电动机输入电功率的比值来表征螺旋桨和电动机系统的效率,称为总力效,见式(7.11)。电动机效率不是固定值,一般随着输入电压和负载变化而变化,见式(7.9)和式(7.10),螺旋桨的力效也不是常数,见式(7.2),因此总

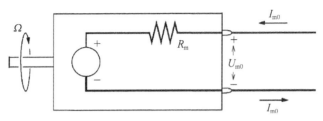

图 7.18 空载参数

力效也随运动状态变化而变化,当满足设计需要条件时,选择总力效高的电动机与螺旋桨组合,整体效率高。

$$\eta_{\mathrm{m}} = \frac{P_{\mathrm{P}}}{P_{\mathrm{E}}} \tag{7.9}$$

$$P_{\mathrm{E}} = U_{\mathrm{m}} \times I_{\mathrm{m}} \tag{7.10}$$

$$\eta = \frac{F}{P_{\mathrm{E}}} = \eta_{\mathrm{P}} \times \eta_{\mathrm{m}} \tag{7.11}$$

式中,η_{m} 为电机效率;P_{P} 为螺旋桨功率,单位为 W;P_{E} 为电动机电功率,单位为 W;U_{m} 为电机等效工作电压,单位为 V;I_{m} 为电动机等效工作电流,单位为 A;η 为总力效;F 为螺旋桨升力;η_{P} 为螺旋桨力效。

2. 模型

为了表达电动机的固有特性,根据电动机工作原理可得到电动机的反电动势模型和电动机简化工作模型;此外,为了评判电动机的输入、输出性能,需要建立电动机扭矩模型和电动机效率模型。

1) 电动机反电动势模型:反电动势是指由反抗电流发生改变的趋势而产生的电动势,其本质上属于感应电动势,方向可以由右手定则来判断。反电动势一般出现在电磁线圈中,产生的电流方向与电源提供的电流方向总是相反。电动机中的反电动势与电动机转子转速、磁场强度、定子线圈匝数及气隙等有关。电动机制造好之后,其特性参数——反电动势常数就确定了。电动机在正常工作时,电路中的反电动势、电阻消耗的电压和输入的电压达到平衡后,电动机转速即不再增加。不带负载时给电动机一个空载电压,可以得到相应的空载电流及转速,进而求得反电动势常数:

$$K_E = \frac{U_{\mathrm{m0}} - I_{\mathrm{m0}} R_{\mathrm{m}}}{K_{\mathrm{V}} U_{\mathrm{m0}}} \approx 1/K_{\mathrm{V}} \tag{7.12}$$

式中,K_E 为反电动势常数,单位为 V/(r/min);U_{m0} 为空载电压,单位为 V;I_{m0} 为空载电流,单位为 A;R_{m} 为电机内阻,单位为 Ω;K_{V} 为电机 KV 值,单位为(r/min)/V。其中 $I_{\mathrm{m0}} R_{\mathrm{m}}$ 量级远小于 U_{m0},可以认为电动机反电动势常数只与电动机 KV 值有关,反电动势模型如图 7.19 所示[18]。

2) 电动机简化工作模型:图 7.20 是电动机简化工作模型图,电路中的电压关系可由

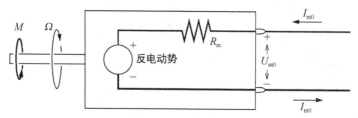

图 7.19　电动机简化反电动势模型

基尔霍夫(第二)定律得到,如式(7.13)所示;电动机的输出功率 P_m 可以用等效工作电压和电流来表示,如式(7.14)所示。

$$U_m = K_E \Omega + R_m I_m \tag{7.13}$$

$$P_m = (U_m - R_m I_m)(I_m - I_{m0}) = K_E \Omega (I_m - I_{m0}) \tag{7.14}$$

式中,U_m 为电动机等效工作电压,单位为 V;I_m 为电动机等效工作电流,单位为 A;Ω 为电动机转速,单位为 r/min。

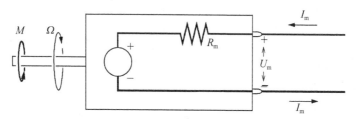

图 7.20　电动机简化工作模型

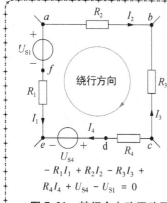

图 7.21　某闭合电路回路图

基尔霍夫(第二)定律:

　　沿着闭合回路的所有电动势的代数和等于所有电压降的代数和,以方程表达,对于电路的任意闭合回路有:

$$\sum_{k=1}^{m} U_k = 0$$

式中,m 为闭合回路的元件数目;U_k 为元件两端的电压,可以是实数或复数。

　　图 7.21 为某闭合回路及其基尔霍夫(第二)定律方程表达的示意。

3)电动机扭矩模型: 电动机输出功率 P_m 还可以用输出的转速和扭矩来表示,如式(7.15)所示,进而得到电动机输出扭矩公式式(7.16)。式(7.16)中定义电动机扭矩常数 $K_M = 30/\pi \times K_E$,由式(7.16)可见电动机输出扭矩只与电流有关,且与电流成正比。认为电动机输出扭矩与螺旋桨扭矩相等,与电动机等效工作电流成正比,进而得到电动机等效工作电流,可用式(7.17)表示。

$$P_{\mathrm{m}} = K_E \Omega (I_{\mathrm{m}} - I_{\mathrm{m0}}) = \frac{2\pi}{60} M\Omega = \frac{\pi}{30} M\Omega \tag{7.15}$$

$$M = \frac{30}{\pi} K_E (I_{\mathrm{m}} - I_{\mathrm{m0}}) = K_M (I_{\mathrm{m}} - I_{\mathrm{m0}}) \tag{7.16}$$

$$I_{\mathrm{m}} = \frac{M}{K_M} + I_{\mathrm{m0}} \tag{7.17}$$

4) 电动机效率模型: 电动机效率 η_{m} 定义为电动机输出功率与输入功率的比值,如式(7.18)所示。式(7.19)中 $I_{\mathrm{m,efficient}}$ 表示电动机效率最高时电路中电流大小,同理可以得到式(7.20)中 $I_{\mathrm{m,power}}$ 表示电动机输出功率 P_{m} 最大时电路中电流大小。可以看出,电动机效率最大时,电动机输出功率一般不为最大值;当电动机输出功率最大时,电动机效率一般不为最大值。

$$\eta_{\mathrm{m}} = \frac{P_{\mathrm{m}}}{P_E} = \frac{M\frac{2\pi\Omega}{60}}{U_{\mathrm{m}} I_{\mathrm{m}}} = \frac{(U_{\mathrm{m}} - R_{\mathrm{m}} I_{\mathrm{m}})(I_{\mathrm{m}} - I_{\mathrm{m0}})}{U_{\mathrm{m}} I_{\mathrm{m}}} \tag{7.18}$$

$$I_{\mathrm{m,efficient}} = \sqrt{\frac{U_{\mathrm{m}} I_{\mathrm{m0}}}{R_{\mathrm{m}}}} \tag{7.19}$$

$$I_{\mathrm{m,power}} = \frac{U_{\mathrm{m}} + R_{\mathrm{m}} I_{\mathrm{m0}}}{2R_{\mathrm{m}}} \tag{7.20}$$

7.3.3 电调

电调将无人机飞行控制系统的控制信号(弱电)进行功率放大,改变电源功率输出,以控制电动机转速;还可为飞行控制系统供电,充当无刷电机换向器等。本节依次介绍电调的关键参数和数学模型。

1. 参数

电调在工作时最重要的参数就是占空比,是电调调速的关键,也是建模时必不可少的工作参数;此外,电调选型时还需关注电调的刷新频率,以及能承受的最大电压和电流。

1) 占空比: 指在一个脉冲循环内,通电时间相对于总时间所占的比例。电调常用脉宽调制方式调节占空比大小改变电动机等效工作电压和等效工作电流,调节输出功率大小,进而影响电动机转速。详细介绍请参考本书6.2节。

2) 刷新频率: 指电调脉宽调制信号频率,电动机响应速度很大程度取决于电调的刷新频率。多旋翼无人机需要螺旋桨转速的快速变化来改变升力大小,故多旋翼无人机的电调刷新频率往往比航模、车模电调的刷新频率要高。为保证输出信号的平滑性,电调通常在输入或输出端加入低通滤波。

3）最大电压及电流：电调能支持的最大输入电压和可稳定调整输出的最大电流。电调可稳定调整输出的电流大小取决于电动机,能支持的最大输入电压取决于电池。电调的输出电流必须大于电动机的工作电流,电池的输出电流必须大于电调的最大电流;电池电压不能超过电调最高承载电压,电调最大电压不能超过电动机能承受的最大电压。

2. 模型

电调的模型较为简单,主要是在电池输出和电动机需求之间进行能量分配,下面介绍电调简化工作模型。

电调简化工作模型：为使得电动机和螺旋桨达到给定转速,给电动机提供其需要的等效工作电压 U_m,等效工作电流 I_m,电调电路中各参数根据式(7.21)~式(7.23)可得[19],如图7.22所示。

图 7.22 电调电路简化模型

$$U_m = K_E \Omega + R_m I_m \qquad (7.21)$$

$$\sigma = \frac{U_{e0}}{U_e} \approx \frac{U_{e0}}{U_b} \approx \frac{U_m}{U_b} \qquad (7.22)$$

$$U_{e0} = U_m + I_m R_e \qquad (7.23)$$

式中,U_m 为电动机等效工作电压;Ω 为电动机转速,单位为 r/min;I_m 为电动机等效工作电流;R_m 为电动机内阻;σ 为占空比;U_{e0} 为电调调制之后的等效直流电压;U_e 为电池提供给电调的电压;U_b 为电池额定电压,经电池内阻消耗后,即得到输给电调的电压 U_e;U_{e0} 经电调内阻 R_e 消耗后,才是输出给电动机的电压 U_m。由于实际电池内阻和电调内阻数量级较小,在公式中均可忽略不计。

7.3.4 电池

电池是多旋翼无人机的能量来源,可将化学能转换为电能,决定了无人机的续航时间。本节依次介绍电池的关键参数和数学模型。

1. 参数

电池的选型主要看其能否满足使用时长、输出性能能否满足整机的功率需要、电池输出是否稳定等,参数主要有电池的电池容量、充放电倍率、工作电压和内阻等。

1）电池容量：电池容量是衡量电池性能的重要性能指标之一,它表示在一定条件(放电率、温度、终止电压等)下电池放出的电量,一般用 mA·h 表示。电池的容量越大,存储的能量就越多,可以提供的续航时间就越长,但是相应的质量也越大,无人机电池的质量甚至可以达到无人机整机质量的50%以上。如图7.23所示,电池容量为 2 200 mA·h。

2）充放电倍率：电池充放电速率,一般以充放电所需小时数的倒数来表示,数值越大表示充放电速率越快(10C 表示电池能在 1/10 h

图 7.23 电池参数

内完成充放电,20C 表示电池能在 1/20 h 内完成充放电)。如图 7.23 所示 2 200 mA·h 电池,如果放电倍率为 1,那么该电池可以在 1 h 完成放电,最大放电电流为 2.2 A×1 = 2.2 A,该电池实际充电倍率为 5C,放电倍率为 25C,那么该电池可以最短在 1/5 h 完成充电,最短 1/25 h 完成放电,最大充电电流为 2.2 A×5 = 11 A,最大放电电流为 2.2 A×25 = 55 A。

3) 工作电压: 电池在常温下带负载时的输出电压,常用锂离子电池单节工作电压为 3.7 V。多旋翼无人机电池标注方式表示多少节电池,串联还是并联。电池串联工作电压升高,并联内阻减小。常用 S 表示串联,P 表示并联。例如 2S2P 中,2S 表示 2 节电池串联,工作电压 7.4 V;2P 表示两个这样的串联结构并联,电流是单个电池电流的两倍。串联工作电压相加,并联电流相加。

4) 内阻: 电流流过电池内部所受到的阻力。与电池尺寸、结构、装配等有关。一般来说,内阻指的是充电态内阻,充电态内阻指电池 100% 充满电时的内阻,放电态内阻指电池充分放电后的内阻。一般说来,放电态内阻不太稳定,且偏大;充电态内阻较小,阻值也较为稳定。在电池的使用过程中,只有充电态内阻具有实际意义。在电池使用的后期,由于电解液的枯竭以及内部化学物质活性的降低,电池内阻会有不同程度的升高。

2. 模型

电池模型根据电路工作的基本原理建立,主要是用于计算电池可提供的电能和续航时间。

电池简化放电模型: 输出功率一定时,电池的容量直接决定了放电时间,而电池放电时间决定了无人机的续航时间。电池的简化放电模型如图 7.24 所示,各个参数之间关系如式(7.24)和式(7.25)所示。

$$C_{\text{left}} = C_{\text{b}} - I_{\text{b}} t_{\text{real}} \qquad (7.24)$$

$$t_{\text{b}} = \frac{C_{\text{b}} - C_{\text{min}}}{I_{\text{b}}} \times \frac{60}{100} \qquad (7.25)$$

图 7.24　电池简化放电模型

式中,C_{left} 为电池剩余电量,单位为 mA·h;C_{b} 为电池容量,单位为 mA·h;I_{b} 为电池电流,单位为 A;t_{real} 为电池实际使用时间;t_{b} 为放电时间,单位为 min;C_{min} 为最小剩余容量,单位为 mA·h。其中,电池最小剩余容量 C_{min} 是为了电池放电保护,一般为 0.15~0.2 倍电池容量。

7.4　电力推进系统设计方法

多旋翼无人机电力推进系统设计的目的是:提供可行的电力推进系统方案来满足整机在悬停时间、负载、飞行速度、飞行距离等方面的需求。不同用途的无人机性能需求差异较大,其电力推进系统配置也具有较大的差异。如何根据需求设计出合适的电力推进系统配置,是无人机设计过程中的关键问题。本节主要介绍全电推进的多旋翼无人机电力推进系统的设计方法。

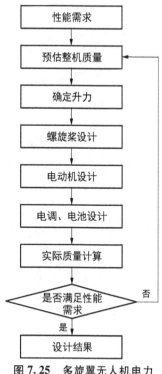

图 7.25　多旋翼无人机电力
推进系统设计流程

多旋翼无人机电力推进系统的设计流程如图 7.25 所示。电力推进系统设计以无人机性能需求为输入条件,通过预估整机质量和升力,依次开展螺旋桨、电动机、电调和电池设计,设计完成后进行实际质量计算,并验证实际电力推进系统是否满足性能需求,进而迭代优化,直至满足无人机总体要求。

1. 预估整机质量

为了设计出满足无人机需求的电力推进系统,首先要预估整机质量,以确定无人机需要产生的升力。由于电力推进系统未选定,仅能参考无人机尺寸、负载设备质量和大致的电力推进系统设备质量来估算整机质量。

2. 确定升力

多旋翼无人机的实际需求主要有悬停时间、最大负载、最大飞行速度、最大飞行距离等,相应的主工作状态是一定负载条件下悬停或一定速度的前行,悬停可以看作前行速度为 0 的飞行。根据无人机主工作状态,可以确定螺旋桨需要提供的升力。无人机前行条件下,其飞行速度与无人机的俯仰角、螺旋桨产生的升力之间的关系如图 7.26 所示,可以建立如下受力平衡方程[20]。

$$F_{\mathrm{drag}} = G \tan \theta \tag{7.26}$$

$$F = \frac{G}{n_{\mathrm{r}} \cos \theta} \tag{7.27}$$

式中,G 为多旋翼无人机所受重力;F 为单个螺旋桨产生的升力;F_{drag} 为作用在多旋翼无人机上的阻力;n_{r} 为螺旋桨个数;θ 为飞行俯仰角。其中,F_{drag} 可以近似表示为

$$F_{\mathrm{drag}} = \frac{1}{2} C_D \rho V^2 S \tag{7.28}$$

式中,C_D 为多旋翼无人机整机的阻力系数,与飞行俯仰角和机架外形等有关,可通过试验或 CFD 软件进行仿真得到;ρ 为空气密度;V 为飞行速度;S 为飞行器最大截面的面积。

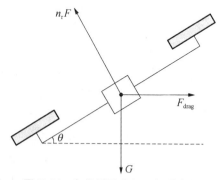

图 7.26　多旋翼无人机飞行受力图

由式(7.26)~式(7.28)得到螺旋桨需要产生的升力 F 之后,需要依次开展螺旋桨、电动机、电调、电池设计。电力推进系统各个部件之间的数据传递如图 7.27 所示。

3. 螺旋桨设计

根据升力需求、螺旋桨实际尺寸限制等,可以从现有的标准螺旋桨中选择适当的型

图 7.27　电力推进系统数据传递

号。选定螺旋桨后,由螺旋桨的升力、扭矩、转速特性,可以得到螺旋桨产生升力 F 时的转速 Ω 和需要电动机提供的扭矩 M,所用公式为

$$
\begin{cases}
\Omega = 60\sqrt{\dfrac{F}{C_F\rho D^4}} \\[3mm]
M = C_M\rho\left(\dfrac{\Omega}{60}\right)^2 D^5
\end{cases}
\tag{7.29}
$$

4. 电动机设计

多旋翼无人机在特定工作状态(如悬停)时有稳定的占空比,所以根据无人机工作状态可以预估占空比 σ(如悬停时无人机占空比一般在 $50\% \sim 65\%$,不同无人机因机动性需求不同而有所差异),进而预估电动机的等效工作电压 U_m。由于电动机内阻 R_m 和空载电流 I_{m0} 普遍较小,且变化不大,因此在选择电动机(主要是 KV 值)时,可先预估电动机内阻和空载电流。将预估的电动机参数与螺旋桨所需转速 Ω 和扭矩 M 代入电动机模型,可以得到设计的电动机 KV 值和等效工作电流 I_m,所用公式为

$$
\begin{cases}
K_E = \dfrac{U_{m0} - I_{m0}R_m}{K_V U_{m0}} \approx 1/K_V \\[3mm]
K_M = \dfrac{30}{\pi}K_E \\[3mm]
I_m = \dfrac{M}{K_M} + I_{m0} \\[3mm]
U_m = K_E\Omega + R_m I_m \\[3mm]
U_m \approx \sigma U_b
\end{cases}
\tag{7.30}
$$

然后,将得到的电动机 KV 值与现有电动机比对,即可选择出近似 KV 值的标准电动机。

5. 电调和电池设计

根据电动机的等效工作电流 I_m,可以选择出合适的电调,使其能够提供电动机最大工作电流。将所选电调参数代入电调模型中,可以得到电调需要电池供给的电流 I_e 和电压 U_e,所用公式为

$$
\begin{cases}
U_{e0} = U_m + I_m R_e \\[3mm]
\sigma = \dfrac{U_{e0}}{U_e} \approx \dfrac{U_{e0}}{U_b} \\[3mm]
I_e = \sigma I_m \\[3mm]
I_b = n_r I_e + I_{other} \\[3mm]
U_e = U_b - I_b R_b
\end{cases}
\tag{7.31}
$$

式中，I_{other} 为无人机其他电路消耗的电流；R_b 为电池内阻。

将电调需要的输入电流 I_e 和输入电压 U_e 代入电池模型，可以得到满足续航时间需求的电池容量，所用公式为

$$\begin{cases} I_b = n_r I_e + I_{other} \\ t_b = \dfrac{C_b - C_{min}}{I_b} \times \dfrac{60}{100} \end{cases} \tag{7.32}$$

然后，根据得到的电池容量与标准电池比对，即可选择出适当的电池。

6. 实际质量计算

根据实际选择的螺旋桨、电动机、电调和电池，得到实际的电力推进系统质量与整机质量，进而可以通过计算来分析实际的电力推进系统能否满足实际的飞行性能需求。

7. 性能计算

设计出一个电力推进系统之后，能否满足悬停时间、最大负载、最大飞行速度、最大飞行距离等需求，是电力推进系统设计成功与否的关键。下面对无人机不同性能进行详细计算。

（1）悬停时间计算

求解悬停时间的流程如图 7.28 所示[19]。

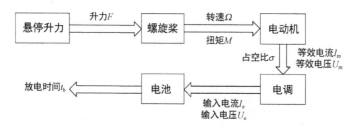

图 7.28　悬停时间计算流程

悬停状态下，n_r 个螺旋桨产生的升力总和等于飞行器的总质量 G。单个螺旋桨产生的升力 F 为

$$F = \frac{G}{n_r} \tag{7.33}$$

将螺旋桨升力 F 和已有螺旋桨参数，代入螺旋桨模型，由式（7.29）可得到需要的转速和扭矩，然后将螺旋桨所需转速 Ω 和扭矩 M、电动机参数代入电动机模型，由式（7.30）可以得到电动机实际工作中的等效电压和等效电流。之后将电动机等效工作电流 I_m、等效工作电压 U_m、电调参数代入电调模型，由式（7.31）可以得到电调需要从电池输入的电流和电压。最后将电调需要的输入电流 I_e 和输入电压 U_e、电池参数代入电池模型，由式（7.32）可以得到电池的放电时间，即四旋翼无人机的悬停时间。

（2）最大负载计算

最大负载问题可以转化为求一定占空比条件下（剩余一定裕度来保证基本姿态控制与抗风性需求），飞行器保持最小航速状态——悬停时螺旋桨的升力，将总升力减去重力，

即可得到最大负载。计算流程图如图 7.29 所示。

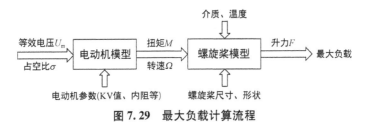

图 7.29　最大负载计算流程

在一定占空比下,得到电动机的等效工作电压,等效工作电压与等效工作电流、螺旋桨转速、扭矩的关系如式(7.34)所示:

$$\begin{cases} U_{\mathrm{m}} = K_E \Omega + R_{\mathrm{m}} I_{\mathrm{m}} \\ I_{\mathrm{m}} = \dfrac{K}{K_M} + I_{\mathrm{m0}} \\ M = C_M \rho \left(\dfrac{\Omega}{60}\right)^2 D^5 \end{cases} \tag{7.34}$$

上述非线性方程组可以通过数值方法迭代求解,然后将所得螺旋桨转速代入螺旋桨升力公式中,可得螺旋桨在此占空比下的升力,进而求得最大负载。

（3）最大飞行速度计算

最大飞行速度问题,可以转化为求最大占空比条件下,螺旋桨可以产生的最大升力问题,求解流程、方法与求解最大负载类似,求解后将最大升力代入式(7.26)~式(7.28)中即可得到最大飞行速度。计算流程图如图 7.30 所示。

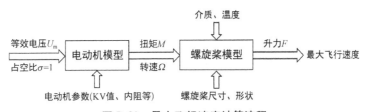

图 7.30　最大飞行速度计算流程

（4）最大飞行距离计算

最大飞行距离问题,可以转化为飞行速度和续航时间的合成问题,求解流程如图7.31 所示。假定一个飞行速度 V,则可以得到相应的螺旋桨升力 F,由螺旋桨升力 F 和螺

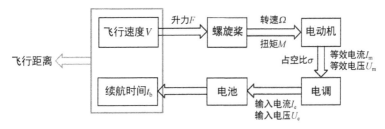

图 7.31　最大飞行距离计算流程

旋桨、电动机、电调、电池参数可得续航时间 t_b,由飞行速度和续航时间的乘积可得飞行距离。通过调节飞行速度这一变量,可以得到最大飞行距离。

将性能计算结果与无人机性能需求做对比,如果满足性能需求,则可将设计结果输出;如果不满足性能需求,则必须重新进行电力推进系统设计,重新预估整机质量,进行迭代优化设计。

7.5　电力推进系统设计实例

针对多旋翼无人机的性能需求,本节以某四旋翼无人机电力推进系统为例,详细介绍设计过程。

某四旋翼无人机需求:需无人机在空载状态下悬停时间不低于 15 min,为使无人机具有较好的机动性,悬停状态下占空比 55% 左右(3S 电池);带负载 270 g 相机及云台时,悬停时间不低于 10 min。

其他条件:机架及机载设备约 500 g,机身可允许单个螺旋桨直径不超过 28 cm,无人机其余设备电流消耗 $I_{other} = 1$ A。

求解过程如下。

1. 预估整机质量

机架 500 g,电力推进系统中每套螺旋桨、电动机、电调组合质量可预估为 120 g,电池可预估 6 000 mA·h,质量 500 g,预估总质量 1 480 g。

2. 确定升力

计算悬停时螺旋桨产生的升力。

由式(7.33)可得单个螺旋桨需产生的升力 $F = 3.75$ N。

3. 螺旋桨设计

根据螺旋桨尺寸限制,可选直径 10 in(25.4 cm)或 11 in(27.9 cm)的螺旋桨,为安全起见,可选直径 10 in 的螺旋桨。可预选常用的某品牌 10×4.5 桨,其升力系数 $C_F = 9.849×10^{-2}$,扭矩系数 $C_M = 6.81×10^{-3}$。将所得螺旋桨需产生升力 F 和螺旋桨参数,代入螺旋桨模型,可得到需要的转速和扭矩。

由式(7.29)可得悬停时螺旋桨转速 $\Omega = 5\,018$ r/min,需要扭矩 $M = 0.065\,0$ N·m。

4. 电动机设计

可先近似电动机空载电流 $I_{m0} = 0.5$ A,电动机内阻 $R_m = 0.101$ Ω,55% 占空比下电动机等效工作电压 $U_m = 6.1$ V。将电动机预选参数和螺旋桨需求参数代入式(7.30),可得需电动机 KV 值约 907 (r/min)/V,电动机等效工作电流 $I_m = 6.67$ A。

根据实际电动机 KV 值,可选 KV 值为 910 (r/min)/V 的某品牌电动机。

5. 电调和电池设计

根据电动机工作电流,可选择最大允许电流 30 A、内阻 $R_b = 0.01$ Ω 的某电调。

由于无人机其余设备电流消耗 $I_{other} = 1$ A,由式(7.31)和式(7.32)可得串池输出电流 $I_b = 15.674$ A。代入电池放电时间 $t_b = 15$ min,电池最小剩余容量 $0.2\,C_b$,可得需要的电池容量约 4 898 mA·h。

根据实际电池容量值,选择 5 000 mA·h 的某电池,质量 500 g。

6. 实际质量计算

根据所选的电力推进系统,每套螺旋桨、电动机、电调组合总质量 110 g,电池质量 500 g,可得所选择的电力推进系统与整机的总质量为 1 440 g,即系统实际总质量 G = 14.40 N。所选电力推进系统实际参数如表 7.1 所示。

表 7.1 电力推进系统参数实例

类 别	详 细 参 数
整机参数	G = 14.4 N；n_r = 4
螺旋桨参数	升力系数 C_F = 9.849×10^{-2}；扭矩系数 C_M = 6.81×10^{-3}；直径 D = 10 in
电动机参数	KV 值 K_V = 910 (r/min)/V；空载电压 U_{m0} = 10 V；空载电流 I_{m0} = 0.5 A；内阻 R_m = 0.101 Ω
电调参数	内阻 R_e = 0.008 Ω；最大允许电流 30 A
电池参数	容量 C_b = 5 000 mA·h；最小剩余容量 0.2C_b；内阻 R_b = 0.01 Ω；额定电压 U_b = 12 V

7. 性能计算

下面计算多旋翼无人机在空载和带负载情况下是否满足性能需求。

(1) 空载悬停时间计算

首先,系统空载总质量 G = 14.40 N,悬停状态下,由式(7.33)可得单个螺旋桨需产生的升力 F = 3.60 N。将所得螺旋桨升力 F 和已有螺旋桨参数,代入螺旋桨模型,由式(7.29)可得悬停时需要转速 Ω = 4 950 r/min,需要扭矩 M = 0.063 2 N·m。

其次,将螺旋桨所需转速 Ω 和扭矩 M、电动机参数代入电动机模型,由式(7.30)可得电动机等效工作电流 I_m = 6.52 A,电动机等效工作电压 U_m = 6.10 V。

再次,将所得电动机等效工作电流 I_m、等效工作电压 U_m、电调参数代入电调模型,由式(7.31)可得占空比 σ = 54.9%,电调输入电流 I_e = 3.58 A。

最后,将所得电调需要输入电流 I_e 代入电池模型,由式(7.32)可得电池输出电流 I_b = 15.33 A,电池放电时间 t_b = 15.66 min,可满足悬停续航需求。

(2) 带负载悬停时间计算

首先,系统带负载总质量 G = 17.10 N,悬停状态下,由式(7.33)可得单个螺旋桨需产生的升力 F = 4.275 N。将所得螺旋桨升力 F 和已有螺旋桨参数,代入螺旋桨模型,由式(7.29)可得悬停时需要转速 Ω = 5 394 r/min,需要扭矩 M = 0.075 0 N·m。

其次,将螺旋桨所需转速 Ω 和扭矩 M、电动机参数代入电动机模型,由式(7.30)可得电动机等效工作电流 I_m = 7.65 A,电动机等效工作电压 U_m = 6.70 V。

再次,将所得电动机等效工作电流 I_m、等效工作电压 U_m、电调参数代入电调模型,由式(7.31)可得占空比 σ = 60.4%,电调输入电流 I_e = 4.62A。

最后,将所得电调需要输入电流 I_e 代入电池模型,由式(7.32)可得电池输出电流 I_b = 19.48 A,电池放电时间 t_b = 12.3 min,可满足悬停续航需求。

综上,该电力推进系统满足无人机续航和带负载悬停需求。

7.6 本章小结

本章主要介绍了全电推进的多旋翼无人机的飞行原理,电力推进系统的组成、参数及数学模型,电力推进系统的设计方法和电力推进系统设计实例。

多旋翼无人机在多个旋翼产生的升力、反扭矩的共同作用下,可以完成4种基本运动:升降运动、滚转运动、俯仰运动和偏航运动。在此基础上可实现空间任意轨迹的运动。

多旋翼无人机电力推进系统由螺旋桨、电动机、电调、电池4部分组成,电池提供能量来源,输出电流和电压;经电调控制后,输出电动机实际工作的等效电流和电压;电动机将电能转换成机械能,驱动螺旋桨旋转。根据电力推进系统每部分的工作原理,可提取相关参数建立数学模型,为电力推进系统设计提供依据。

电力推进系统设计以无人机性能需求为输入条件,通过预估整机质量和升力,依次开展螺旋桨、电动机、电调和电池设计,初步设计完成后验证实际电力推进系统是否满足性能需求,进而迭代优化,直至满足无人机总体要求。

习　题

1. 六旋翼飞行器的旋翼旋转方向与四旋翼有何异同?

2. X型和十字型的四旋翼飞行器实现4种基本运动时各个螺旋桨转速变化有何异同?

3. 除了X型、十字型,有没有其他形式的多旋翼飞行器?

4. 查阅相关文献,写出你认为的多旋翼无人机未来的发展趋势。

5. 四旋翼无人机可采用正反桨叶的形式平衡反扭矩,在单旋翼飞机中如何平衡螺旋桨产生的反扭矩?

6. 比较升力相同时,采用四旋翼、六旋翼、八旋翼构型的无人机性能的优、缺点。

7. 除了锂离子电池,现在全电的多旋翼无人机还可以使用其他电池吗?

8. 混合动力的多旋翼无人机和全电动力的多旋翼无人机在性能上有何区别?

9. 试证明:电动机功率一定时,电动机KV值K_V与扭矩系数K_M近似成反比。

10. 简述多旋翼无人机电力推进系统的设计流程。

参 考 文 献

[1] 豫章. 直升机发展概述. 直升机技术,2003,(4):35-41.

[2] 陈燮阳,乔惠英. 从木鸢、风筝到飞机的发明——人类飞行愿望的实现(二). 汽车研究与开发, 2001,(5):56-58.

[3] 刘锴. 小型四旋翼飞行器的设计与实现. 绵阳:西南科技大学,2017.

[4] 全权. 无人机为什么偏爱多旋翼? 这里有最全的解释. (2015-7-24)[2019-6-30]. https://

www. ithome. com/html/digi/165138. htm.

［5］余后明. 四旋翼无人机姿态控制研究. 太原：中北大学，2019.

［6］王言. 大疆：无人机从中国起飞. 机器人产业，2015，(1)：116－119.

［7］杨成顺. 多旋翼飞行器建模与飞行控制技术研究. 南京：南京航空航天大学，2013.

［8］薛亮. 多旋翼无人机飞行控制系统设计与实现. 南京：南京航空航天大学，2016.

［9］范智伟. 一种多旋翼无人飞行器的总体设计与实现. 武汉：华中科技大学，2016.

［10］全权. 解密多旋翼发展进程. 机器人产业，2015，(2)：72－83.

［11］中国航空运动协会. 遥控航空模型飞行员技术等级标准实施办法（试行）.（2014－12－16）
［2019－06－30］. http：//www. sport. gov. cn/n16/n33193/n33223/n35064/n4198980/5995692. html.

［12］刘沛清. 空气螺旋桨理论及其应用. 北京：北京航空航天出版社，2006.

［13］聂营，王生，杨燕初. 螺旋桨静推力数值模拟与实验对比分析. 计算机仿真，2009，26(3)：103－107.

［14］陈声麒，焦俊. 旋翼无人机螺旋桨静拉力性能的计算与试验验证. 电子机械工程，2017，33(5)：
60－64.

［15］MERCHANT M P, MILLER L S. Propeller performance measurement for low Reynolds number UAV applications. Reno：44th AIAA Aerospace Sciences Meeting and Exhibit，2006：1127.

［16］MOFFITT B, BRADLEY T, PAREKH D, et al. Validation of vortex propeller theory for UAV design with uncertainty analysis. Reno：46th AIAA Aerospace Sciences Meeting and Exhibit，2008：406.

［17］BANGURA M, LIM H, KIM H J, et al. Aerodynamic power control for multirotor aerial vehicles. Hong Kong：2014 IEEE International Conference on Robotics and Automation (ICRA)，2014：529－536.

［18］LINDAHL P, MOOG E, SHAW S R. Simulation, design, and validation of an UAV SOFC propulsion system. IEEE Transactions on Aerospace & Electronic Systems，2012，48(3)：2582－2593.

［19］RAMESH K A. Recent advances in aircraft technology. London：INTECH Open Access Publisher，2012.

［20］全权. 多旋翼飞行器设计与控制. 杜光勋，赵峙尧，戴训华，等译. 北京：电子工业出版社，2018.

第8章
微型扑翼无人机动力

学习要点

(1) 了解微型扑翼飞行的升力产生机制。

(2) 了解微型扑翼无人机中电机动力系统的组成和工作原理。

(3) 了解压电、直线式电磁、静电3种直线式动力系统的组成和工作原理,了解微型扑翼无人机动力的发展趋势。

The research on the DelFly I and DelFly II have led to the successful development of the DelFly Micro: a 3. 07 gram weighing ornithopter with a wing span of 10 cm.

——Design, Aerodynamics, and Vision-based Control of the DelFly

2005年,荷兰代尔夫特理工大学一支主要由本科生组成的研究团队,开始了微型扑翼飞行无人机项目"DelFly Project"的研究。在发展了 DelFly I 和 DelFly II 两个原型机以后,于 2008 年推出了首款可自主飞行的微型扑翼无人机 DelFly Micro,该无人机总重

3.07 g、翼展 10 cm，并携带拍照、录像设备，续航时间为 2~3 min。DelFly Micro 由质量为 1 g 的电池供电，由 0.45 g 的直流无刷电机驱动曲柄机构，进而带动翅翼结构拍动提供升力。该无人机开启了微型扑翼无人机的研究热潮，基于压电、直线式电磁、静电等驱动原理的微型扑翼无人机的研究是目前无人机领域的研究热点。

8.1 概　　述

微型无人机一般是指翼展尺寸在 15 cm 以内、总质量不大于 100 g[1] 的飞行器。由于尺寸微小，微型无人机的机翼形式对其性能影响很大，考虑到微小尺寸下机翼黏滞效应的影响，微型无人机若采用固定翼或旋翼飞行方式，机翼的气动性能会明显降低[2]。微型扑翼无人机采用仿生学设计、通过翅翼结构拍动提供动力，是近些年来的研究热点。

微型扑翼无人机的动力系统包括电源、驱动器、传动机构和翅翼结构等，如图 8.1 所示。其中，电源为动力系统提供能量，通过电路设计，将其输出电压转换为驱动器的工作电压；驱动器将电能转换为机械能，并通过传动机构驱动翅翼结构；翅翼结构通过一定轨迹的运动产生气动升力和推力，从而实现动力输出。除动力系统外，微型扑翼无人机还包括机体、通信系统、导航系统、制导系统、飞行控制系统和任务载荷系统等。

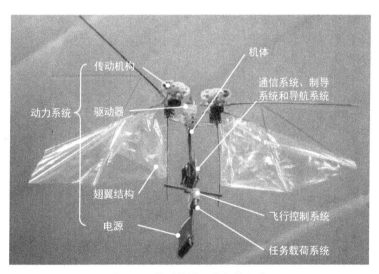

图 8.1　微型扑翼无人机的组成

根据驱动原理的差异，微型扑翼无人机目前所采用的动力系统主要有电机、压电、直线式电磁和静电等类型。其中，电机动力系统技术较为成熟，采用电机动力系统的扑翼无人机（翼展范围一般为 0.1~2 m，横跨小型无人机至微型无人机范畴）已实现自主飞行，其他 3 类动力系统目前仍处于研究阶段，其所驱动的微型扑翼无人机（翼展一般在 10 cm 以下）尚未实现自主飞行。针对采用扑翼飞行方式的无人机，本章首先介绍扑翼飞行的高升力气动机制和影响因素，其次再分别介绍以上 4 类动力系统的组成与原理，以及相关的研制历程。

8.2 微型扑翼飞行气动机制

微型扑翼无人机利用翅翼结构的运动(可分解为拍动和扭转)产生升力。尽管微型扑翼无人机尺寸存在差异,但其翅翼结构的运动轨迹大致相似,其对应的气动机制一般采用非定常气动理论进行解释。

对于微型扑翼无人机而言,翅翼结构的运动轨迹一般参考昆虫的振翅轨迹进行仿生设计,可分为沿翅翼根部的拍动运动和沿翅翼前缘的扭转运动,两者共同决定了微型扑翼无人机的气动升力和推力。根据翅翼结构拍动和扭转组合轨迹规律,翅翼结构的高升力机制可大体分为打开-合拢(clap-fling)机制、延迟失速(delayed stall)机制、旋转环流(rotational circulation)机制、尾迹捕获(wake capture)机制等[3]。

打开-合拢机制可用于解释一部分小型昆虫高升力的产生机制。1973年,Weis-Fogh通过观察小黄蜂的振翅特点,提出了打开-合拢机制,其气动原理如图8.2所示,昆虫翅翼前缘和尖端在顶点处合拢,然后两翅逐渐向外侧扭转并从前缘处分开,此时两翅间夹角增大,翅翼间的低压区域使得外部的气流迅速进入翅翼结构打开形成的缝隙中,空气流动使得翅翼周围形成两个旋转涡,从而产生气动升力;当两翅张开到一定角度时,两翅翼尾缘分开并向两侧拍动,两翅翼表面形成边界涡并产生气动升力。由于大部分昆虫并非采用上述振翅方式,打开-合拢机制不适用于解释大型昆虫的高升力产生机制[4,5]。

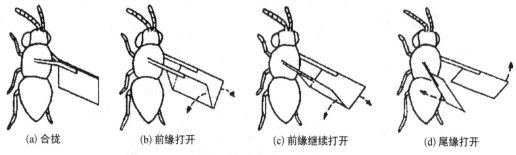

(a) 合拢　　　　(b) 前缘打开　　　　(c) 前缘继续打开　　　　(d) 尾缘打开

图8.2　打开-合拢机制原理图

延迟失速机制是翅翼结构直线式拍动时气动升力产生的主要机制,其原理如图8.3所示。以固定机翼的升力原理为参照,固定机翼的飞行升力来源于上、下表面的压力差[图8.3(a)],当机翼以大攻角飞行时,流动发生分离并导致失速现象发生,升力大幅衰减。而对于微型扑翼无人机,翅翼结构在拍动过程中产生两个前缘涡,分别由拍动初始阶段翅翼结构的快速扭转以及整个拍动阶段翅翼的大攻角产生,前者在翅翼结构扭转结束后脱落,而后者在拍动过程一直存在于翅翼面,如图8.3(b)所示。由于翅翼结构在拍动过程中都有前缘涡的存在,翅翼结构能始终维持一定升力而不会发生失速现象,这种现象被称为延迟失速机制。

旋转环流机制主要发生在翅翼结构拍动方向改变时,此时翅翼结构快速扭转并重新形成正的攻角,翅翼结构旋转环流机制的原理如图8.4所示。在某次向前拍动结束时,翅

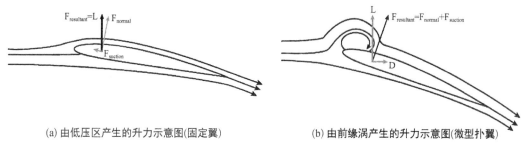

(a) 由低压区产生的升力示意图(固定翼) (b) 由前缘涡产生的升力示意图(微型扑翼)

图 8.3 延迟失速机制原理图

翼结构迅速向后扭转,产生逆向涡流,使上方气流速度比下方快,形成压力差,从而产生升力,气动力的方向和翅翼结构拍动及扭转的相对运动关系有关。同时,翅翼结构扭转的时刻不同,其产生的非定常升力差异较大[6],试验研究表明,在翅翼结构改变拍动方向之前,翅翼结构提前扭转并形成正的攻角有利于提高气动升力。

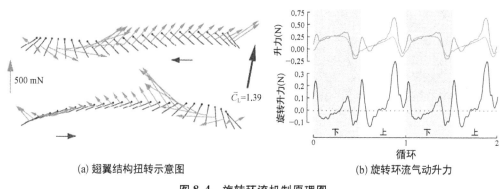

(a) 翅翼结构扭转示意图 (b) 旋转环流气动升力

图 8.4 旋转环流机制原理图

尾迹捕获机制发生在翅翼的快速扭转时刻,此时翅翼进入前一次拍动留下的尾流并提升气动升力。如图 8.5 所示,昆虫翅翼在每一次拍动后都会留下尾流,如果翅翼拍动速度较快,在前一次拍动的尾流还没来得及消散时,翅翼迅速扭转并改变拍动方向,尾流中的气流能量通过尾迹捕获被部分收集,从而产生正的升力,翅翼因尾流的存在而增加升力的现象被称为尾迹捕获[6,7]。

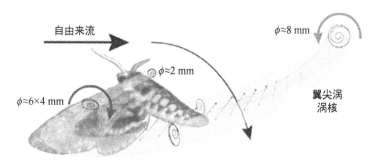

图 8.5 尾迹捕获机制示意图

除上述气动机制外,微型扑翼无人机的气动升力还与翅翼的结构参数有关,如翅翼的刚柔性分布等。现有研究表明,在大攻角下,翅翼尾缘适当的柔性变形有利于提高气动升力,当翅翼结构刚度过低时,翅翼结构过大的柔性变形反而会降低气动升力。因此,为实现微型扑翼无人机的高气动升力,一方面需满足翅翼的高升力振翅轨迹;另一方面,也需选择合适的翅翼结构参数,合理设计翅翼的刚度分布。

为实现翅翼结构的刚柔性要求,翅翼结构通常采用刚性材料(如碳纤维)作为支撑骨架,采用柔性薄膜作为翅翼翼面材料。考虑到微型扑翼无人机的尺寸不同,其翅翼结构的加工方式也有所差异,如电机动力系统所采用翅翼结构尺寸稍大,可采用手工粘接进行加工,如图8.6(a)所示。对于压电、直线式电磁和静电动力系统所采用的翅翼结构,其长度一般在2 cm以下,一般采用激光切割工艺加工碳纤维支撑骨架,碳纤维丝的分布方向与翅脉结构的走向一致;翅翼结构的翼面材料一般采用厚度为数微米的聚酯薄膜,碳纤维骨架和聚酯薄膜通过环氧树脂胶在高温下实现黏合,如图8.6(b)所示。

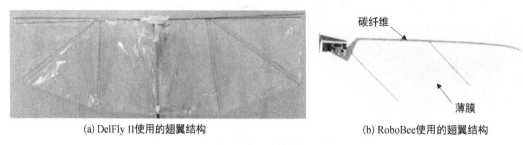

(a) DelFly II使用的翅翼结构   (b) RoboBee使用的翅翼结构

图8.6　翅翼结构实物图

8.3　电机动力系统

电机动力系统采用电机作为驱动源,其工作原理与本书第6章全电推进原理相同。对于微型扑翼无人机采用的电机动力系统,电机对外输出旋转运动但不直接驱动推进器,而是通过传动机构来驱动翅翼结构实现特定的振翅轨迹,从而产生气动升力。

8.3.1　组成与原理

电机动力系统一般包括电源、微型电机、传动机构、翅翼结构等组成部分,如图8.7所示。其中,电源一般采用锂离子电池;微型电机一般采用直流电机;传动机构实现运动转换,将电机输出的旋转运动转化为翅翼结构的拍动和扭转运动。为了满足微型扑翼无人机的动力需求,电机动力系统中的电机应该具备质量小、输出扭矩大等特点;传动机构除满足轻质的要求外,还应具有高的传动效率;翅翼结构通过特定的振翅轨迹产生升力,需满足轻质、高强度的要求。

1. 微型电机

微型扑翼无人机电机动力系统一般采用微型直流电机作为驱动源,主要包括有刷电机和无刷电机两种结构形式。在微型扑翼无人机发展的早期阶段,部分电机动力系统采用有刷电机输出旋转运动,图8.8为DelFly I使用的有刷微型电机,该电机为瑞士Didel

SA 的 MK07－2.3 型号,驱动电压为 1.2 V,线圈电阻为 2.3 Ω,质量为 2.78 g,轴径为 1.00 mm[8]。相比于有刷电机,无刷电机具有更高的效率和功率密度,且避免了有刷电机的磨损问题,在微型扑翼无人机上应用较多。

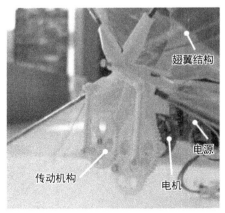

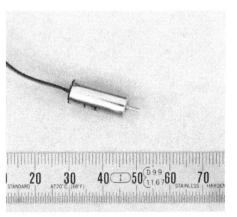

图 8.7　电机动力系统组成　　　　　图 8.8　MK07－2.3 微型电机

2. 传动机构

电机动力系统的传动机构一般为曲柄连杆机构,以平面四杆机构为基本形式,通过曲柄、连杆等机构的传动,可将微型电机输出的旋转运动转化为直线往复运动,从而驱动翅翼结构实现拍动和扭转轨迹[9]。根据结构形式特点,电机动力系统的传动机构主要包括 3 种:双连杆式[10]、单连杆式[9]和螺旋弹簧式[11]。对于微型扑翼无人机而言,具体采用何种传动机构,需要考虑微型扑翼无人机的几何参数、质量限制、功率消耗以及微型电机的输出力矩、翅翼结构的拍动参数等,同时还需考虑可加工性和轻质、高效的性能要求。

平面四杆机构:

　　平面四杆机构由 4 个构件组成,各运动构件均在相互平行的平面内运动,其基本形式为铰链四杆机构,如图 8.9。固定不动的构件 4 为机架;直接与机架相连的构件 1 和 3 称为连架杆,其中能做整周回转的连架杆称为曲柄(如构件 1),仅能在某一角度范围内做往复摆动的连架杆称为摇杆(如构件 3);连接两连架杆的构件 2 称为连杆[12]。

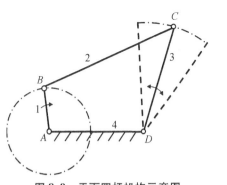

图 8.9　平面四杆机构示意图

双连杆式传动机构通过曲柄将电机输出的旋转运动转化为圆周上一点的运动,然后利用两个连杆将曲柄的圆周运动转化为两个摇杆的往复拍动运动,翅翼结构则分别固定于上述两连杆末端,双连杆式传动机构的结构示意图如图 8.10(a)所示。双连杆式传动机构具有结构紧凑、质量轻的优点,但由于两边的摇杆存在相位差,两边翅翼结构也存在拍动不对称的缺陷。荷兰代尔夫特理工大学研制的 DelFly I 即采用上述传动机构,其结构形式如图 8.10(b)所示。

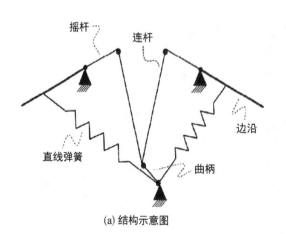

(a) 结构示意图　　　　　　　　　(b) DelFly I的双连杆式传动机构实物图

图 8.10　双连杆式传动机构

单连杆式传动机构也通过曲柄将电机输出的旋转运动转化为圆周运动,再通过单一连杆将曲柄的圆周运动转化为滑块的上下运动,最后利用与滑块连接的柔性关节将滑块的上下运动转化为翅翼结构的往复拍动,其结构示意图如图 8.11(a)所示。相比于双连杆式传动机构,单连杆式传动机构可以保证两侧翅翼结构拍动的对称性,图 8.11(b)为美国马里兰大学(University of Maryland, College Park)研制的微型扑翼无人机使用的单连杆式传动机构。

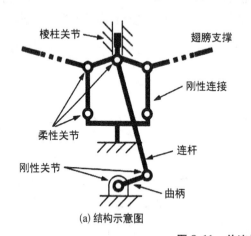

(a) 结构示意图　　　　　　　　　(b) 单连杆式传动机构实物图

图 8.11　单连杆式传动机构

螺旋弹簧式传动机构以弹簧为中间结构,将翅翼结构连接于电机的输出轴,弹簧连接于机架和输出轴之间,其结构形式如图 8.12 所示。采用螺旋弹簧式传动机构时,动力系统虽然仍然使用无刷电机作为驱动源,但无刷电机通入的是交流电,即电机输出的是交替式正反转运动,通过螺旋式弹簧存储弹性势能并减小转动方向改变时的惯性力影响。螺旋弹簧式传动机构无需曲柄连杆即可实现翅翼结构的往复式拍动,结构简单,便于扑翼无人机微型化和减重,图 8.12 所示为新加坡南洋理工大学(Nanyang Technological University)研制的微型扑翼无人机,其翼展为 8 cm 左右,质量为 6.8 g。

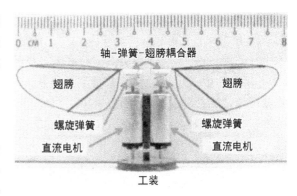

图 8.12　螺旋弹簧式传动机构

8.3.2　研制历程

电机动力系统发展距今已有 20 余年的历史,采用电机动力系统的微型扑翼无人机目前已实现自主飞行,其中最具代表性的是荷兰代尔夫特理工大学研制的 DelFly,以及由美国 AeroVironment Inc. 研制的仿蜂鸟无人机 Nano Hummingbird。本节重点介绍这两种微型扑翼无人机的研制历程。

1. DelFly 发展历史

DelFly 自 2005 年问世以来,经历了尺寸上从大到小、功能上从可控飞行到自主飞行、构型上从有尾翼到无尾翼几个发展阶段。下面以时间为主线介绍 DelFly 的研制历程。

2005 年,DelFly I 问世并首次实现该系列微型扑翼无人机的可控带载飞行。DelFly I 扑翼无人机翼展为 35 cm,质量为 21 g。如图 8.13 所示,DelFly I 采用一个直流有刷电机作为动力源,尾翼采用倒 V 型构型,采用电磁线圈式驱动器实现翼面调节和控制,整机可

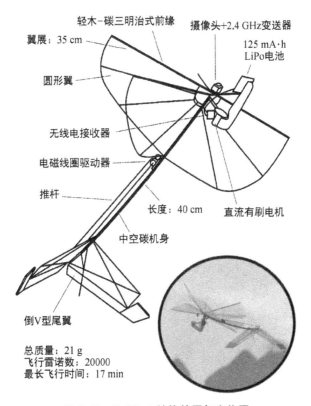

图 8.13　DelFly I 结构简图与实物图

以携带一个摄像头快速飞行和缓慢飞行(接近悬停),在机载 125 mA·h 锂离子电池供电的条件下,DelFly I 可持续飞行 17 min[8]。DelFly I 的成功试飞验证了微型扑翼无人机可控飞行的可行性,为后续相关微型扑翼无人机的发展开辟了先河。

2007 年,DelFly II 问世并首次实现了悬停和向后飞行机动功能。DelFly II 扑翼无人机翼展缩减为 28 cm,质量降低为 16 g。如图 8.14 所示,DelFly II 在结构上与 DelFly I 大体类似,在动力源的选择上将 DelFly I 所采用的直流有刷电机更换为无刷电机;在尾翼

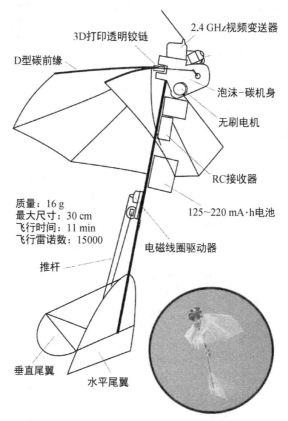

图 8.14　2007 年版 DelFly II 的结构简图与实物图

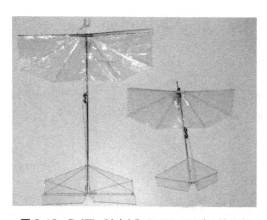

图 8.15　DelFly I(左)和 DelFly II(右)的比较

的设计上,DelFly II 采用了与固定翼飞行器类似的水平尾翼和垂直尾翼;在翼面调节和控制上,DelFly II 仍然采用了与 DelFly I 类似的电磁线圈驱动器。在飞行性能上,DelFly II 能够以 7 m/s 的速度向前飞行或以 1 m/s 的速度向后飞行,此外,DelFly II 还实现了悬停飞行功能,在机载锂离子电池供电的条件下可持续飞行 11 min,图 8.15 给出了 DelFly II 与 DelFly I 的结构对比图。

2008 年,DelFly Micro 问世,其翼展尺寸

首次突破 15 cm 的范畴。DelFly Micro 微型扑翼无人机翼展为 10 cm,质量仅为 3.07 g。如图 8.16 所示,DelFly Micro 在结构上与 DelFly II 大体一致,均采用直流无刷电机作为驱动源并采用水平尾翼和垂直尾翼设计,DelFly Micro 在机载锂离子电池供电的条件下可持续飞行 3 min。DelFly Micro 在机体上集成了微型摄像头和数据传输模块,它也被吉尼斯世界纪录认证为"世界上最小的带摄像头的飞行器"。

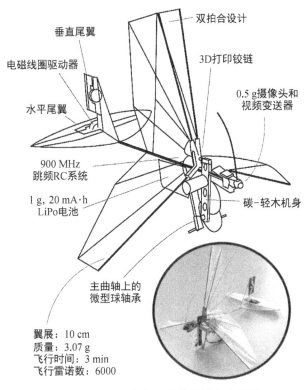

翼展: 10 cm
质量: 3.07 g
飞行时间: 3 min
飞行雷诺数: 6000

图 8.16 DelFly Micro 结构简图与实物图

2013 年,DelFly Explorer 问世并首次实现该系列微型扑翼无人机的自主避障飞行[13]。DelFly Explorer 翼展为 28 cm,质量为 20 g。如图 8.17 所示,DelFly Explorer 在结构设计上与 DelFly II 类似,但在翅翼结构和尾翼之间增加了副翼结构用于飞行控制。DelFly Explorer 在机体上集成了惯性测量单元、压力高度计、立体视觉系统、视频处理单元等微传感器和系统,借助这些微传感器和系统,DelFly Explorer 可以在无外界控制的情况下实现起飞、爬升到指定高度并悬停等机动动作,同时,DelFly Explorer 集成有自动驾驶仪,可实现飞行过程中的主动避障。在机载电源供电的条件下,DelFly Explorer 可实现长达 9 min 的自主飞行。

2018 年,DelFly Nimble 问世并首次实现无尾翼构型微型扑翼无人机的自主飞行。DelFly Nimble 翼展为 33 cm,质量为 29 g[14]。如图 8.1 所示,DelFly Nimble 在气动设计上舍弃了该系列扑翼无人机一直沿用的尾翼设计,可直接通过控制翅翼结构进行飞行姿态控制,同时,DelFly Nimble 在结构上也集成了通信、导航、视觉传感和自动驾驶仪等微系统,可实现自主飞行;DelFly Nimble 升重比(升力/重力)达到 1.3,可以额外携带 4 g 的负

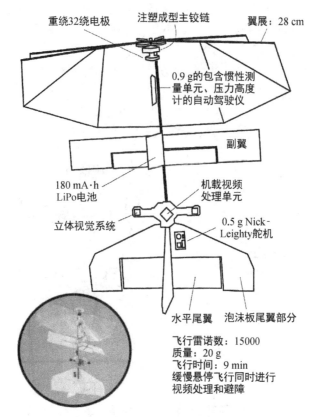

重绕32绕电极　　注塑成型主铰链　　翼展：28 cm

0.9 g的包含惯性测量单元、压力高度计的自动驾驶仪

副翼

180 mA·h LiPo电池

机载视频处理单元

立体视觉系统

0.5 g Nick-Leighty舵机

水平尾翼　　泡沫板尾翼部分

飞行雷诺数：15000
质量：20 g
飞行时间：9 min
缓慢悬停飞行同时进行
视频处理和避障

图 8.17　DelFly Explorer 结构简图与实物图

载。在机载电源供电条件下,DelFly Nimble 可在 17 Hz 的拍动频率下悬停飞行超过 5 min,峰值功率下前进巡航速度可达 3 m/s(约 11 km/h),飞行距离可以超过 1 km;此外,DelFly Nimble 可以实现 360° 的翻转飞行,也可以迅速从悬停状态转换到快速飞行状态,最快飞行速度可达 7 m/s(约 25 km/h)。

由上述研制历程可以看出,DelFly 经过 10 余年的发展,在尺寸、构型、飞行功能等方面均实现了阶段式突破。在尺寸方面,从翼展 35 cm 的 DelFly I 发展到翼展仅为 10 cm 的 DelFly Micro,达到微型无人机的尺寸范围;在构型方面,从带尾翼构型发展到无尾翼构型的 DelFly Nimble,升重比和机动性得到进一步提升;在飞行功能方面,从 DelFly I 的可控飞行发展到 DelFly Nimble 的主动避障飞行,微型扑翼无人机的功能更加完备。

2. Nano Hummingbird 发展历史

在美国 DARPA 的资助下,美国 AeroVironment Inc. 的纳米飞行器(nano aerial vehicle, NAV)项目于 2006 年立项,该项目旨在发展一种微型扑翼无人机。在长达 5 年的研制过程中,NAV 研究团队设计了上百种构型的原型机,最后成功研制出一款仿蜂鸟微型扑翼无人机 Nano Hummingbird,其发展历程如图 8.18 所示。Nano Hummingbird 由最初的尾翼控制方式,发展到最后利用两侧翅翼结构的拍动相位差和力矩差实现飞行控制;同时,在发展的过程中,Nano Hummingbird 的升重比不断提升,功能也越来越完善,目前已实现带负载自主飞行。

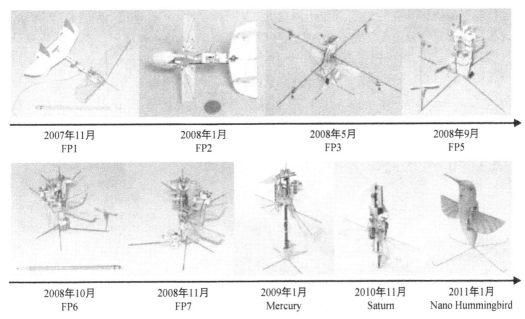

2007年11月
FP1

2008年1月
FP2

2008年5月
FP3

2008年9月
FP5

2008年10月
FP6

2008年11月
FP7

2009年1月
Mercury

2010年11月
Saturn

2011年1月
Nano Hummingbird

图 8.18　AeroVironment Inc. 研制的微型扑翼无人机发展历史

2007 年,NAV 研究团队探索了带尾翼构型的微型扑翼无人机,但无法实现飞行控制。NAV 研究团队研发的第一款微型扑翼无人机原型机 FP1 翼展达到 22.5 cm,其构型与代尔夫特理工大学研制的 Delfly II 原型机类似,均采用了水平尾翼和垂直尾翼设计,FP1 原型机能以非常低的速度向前飞行,但无法实现悬停控制。在 FP1 原型机的基础上,NAV 研究团队于 2008 年 1 月研发了 FP1 的缩型版本 FP2 原型机,将其翼展缩小至 10 cm,但仍然无法实现飞行控制。

2008 年,NAV 研究团队大力发展了无尾翼构型的微型扑翼无人机并采用旋翼提供反力矩进行飞行控制。基于 FP1、FP2 的飞行测试,2008 年 5 月,NAV 研究团队放弃了通过尾翼进行飞行控制的策略,首次提出了无尾翼构型的 FP3 原型机。FP3 采用了定制的飞行控制器和 4 个双向旋翼推进器,通过速率陀螺仪感知微型扑翼无人机的姿态,并通过旋翼提供反力矩来实现飞行控制。在这种控制策略下,FP3 原型机可以悬停几秒钟,后续的 FP5 和 FP6 原型机均采用这种控制策略,在 FP3 原型机的基础上,FP5 和 FP6 依次增加一个基于翅翼结构的控制轴,先增加了偏航控制,其次是侧倾控制,最后是俯仰控制。

2008 年底~2010 年,NAV 研究团队采用翅翼结构运动参数进行飞行控制,成功实现了悬停 20 s 的里程碑成就。2008 年 11 月,NAV 研究团队放弃了采用旋翼进行飞行控制的设计,进而选用了直接通过翅翼结构的运动参数调节实现飞行控制的策略,并研发了第一款完全基于翅翼结构运动参数控制的原型机 FP7。2009 年 1 月,NAV 研究团队在 FP7 的基础上集成了飞行控制、能源和通信等子系统,研发了 Mercury 原型机并优化了微型扑翼无人机构型,最终成功实现了悬停飞行 20s 的里程碑成就,后续的 Jupiter 原型机和 Saturn 原型机均是 Mercury 原型机的优化构型,进一步提高了飞行稳定性。

2011 年,NAV 研究团队在 Saturn 原型机基础上进行了仿生学设计,成功实现了带负载的可控飞行。2011 年 1 月,NAV 研究团队针对 Saturn 原型机结构进行了重新设计,集成了仿蜂鸟的机体外壳并最终推出仿蜂鸟无人机 Nano Hummingbird。如图 8.19 所示，Nano Hummingbird 采用无尾翼设计，质量为 19 g，翼展为 16.5 cm，可以在空中悬停数分钟，飞行前进速度可以达到 6.7 m/s，甚至还能实现后空翻飞行。Nano Hummingbird 采用遥控飞行方式，机载的计算机能执行速度和角度的修正，此外可以实现实时彩色视频信号的传输[15]。Nano Hummingbird 在驱动源上选用了直流无刷电机，传动机构以弹簧为主体，可以实现电机旋转运动到翅翼结构拍动运动的转换，传动机构实物图如图 8.20 所示。

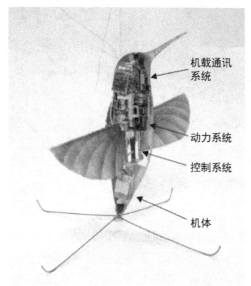

图 8.19　Nano Hummingbird 仿蜂鸟无人机　　图 8.20　Nano Hummingbird 的传动机构

8.4　压电动力系统

　　压电动力系统是指利用压电驱动器实现能量转换、输出动能的动力系统。压电驱动器可输出直线往复式运动（高频振动），其功率密度与飞行昆虫肌肉在同一个量级，适用于微型扑翼无人机（翼展一般在 10 cm 以下），其中，美国哈佛大学（Harvard University）研制的微型扑翼无人机 RoboBee 是采用压电动力系统的典型代表。

8.4.1　组成与原理

　　微型扑翼无人机采用的压电动力系统主要由压电驱动器、传动机构、翅翼结构等组成，考虑到能源系统微型化目前尚未突破，压电动力系统还未实现能源系统的集成（采用地面电源供电）。压电动力系统结构组成如图 8.21 所示，压电驱动器在交流电压的驱动下输出直线往复式运动，通过传动机构将压电驱动器的振动输出转换为翅翼结构有轨迹的拍动与扭转运动，进而产生升力；机架与机身融为一体，为传动机构提供支点，同时为压电驱动器提供固定端。目前，压电动力系统还未实现电源系统的集成，还需通过外部电源供电的方式工作（带电源线工作）。

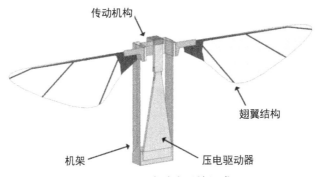

图 8.21　压电动力系统组成

1. 压电驱动器

压电驱动器利用压电材料的逆压电效应对外输出运动。压电材料是指受到压力作用时两端面间会产生电压的晶体材料,逆压电效应的原理如图 8.22 所示:在压电晶体的极化方向上施加电场,晶体将会产生变形,当电场去掉后,压电晶体的变形随之消失。压电驱动器的工作原理如图 8.23 所示,将压电材料制成的压电层与弹性材料制成的弹性层黏合在一起并将一端固定,当压电材料上加载正弦波或者方波交流电压时,由于逆压电效应的存在,压电材料产生周期性伸缩运动并驱动弹性层自由端产生微幅振动;当所施加交流电压的频率等于压电材料和弹性层组合梁的固有频率时,压电悬臂梁发生共振且输出功率和输出振幅最大。从结构动力学的角度而言,压电驱动器的振动输出属于受迫振动。

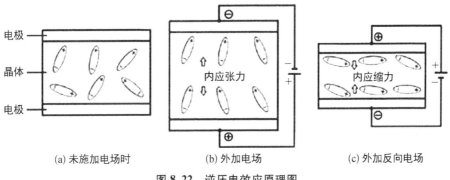

图 8.22　逆压电效应原理图

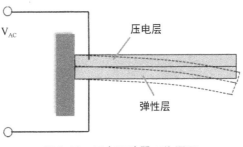

图 8.23　压电驱动器工作原理

受迫振动：

受迫振动是指系统在受到周期性外力的作用时，产生与外力频率相同的简谐运动。如图 8.24 所示，在振动的过渡阶段会含有自由伴随振动，到稳态后将最终形成与外力频率相同的周期振动。

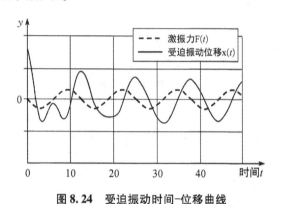

图 8.24　受迫振动时间-位移曲线

为提高压电驱动器的输出位移和功率，压电驱动器一般采用压电双晶片构型。如图 8.25 所示[16]，两片形状相同、极化方向相同的压电陶瓷片黏合在弹性层（碳纤维）的上下两侧，为了使压电材料的应力分布更加均匀并提高悬臂梁自由端的输出位移，在自由端碳纤维层的上下两侧各增加了一层玻璃纤维。当交流电压施加于上下两层压电材料时，压电材料同时变形并驱动碳纤维弹性层输出振动。相比于图 8.23 中的压电单晶片驱动器，在相同尺寸规格下，

图 8.25　压电双晶片驱动器结构组成

压电双晶片驱动器的自由端可以输出更大的位移，降低了压电动力系统传动机构设计的难度。

2. 传动机构

压电动力系统的传动机构采用类似昆虫胸腔结构的仿生学设计，可将驱动器的振动输出转换为翅翼结构的拍动。图 8.26 和图 8.27 分别给出了昆虫翅翼的拍动过程与压电动力系统传动机构的工作过程。昆虫翅翼在拍动过程中，连接翅翼与外骨骼的背腹肌进行周期性的舒张与收缩运动，基于胸腔两侧的杠杆原理带动翅翼拍动；在压电动力系统

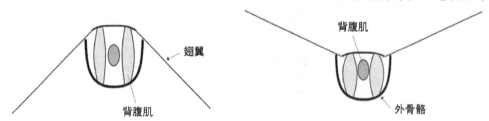

图 8.26　双翅目昆虫翅翼拍动过程

中,压电驱动器的振动输出代替了昆虫背腹肌的收缩和舒张运动,通过连杆设计和杠杆原理将驱动器的小幅振动转换为翅翼结构的大幅拍动[17],传动机构的工作过程与昆虫肌肉的工作过程类似。

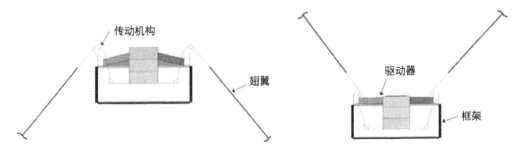

图 8.27　压电动力系统传动机构工作过程

为了实现翅翼结构的拍动和扭转组合轨迹,压电动力系统的传动机构可进一步分为位移放大机构和柔性铰链扭转机构。如图 8.28(a)所示,位移放大机构通过连杆和柔性铰链设计,可将左侧直线式往复振动输入转换为右侧摆动输出,通过将翅翼结构固定于右侧摆动梁即可实现翅翼结构的拍动。位移放大机构结构简单、质量轻,目前已广泛应用于微型扑翼无人机设计。

柔性铰链扭转机构的作用在于实现翅翼结构的扭转运动,一般采用被动扭转设计。如图 8.28(b)所示,柔性铰链两侧为碳纤维刚性材料,铰链中间为柔性薄膜材料,翅翼结构在拍动过程中受到气动力作用,柔性铰链中的薄膜材料在气动力的作用下产生弯曲变形,从而使翼面绕柔性铰链被动扭转并与拍动方向呈一定角度(攻角)。柔性铰链扭转机构结构简单、加工工艺成熟,目前已广泛应用于微型扑翼无人机翅翼结构的被动扭转设计。

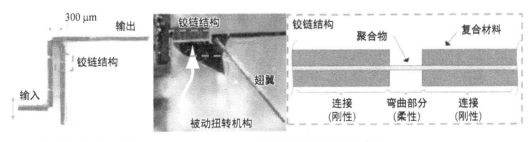

(a) 位移放大机构实物图　　　　(b) 柔性铰链扭转机构实物图

图 8.28　传动机构结构示意图

8.4.2　研制历程

2007 年,哈佛大学的 Robert J. Wood 团队(简称 Wood 团队)首次采用压电动力系统,实现了微型扑翼无人机 RoboBee 的沿竖直导轨飞行,如图 8.29 所示[17]。此后,RoboBee 经过图 8.30 中的一系列升级和优化,飞行性能逐渐完善[17-23]。2013 年,Wood 团队在全球首次实现了 RoboBee 的带线可控飞行,此后又相继开展了载重试验、静电吸附着陆和水陆空飞行功能等探索。本节以 RoboBee 的发展为主线,依次介绍驱动器、传动机构和翅翼结构的研制历程。

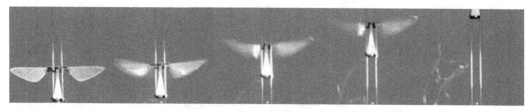

图 8.29　RoboBee 沿竖直导轨飞行[17]

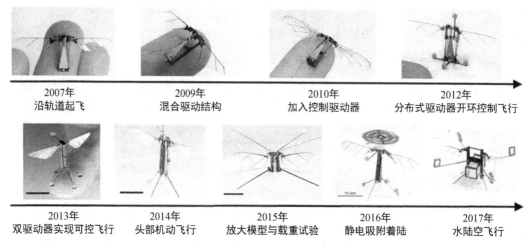

图 8.30　RoboBee 研制历程[17-25]

1. 驱动器

压电驱动器是压电动力系统的核心部件,其基本结构形式包括压电陶瓷制成的压电层与弹性材料制成的弹性层。得益于结构设计和加工工艺水平的提高,压电驱动器经历了从单层压电晶片到多层压电晶片的发展阶段,其驱动性能也不断提升。

2001 年,采用单层压电晶片和单层弹性材料的压电单晶片驱动器首次应用于微型扑翼无人机,但未能实现微型扑翼无人机的离地飞行。压电单晶片驱动器由美国加州大学伯克利分校(University of California, Berkeley)的研究人员首次应用于微型扑翼无人机,其结构形式与图 8.23 类似,压电材料选用单层 PZN - PT 压电晶片,弹性层材料选用不锈钢薄片,两者通过高温胶黏合成双层结构[26]。当交流电压施加于压电层时,压电单晶片产生周期性变化的纵向和横向应变,带动不锈钢弹性片自由端输出往复式振动。在微型扑翼无人机设计中,每一个翅翼结构由一对压电驱动器驱动,分别控制翅翼结构的拍动运动和扭转运动,压电驱动器总质量为 20 mg,占微型扑翼无人机总质量的 20%。

2005 年,采用双层压电晶片和单层弹性材料的压电双晶片驱动器首次应用于微型扑翼无人机,其功率密度超过昆虫飞行肌肉。在压电单晶片驱动器的基础上,哈佛大学 Wood 团队成功研制了一种毫克级的压电双晶片驱动器,其结构如图 8.31 所示。压电双晶片驱动器仍然采用悬臂梁构型,上下两层为锆钛酸铅压电陶瓷(PZT)晶片,中间弹性层为碳纤维材料,驱动器长度为 10 mm,质量仅为 12 mg。与压电单晶片驱动器相比,压电双晶片驱动器在相同几何尺寸下具有更高的输出位移和频率,其功率密度可以达到 400 W/kg,超过了昆虫的功率密度(整体 29~40 W/kg,飞行肌肉 80~93 W/kg)[16]。采用上述压电双晶片驱动器,Wood 团队于 2007 年首次实现了 RoboBee 的带线沿竖直导轨飞行,并于 2013 年实现了 RoboBee 的带线可控飞行。

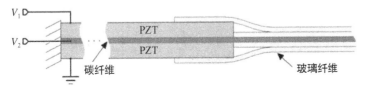

图 8.31　压电双晶片驱动器结构示意图[16]

2011 年,采用单层压电晶片和双层弹性片材料的压电扭转驱动器研制成功,且对外输出绕悬臂梁展向的扭转运动。为探索压电驱动器的不同运动输出形式,哈佛大学 Wood 团队采用上下两层碳纤维弹性材料夹单层压电晶片的设计,成功实现了压电驱动器的扭转输出。如图 8.32 所示,在上下碳纤维层中,碳纤维丝的分布方向与悬臂梁展向呈一定的角度,当交流电压施加于压电晶片时,压电晶片产生沿悬臂梁展向周期性变化的纵向和横向应变,压电晶片形变方向与碳纤维丝同样呈一定的角度,此时,悬臂梁不再输出往复式振动,而是输出绕悬臂梁展向的扭转运动[27]。

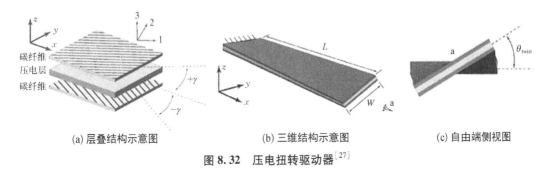

(a) 层叠结构示意图　　　　　(b) 三维结构示意图　　　　　(c) 自由端侧视图

图 8.32　压电扭转驱动器[27]

2015 年,采用新型加工工艺的压电驱动器研制成功,驱动器的能量密度和平均寿命得到大幅提高。为了进一步提高压电驱动器的输出性能,Wood 团队在压电双晶片驱动器的基础上引入了包括压电材料激光融化和抛光、添加绝缘涂层和高质量背胶止裂层等一系列新的工艺[28],其所加工的压电驱动器结构如图 8.33 所示。相比于采用传统激光切割工艺加工的压电驱动器,采用上述新型工艺方法的压电驱动器能量密度提高了 70%,平均寿命提高了 15 倍。

2016 年,采用多层压电材料制成的压电驱动器研制成功,进一步降低了压电驱动器的质量和工作电压,提高了压电驱动器的功率密度。为进一步提高压电驱动器的输出性能[29],Wood 团队在压电双晶片驱动器的基础上研制了一种多层压电驱动器,其结构如图 8.34 所示。新型多层压电驱动器包含四层压电陶瓷和一层碳纤维材料,上下两侧的两层

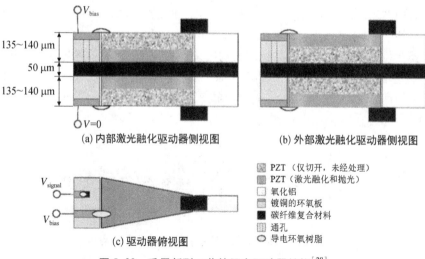

(a) 内部激光融化驱动器侧视图　　　　　(b) 外部激光融化驱动器侧视图

PZT（仅切开，未经处理）
PZT（激光融化和抛光）
氧化铝
镀铜的环氧板
碳纤维复合材料
通孔
导电环氧树脂

(c) 驱动器俯视图

图 8.33　采用新型工艺的压电驱动器结构[28]

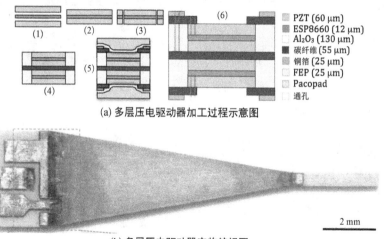

PZT (60 μm)
ESP8660 (12 μm)
Al₂O₃ (130 μm)
碳纤维 (55 μm)
铜箔 (25 μm)
FEP (25 μm)
Pacopad
通孔

(a) 多层压电驱动器加工过程示意图

2 mm

(b) 多层压电驱动器实物俯视图

图 8.34　多层压电驱动器[29]

压电材料采用导电胶薄膜黏合,相比于图 8.31 中的压电双晶片驱动器,新型多层压电驱动器采用了厚度更薄的压电材料,降低了压电驱动器的工作电压,从而降低了升压电路的研制难度。在同等输出功率条件下,新型多层压电驱动器相对压电双晶片驱动器质量降低了 24%~47%,即功率密度可提升 30%~90%,此外,多层压电驱动器也具备更好的微型化潜力。

通过上述研究历程可以看到,压电驱动器由最初的压电单晶片驱动器发展到压电双晶片驱动器[16],再到多层压电驱动器[29];驱动器的几何形状也从简单的矩形发展到目前通用的梯形,同时驱动器的功率密度和使用寿命也不断提高;从功能上来看,压电驱动器的运动输出形式由最初的直线式往复振动,发展到后期的扭转运动,驱动器的输出形式更加多样,压电驱动器的发展历程如图 8.35 所示。目前,压电驱动器不仅广泛应用于微型扑翼无人机的动力系统,同时也成功应用于驱动微型爬行机器人[30-32]。

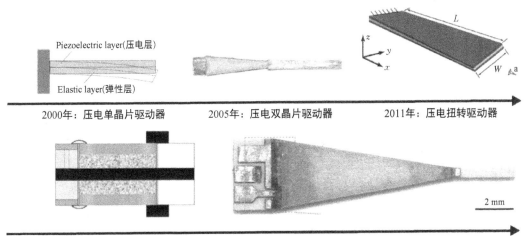

图 8.35 压电驱动器发展历程[16,26-28]

2. 传动机构

由于压电驱动器振动输出位移有限,不足以直接驱动翅翼结构实现大幅值拍动,此外,翅翼结构在拍动过程还需实现有规律的扭转运动,传动机构是压电动力系统设计不可缺少的部件。压电动力系统传动机构的发展,经历了从复杂构型向简单构型过渡的阶段,其材料也从最初密度较大的金属材料发展到目前通用的碳纤维材料。

2001 年,不锈钢材质的四连杆传动机构首次应用于微型扑翼无人机,可成功实现翅翼结构的拍动和扭转运动。四连杆传动机构首次由加州大学伯克利分校的研究团队提出,并成功应用于所研制的微型扑翼无人机 MFI[26]。如图 8.36 所示,该传动机构包含两套四连杆机构,分别由两个压电驱动器进行驱动,两套四连杆机构分别对应翅翼结构的拍动运动和扭转运动。上述传动机构由于结构较为复杂,需要两个驱动器分别控制翅翼结构的拍动和扭转,运行可靠性不佳,此外,不锈钢材质也导致传动机构质量偏重,采用该传动机构的 MFI 无法实现离地飞行。

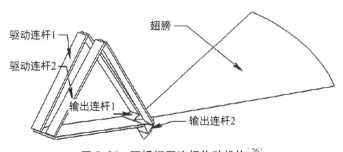

图 8.36 不锈钢四连杆传动机构[26]

2005 年,碳纤维材质的四连杆传动机构首次应用于微型扑翼无人机,大幅降低了传动机构的质量。为提高传动机构的传动效果,加州大学伯克利分校的研究团队在不锈钢四连杆传动机构的基础上,设计了碳纤维材质的四连杆传动机构并进行了结构优化。如图 8.37 所示,该传动机构由四个连杆、一个曲柄滑块和一个差分放大机构组成。与不锈钢四连杆传动机构类似,上述传动机构也需采用两个驱动器分别控制翅翼结构的拍动和扭转运动[33]。碳纤维四连杆传动机构虽然大幅降低了结构自重,但仍然存在结构复杂、可靠性不佳的缺陷。

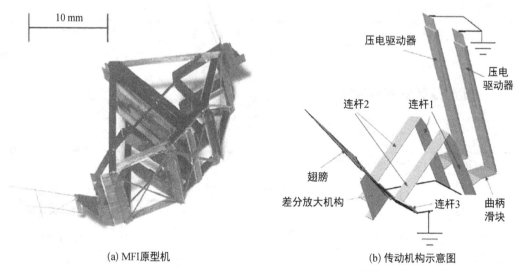

(a) MFI原型机　　　　　　　　　　　(b) 传动机构示意图

图8.37　MFI 微型扑翼无人机及其传动机构[33]

　　2007 年,四连杆位移放大机构和柔性铰链扭转机构首次应用于微型扑翼无人机,并助力微型扑翼无人机成功实现沿竖直导轨飞行。由哈佛大学 Wood 团队设计的四连杆位移放大机构采用刚性碳纤维材料和柔性薄膜材料叠加而成,可以通过设计刚性材料的厚度和柔性关节的宽度来限制转动的角度,如图 8.38(a)所示。四连杆位移放大机构实物如图 8.38(b)所示,放大机构可将左侧输入的直线式往复振动转换为翅翼的往复拍动。为实现翅翼结构的扭转运动,还需在翅翼根部增设柔性铰链扭转机构,如图 8.28(b)所示。Wood 团队后续所发展的 RoboBee 无人机系列均采用上述四连杆位移放大机构和柔性铰链扭转机构。

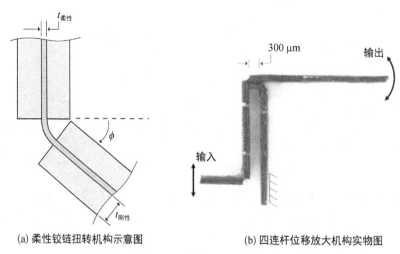

(a) 柔性铰链扭转机构示意图　　　　　(b) 四连杆位移放大机构实物图

图8.38　RoboBee 无人机所采用的传动机构[34]

2010 年,基于四连杆位移放大机构的混合传动机构首次应用于微型扑翼无人机,成功实现了翅翼结构在拍动中的偏移自由度控制。为增加翅翼结构的可控自由度,Wood 团队在四连杆位移放大机构的基础上增设了一组柔性铰链和连杆机构,用于控制翅翼结构在拍动中的偏移[35],其结构如图 8.39 所示。混合传动机构增设的柔性铰链和连杆机构需增设一个压电驱动器进行驱动,该传动机构的优势在于可实现翅翼结构偏移自由度的控制,但同时也带来结构复杂和驱动器数目增加的问题。考虑到翅翼结构的平面偏移对升力影响并不突出,Wood 团队后续发展的 RoboBee 均未采用上述混合传动机构。

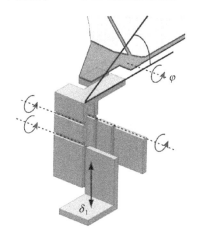
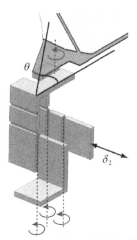

(a) 驱动器线性输出转换为翅翼
结构拍动角过程示意图

(b) 驱动器线性输出转换为翅翼
结构偏角过程示意图

图 8.39　实现拍动平面偏移的混合传动机构

3. 翅翼结构

翅翼结构是压电动力系统直接产生升力的部件,随着加工手段的进步,翅翼结构构型经历了从简单到复杂的发展过程,翅翼结构的性能与真实昆虫翅翼性能逐渐接近。

2001 年,采用聚酰胺简单翅脉支撑的翅翼结构成功应用于微型扑翼无人机,其质量与真实昆虫翅翼接近[26]。为实现翅翼结构的轻质高效,加州大学伯克利分校的研究团队采用聚酰胺管作为翅脉结构,采用聚酰胺薄膜作为翼面材料,成功加工得到了质量为 0.5 mg 的翅翼结构,其厚度仅为 7 μm。如图 8.40 所示,与真实昆虫翅翼对比,上述人造翅翼结构外形过于简单,不同翅脉连接处也需进一步进行结构优化。

图 8.40　真实昆虫翅翼与采用聚酰胺材
料制备的翅翼结构[26]

2007 年,采用碳纤维支撑骨架和激光切割工艺加工的翅翼结构首次应用于微型扑翼无人机,其力学性能与昆虫翅翼基本接近。采用激光切割工艺和碳纤维材料的翅翼结构由 Wood 团队首次提出,并成功应用于 RoboBee[17]。如图 8.41 所示,翅翼结构外形与蜜蜂翅翼一致,碳纤维支撑骨架分布于翅翼结构展向和弦向,以保证翅翼结构的刚度。在上述翅翼结

图 8.41　采用激光切割工艺和碳纤维骨架的翅翼结构

构中,翼面材料为厚度 1.5 μm 的聚四氟乙烯薄膜,翅脉结构和翅翼薄膜通过环氧树脂胶在高温下黏合,单个翅翼结构的质量约为 0.5 mg,力学性能与真实昆虫翅翼接近,上述翅翼结构也应用于后续发展的 RoboBee 系列。

2009 年,采用光刻和激光切割工艺制备的翅翼结构研制成功,可实现与真实昆虫翅翼高度一致的拓扑构型[36]。为实现翅翼结构的仿生拓扑构型,Wood 团队提出了一种结合光刻和激光切割工艺的加工方法,其加工流程如图 8.42 所示。首先,在遮挡层上镂空翅翼脉络,将遮挡层覆盖在带有光刻胶的硅片上并

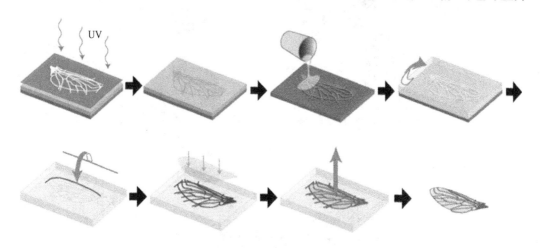

图 8.42　光刻和激光切割工艺加工翅翼结构流程[36]

暴露在紫外线中;其次将未曝光的光刻胶去除并将硅橡胶覆盖于新形成的浮雕上,覆盖完成后进行脱模处理,得到含有翅翼脉络的凹槽;再次将激光加工的碳纤维嵌入模具凹槽中,附上薄膜并通过真空加压加热实现黏合;最后将翅翼结构从模具中移出,去除多余的翅脉结构。采用上述工艺方法制备的翅翼结构如图 8.43 所示,翅翼结构可以实现与真实昆虫翅翼高度一致的翅脉分布规律,但同时也存在手工拼接、工艺流程复杂等缺点。考虑到翅翼结构的力学性能是影响升力的主要因素,RoboBee

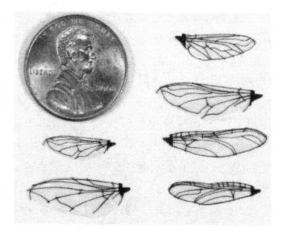

图 8.43　光刻和激光切割工艺加工的翅翼结构[36]

系列的微型扑翼无人机大多采用图 8.41 所示的翅翼结构。

从上述压电动力系统的发展历程可以看出,压电驱动器是压电动力系统发展的关键,传动机构则是实现翅翼轨迹和产生升力的保证,同时,加工工艺也是动力系统发展过程中不可忽视的环节。

8.5　直线式电磁动力系统

直线式电磁动力系统是指利用直线式电磁驱动器实现能量转换和输出动能的动力系统,区别于输出旋转式运动的电磁电机,直线式电磁驱动器输出与压电驱动器类似的高频往复式振动。直线式电磁动力系统工作电压在数伏量级,为微型扑翼无人机提供了一种可行的动力选择,其中,上海交通大学所研制的微型扑翼无人机是采用直线式电磁动力系统的典型代表,目前已实现带线沿导轨起飞验证。

8.5.1　组成与原理

直线式电磁动力系统的组成如图 8.44(a)所示[37],主要包括电磁驱动器、传动机构和翅翼结构等,与压电动力系统类似,目前直线式电磁动力系统也无法集成能源系统。动力系统通过电磁驱动器实现能量转换并对外输出直线式往复振动,通过传动机构将电磁驱动器的直线式振动转换为翅翼结构的有轨迹拍动,从而产生气动升力。以上海交通大学所研制的直线式电磁动力系统为例,动力系统的电磁驱动器包含一个通电空心线圈和一块圆柱形永磁铁,传动机构包括实现翅翼结构拍动的四连杆位移放大机构和实现翅翼结构扭转的柔性铰链扭转机构,其整机结构如图 8.44(b)所示。

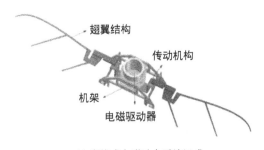

(a) 直线式电磁动力系统组成

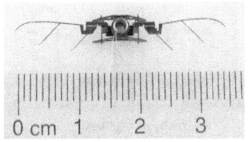

(b) 直线式电磁动力系统实物图

图 8.44　直线式电磁动力系统组成及实物图

1. 驱动器

电磁驱动器是直线式电磁动力系统的核心部件,一般包含通电线圈和永磁铁,其工作原理基于通电线圈的电磁感应现象。以上海交通大学采用的电磁驱动器为例[37],其结构组成和工作原理如图 8.45 所示,空心线圈固定于机架之上,圆柱形永磁铁固定于水平板中部并置于空心线圈正下方,由于永磁铁的直径稍小于空心线圈内径,永磁铁可在空心线圈内部上下运动。

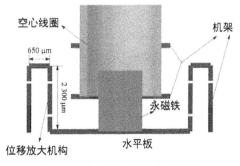

图 8.45　电磁驱动器结构示意图

当空心线圈通以交流电时,空心线圈内部和两端产生交变磁场,对永磁铁产生周期性变化的电磁吸力和斥力,从而带动水平板上下振动,当交流电频率等于永磁铁和水平板所构成振动系统的固有频率时,电磁驱动器的输出功率和位移最大。从结构动力学的角度而言,电磁驱动器中永磁铁和水平板的振动属于受迫振动。

相比于压电驱动器,电磁驱动器在数伏电压下即可输出直线式振动,无需匹配升压电路。但由于电磁驱动器的通电线圈采用交流电驱动,线圈的感应发热不可忽视,从而导致电磁驱动器的能量转换效率偏低(一般低于5%)。因此,从电磁驱动器工作原理和构型优化角度出发,进一步提高驱动器的能量转换效率和功率密度,是电磁驱动器未来发展的一个重要趋势。

2. 传动机构

由于电磁驱动器输出的是简单的直线式振动,为实现翅翼结构的大幅值拍动和扭转轨迹,还需匹配相应的传动机构。与压电动力系统类似,直线式电磁动力系统一般也采用基于四连杆设计的位移放大机构实现翅翼结构的拍动[37]。如图 8.46(a)所示,永磁铁固定于四连杆机构的底部水平板,四连杆机构两侧固定于机架,翅翼结构固定于四连杆机构的顶部。当永磁铁和水平板输出直线式振动时,水平板上下运动并带动四连杆机构顶部通过活动关节转动,从而实现翅翼结构的往复拍动运动,位移放大机构的工作原理如图 8.46(b)所示。

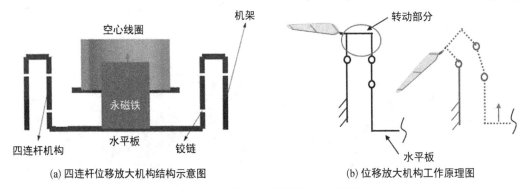

(a) 四连杆位移放大机构结构示意图　　(b) 位移放大机构工作原理图

图 8.46　位移放大机构结构及工作原理

在翅翼结构的往复式拍动运动的基础上,直线式电磁动力系统一般采用柔性铰链扭转机构实现翅翼结构的扭转运动[38]。如图 8.47(a)所示,翅翼结构在拍动过程中受到的气动力使柔性铰链发生弯曲变形,此时翅翼平面和竖直平面形成一定的扭转角度;扭转角度的大小一方面取决于气动力的大小,另一方面取决于柔性铰链的弯曲刚度和几何尺寸。如图 8.47(b)所示,柔性铰链一般采用碳纤维和薄膜材料构成的复合夹层材料,在活动关节处(弯曲部分)去除碳纤维材料只留存柔性薄膜材料,从而实现所需的扭转刚度。

8.5.2　研制历程

从直线式电磁动力系统的组成和工作原理可以看出,电磁驱动器是决定直线式电磁动力系统输出性能的关键,传动机构(包括位移放大机构和扭转机构)是实现翅翼结构拍动和扭转轨迹的保证。本节以发展时间为主线,分别介绍不同发展阶段直线式电磁动力系统的结构特点和驱动效果。

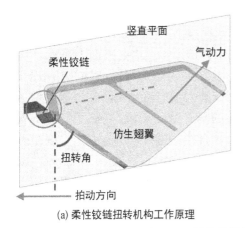

(a) 柔性铰链扭转机构工作原理

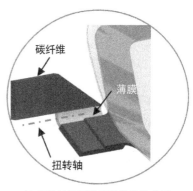

(b) 柔性铰链扭转机构结构放大图

图 8.47　柔性铰链扭转机构结构及工作原理

2009 年,直线式电磁动力系统首次被提出,并成功实现了翅翼结构的拍动和扭转运动。直线式电磁动力系统由法国里尔诺德大学(The University of Lille)的研究团队首次提出[39],动力系统质量仅为 37 mg,翼展为 3 cm。如图 8.48(a)所示,该动力系统的电磁驱动器采用空心线圈和永磁铁设计,永磁铁固定于水平简支梁的中部,当交流电施加于空心线圈且交流电的频率等于振动系统的固有频率时,永磁铁在周期性电磁驱动力的作用下带动简支梁上下振动,从而实现翅翼结构的拍动运动;此外,通过改变简支梁和翅翼结构连接处柔性铰链的刚度,可以实现翅翼结构的扭转运动。在上述动力系统中,由于翅翼结构的拍动幅值(40°)受限于简支梁中部的变形大小,动力系统产生的气动升力无法实现动力系统离地飞行。此外,该动力系统采用 MEMS 微加工工艺,工艺流程比较复杂,动力系统整机结构如图 8.48(b)所示。

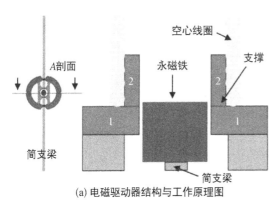

(a) 电磁驱动器结构与工作原理图

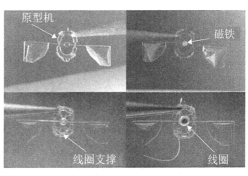

(b) 直线式电磁动力系统实物图

图 8.48　法国里尔诺德大学所研制的直线式电磁动力系统

2011 年,简支梁构型的直线式电磁动力系统翅翼结构振幅提升至 70°,但仍未实现离地飞行。基于简支梁构型的直线式电磁动力系统,法国里尔诺德大学的研究团队针对加工工艺和结构设计开展了一系列优化,通过改进动力系统微加工流程和优化翅翼结构根部支撑结构参数,成功将翅翼结构的拍动幅值提升至 70°[40]。2013 年,该研究团队通过进一步优化工艺流程和电磁驱动器结构参数,将动力系统质量缩小至 22 mg[41],但受限于动力系统气动升力不足,上述采用简支梁构型的直线式电磁动力系统仍然不能实现离地飞行。

图 8.49　上海交通大学所研制的直线式电磁动力系统

2012 年,直线式电磁动力系统首次在国内被提出并实现翅翼结构的拍动运动。上海交通大学的研究团队在法国里尔诺德大学的研究基础上,也提出了一种简支梁构型的直线式电磁动力系统[42],该动力系统质量为 143 mg,翼展为 3.5 cm。如图 8.49 所示,上海交通大学所采用的动力系统通过空心线圈产生周期性激振力并带动永磁铁和简支梁振动,从而实现翅翼结构的拍动和扭转运动。同样,受限于翅翼结构拍动幅值较低(27°),动力系统的气动升力也无法克服动力系统的重力。

2016 年,直线式电磁动力系统首次实现带线沿竖直导轨起飞验证。在简支梁构型的直线式电磁动力系统的基础上,上海交通大学的研究团队采用四连杆位移放大机构代替振动简支梁,大幅提高了翅翼结构的拍动幅值,成功实现了动力系统带线沿竖直导轨起飞验证[37],动力系统质量为 80 mg,翼展为 3.5 cm。如图 8.44~图 8.46 所示,该动力系统采用与压电驱动 RoboBee 类似的四连杆位移放大机构,将永磁铁和水平板的振动转换为翅翼结构的拍动运动,同时在翅翼结构根部增设柔性铰链扭转机构实现翅翼结构的扭转运动。在 1.1 V 的交流驱动电压下,动力系统翅翼结构的拍动幅值可达到±70°,扭转幅值可达±60°,平均功耗约为 1.2 W。此外,在加工方式上,该动力系统摒弃了流程较为复杂的 MEMS 工艺,采用了与 RoboBee 类似的基于碳纤维材料的激光切割工艺,提高了加工效率和精度。

2016 年,悬臂梁构型的直线式电磁动力系统首次被提出,并成功实现沿水平导轨滑行。针对简支梁构型下直线式电磁动力系统翅翼拍动幅值不足的缺陷,北京航空航天大学研究团队提出了一种悬臂梁构型的电磁驱动器,并在此基础上构建了一种新型直线式电磁动力系统[43],该动力系统质量为 90 mg,翼展为 3 cm。如图 8.50(a)所示,该动力系统采用的电磁驱动器主要包括悬臂梁、永磁铁和带铁芯的通电线圈,永磁铁固定于悬臂梁自由端,通电线圈置于永磁铁的下方,当通电线圈施加交流电且交流电的频率等于悬臂梁振动系统的一阶固有频率时,悬臂梁输出高频直线式振动。为实现翅翼结构的拍动和扭转运动,需在悬臂梁自由端增设四连杆位移放大机构,翅翼结构的扭转运动则通过柔性铰链扭转机构实现。在 5 V 的交流驱动电压下,该动力系统中翅翼结构的拍动幅值可达±50°,平均气动升力为 116.5 μN,可实现动力系统沿水平导轨滑行,动力系统结构如图 8.50(b)所示。

2018 年,悬臂梁构型的直线式电磁动力系统升重比达到 0.47。北京航空航天大学的研究团队在悬臂梁构型动力系统的基础上,通过电磁驱动器结构和翅翼结构扭转轨迹优化,将动力系统初始构型[图 8.51(a)]的气动升力提升 2.2 倍,优化后动力系统质量为 84 mg,翼展为 3.6 cm[44]。优化后的电磁驱动器如图 8.51(b)所示,在初始设计方案中,由

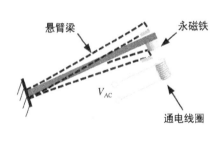

(a) 电磁驱动器结构与工作原理图　　　　(b) 直线式电磁动力系统实物图

图 8.50　北京航空航天大学研制的直线式电磁动力系统

于通电线圈中心带有铁芯,在初始状态下悬臂梁因永磁铁受到铁芯的吸引而弯曲,为减少悬臂梁初始状态下的弯曲变形,优化构型通过在永磁铁上方固定平衡磁铁抵消铁芯对永磁铁的吸力。此外,通过合理设计和优化翅翼结构根部扭转机构的弯曲刚度,翅翼结构的扭转幅值可达到±50°,动力系统气动升力提升至 384.5 μN,其整机结构如图 8.51(c)所示。为实现动力系统的离地飞行,后续还需进一步提高动力系统翅翼结构的拍动幅值和频率。

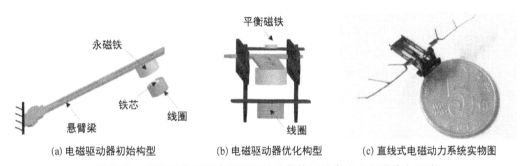

(a) 电磁驱动器初始构型　　　(b) 电磁驱动器优化构型　　　(c) 直线式电磁动力系统实物图

图 8.51　北京航空航天大学研制的优化构型的直线式电磁动力系统

从上述直线式电磁动力系统的发展历程可以看出,电磁驱动器是决定直线式电磁动力系统输出性能的关键,电磁驱动器具备驱动电压低的优势,但目前存在能量转换效率较低的缺陷;此外,受限于能源系统微型化短时间内难以突破,目前采用直线式电磁动力系统的微型扑翼无人机仅能实现带线沿竖直导轨起飞验证,因此,新型高效的电磁驱动器以及能源系统微型化是直线式电磁动力系统未来发展的方向。

8.6　静电动力系统

静电动力系统是指利用静电驱动器实现能量转换、输出动能的动力系统。静电驱动器基于面力驱动,其电能向机械能的转换效率可达 90%,为微型扑翼无人机提供了一种新型的驱动选择。目前,北京航空航天大学所研制的微型扑翼无人机是采用静电动力系统的典型代表,本节重点介绍静电动力系统的工作原理、结构特点及其研制历程。

8.6.1　组成与原理

从结构组成上来看,静电动力系统一般包括静电驱动器、传动机构和翅翼结构等。静电动力系统的工作原理与压电动力系统和直线式电磁动力系统类似,都是通过驱动器输出直线式往复振动,通过传动机构将驱动器的振动输出转换为翅翼结构的拍动和扭转轨

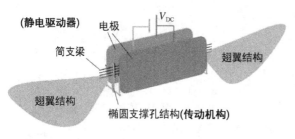

(静电驱动器) 电极 V_{DC}
简支梁
翅翼结构
翅翼结构
椭圆支撑孔结构(传动机构)

图 8.52 静电动力系统组成示意图

迹。以北京航空航天大学所研制的简支梁构型静电动力系统为例,其结构如图 8.52 所示,简支梁结构置于正负电极中间并穿过两侧椭圆支撑孔结构,翅翼结构固定于简支梁两侧。当直流电压施加于两侧电极并超过临界值时,简支梁在电极之间被激发稳定的自激振动,通过椭圆支撑孔结构输

出往复式振动,直接驱动仿生翅翼进行拍动。由于简支梁结构在椭圆孔中可以转动,翅翼结构可以实现一定的扭转运动。本节重点介绍静电驱动器及与其匹配的传动机构的工作原理与结构特点。

从振动原理而言,静电驱动器可分为受迫振动(传统)静电驱动器和自激振动静电驱动器。对于受迫振动原理而言,振动系统的振动频率与外界的周期性激振力的频率相等,当激振力频率与振动系统的固有频率一致时,振动系统输出最大功率,因此,受迫振动静电驱动器需采用交流电驱动。而对于自激振动原理,振动系统在外部稳定能量的输入下即可实现结构的大幅振动(图 8.53),振动频率与振动系统的固有频率接近,无需外部周期性激振力,因此,自激振动静电驱动器可直接采用直流电驱动[45]。

自激振动:

自激振动是系统在稳定外力或信号激励下,依靠系统内部各个部分相互作用来维持稳态周期振动的一种现象[45]。例如,航空飞行器机翼及发动机叶片的"颤振"、美国 Tacoma 大桥的破坏等现象都属于自激振动[46]。

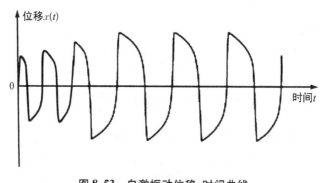

位移 $x(t)$
0
时间 t

图 8.53 自激振动位移-时间曲线

受迫振动静电驱动器的结构形式和工作原理如图 8.54(a)所示。受迫振动静电驱动器包含一个驱动电极和一个可动电极(微梁)[47],在微梁上施加直流偏置电压 V_{DC},在驱

动电极上施加交流驱动电压 V_{AC},当 V_{DC} 达到一定值后,微梁便在周期性 V_{AC} 作用下产生振动,若在微梁附近布置测量电极和频率反馈电路,可控制驱动电压 V_{AC} 的频率等于微梁的固有频率,微梁则会工作在共振状态,且能量转换效率可达 90%。在上述振动系统中,测量电极和频率反馈电路的存在增加了结构自重,造成驱动器功率密度偏低。此外,微梁和驱动电极实际上构成了一个平行板电容器,当 V_{DC} 增加至临界值 V_p 时,机械回复力无法平衡静电力,微梁此时失稳并被驱动电极吸合(pull in,吸合效应[48]),无法继续维持振动,导致驱动器输出位移有限。受限于受迫振动工作原理,受迫振动静电驱动器输出位移和功率有限,目前只能实现驱动翅翼的原理验证。

　　自激振动静电驱动器的结构形式和工作原理如图 8.54(b)所示。直流电源的正、负极和一对平行电极连接,一根固定在绝缘支撑(和两个电极均不连接)上的金属梁处于两电极之间。当施加的直流电压超过失稳电压后,金属梁便可在两电极之间来回碰撞和充放电,形成高频大振幅的振动。由于金属梁在恒定静电场(静态能量输入)中自行激发周期性振动,从结构动力学的角度来说,金属梁的振动与昆虫振翅原理类似[46],同属自激振动。相比于受迫振动静电驱动器,第一,自激振动静电驱动器无需频率反馈电路就能实现金属梁的共振,大大简化了驱动器结构,降低了驱动器的质量;第二,金属梁碰撞电极后,由于同性相斥和机械回复力的作用,金属梁被迅速弹开,克服了受迫振动静电驱动器存在的吸合效应,提高了驱动器的输出位移和输出功率;第三,由于采用直流电驱动,自激振动静电驱动器可以直接采用电容供电,为微型扑翼无人机能源系统微型化提供了一个方向。目前,自激振动静电驱动器已经实现了翅翼结构和金属梁的沿竖直导轨飞行验证。

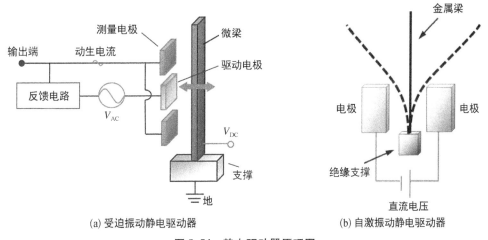

(a) 受迫振动静电驱动器　　　　　　　(b) 自激振动静电驱动器

图 8.54　静电驱动器原理图

　　自激振动静电驱动器克服了受迫振动静电驱动器的吸合效应,其振动输出位移可达数厘米(与金属梁自身尺寸相当),悬臂梁构型的静电驱动器实物如图 8.55 所示。由于金属梁在工作过程中与两侧电极碰撞并转移电荷,金属梁和两侧电极表面均为导电材料,其中电极一般采用碳纤维、铝箔、铜箔等材料,金属梁一般采用超弹性记忆合金丝或碳纤维等材料。需要指出的是,在相同尺寸规格下,静电驱动器的振动输出位移虽然大大超过压电驱动器和直线式电磁驱动器,但考虑到静电驱动器振动梁的刚度较小,其输出力小于压电驱动器和直线式电磁驱动器。

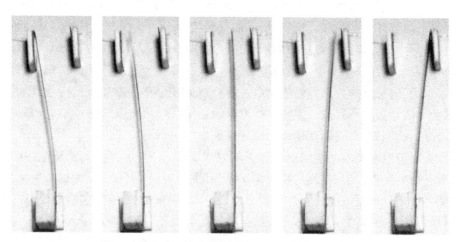

图 8.55　悬臂梁构型的自激振动静电驱动器实物图

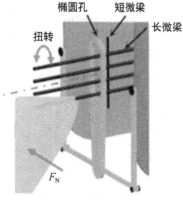

图 8.56　静电动力系统直接
传动示意图

由于静电驱动器输出位移大而输出力小,静电动力系统的传动机构一般采用直接传动(无传动件)的设计,舍弃了压电动力系统和直线式电磁动力系统所采用的连杆机构。图 8.56 给出了静电动力系统(图 8.52)直接传动的一个示例,简支梁结构两端穿过椭圆支撑孔,翅翼结构固定于简支梁结构的两侧,椭圆支撑孔一方面起到支撑的作用,另一方面也可实现传动功能。当简支梁结构在电极中间振动时,简支梁两侧通过椭圆支撑孔输出往复式振动,直接驱动翅翼结构拍动,翅翼结构的扭转则是通过简支梁结构构成的平面在椭圆支撑孔中的转动实现。

8.6.2　研制历程

根据静电动力系统的组成和原理分析,静电驱动器是决定静电动力系统性能的关键所在,其根据工作原理可分为受迫振动静电驱动器和自激振动静电驱动器。本节主要围绕上述两种静电驱动器,分别介绍其所对应静电动力系统的研制过程。

1994 年,基于硅工艺的受迫振动静电驱动器首次应用于扑翼驱动验证,但无法实现大幅值的翅翼拍动运动。日本东京大学(The University of Tokyo)的研究人员首次在传统 MEMS 工艺的基础上,探索了静电驱动器驱动扑翼的可能性[48],所研制的静电动力系统如图 8.57 所示。静电驱动器微梁在交流电的驱动下输出振动,当交流电频率与系统共振频率一致时,微梁输出振幅最大,微梁通过铰链设计[图 8.57(b)]实现翅翼结构的往复式拍动。由于受迫振动静电驱动器无法克服吸合效应的影响,微梁的输出位移有限,因此该静电动力系统无法产生大幅值的翅翼拍动运动,其后续发展也处于停滞状态,但上述试验首次验证了静电驱动微型扑翼无人机的可能性。

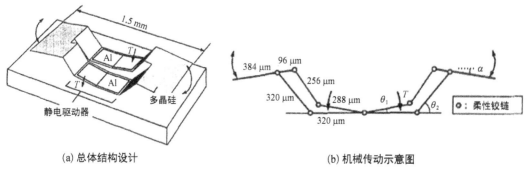

(a) 总体结构设计　　　　　　　　　　　(b) 机械传动示意图

图 8.57　采用受迫振动静电驱动器的静电动力系统

针对自激振动静电驱动器,北京航空航天大学的研究团队开展了系列研究工作,目前已实现静电驱动翅翼结构和金属梁沿竖直导轨起飞验证[49-52]。

2009 年,自激振动静电驱动器首次应用于扑翼驱动验证,成功实现了翅翼结构的大幅拍动。北京航空航天大学的研究团队于 2009 年首次发现金属梁在稳态静电场中的自激振动现象,并采用悬臂梁构型的静电驱动器实现了翅翼结构的大幅值拍动。如图 8.58 所示,悬臂梁固定于绝缘支撑并置于两电极中间,当直流电压施加于两侧电极时,悬臂梁自由端输出位移可达 8~10 mm。在悬臂梁自由端粘接真实蜜蜂翅翼,悬臂梁可驱动蜜蜂翅翼进行拍动,幅值可达±30°。

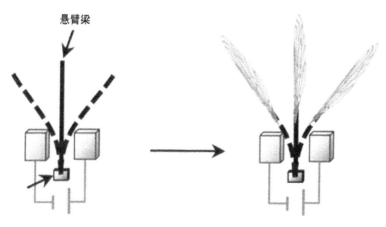

图 8.58　悬臂梁构型的自激振动静电驱动器

2015 年,简支梁构型的自激振动静电驱动器应用于静电动力系统,成功实现翅翼结构和金属梁沿竖直导轨起飞验证。如图 8.52 和图 8.56 所示,采用简支梁构型的静电动力系统包括简支梁结构、翅翼结构、椭圆支撑孔结构和两侧电极。其中,简支梁结构包括长微梁(水平)与短微梁(竖直);两个翅翼结构固定于简支梁两侧;椭圆支撑孔结构置于电极中间并为简支梁和翅翼结构提供支撑,实物图如图 8.59(a)所示。当直流电压施加于两侧电极时,简支梁在电极中间振动并带动翅翼结构拍动,如图 8.59(b)所示。在简支梁构型静电动力系统的基础上,若将椭圆支撑孔改为 U 型支撑,翅翼结构和简支梁可在 U 型导轨中上下移动。简支梁结构在 U 型导轨中存在转动,从而可带动翅翼结构进行扭转,当简支梁结构振动时,翅翼结构和简支梁可以实现沿竖直导轨上升[52],如图 8.60 所示。

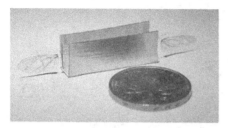

(a) 简支梁构型静电动力系统实物图

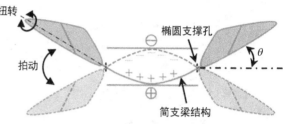

(b) 翅翼结构拍动过程示意图

图 8.59　简支梁构型的静电动力系统

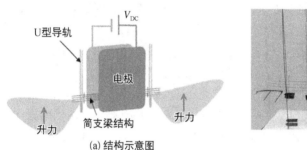

(a) 结构示意图

(b) 竖直导轨飞行实物图

图 8.60　翅翼结构和简支梁沿竖直导轨上升验证

　　2017 年,采用柔性铰链设计的毫米级静电驱动器应用于单翅静电动力系统,成功实现翅翼结构的被动扭转和脱线工作验证[50]。为验证结构缩型的可能性,北京航空航天大学的研究团队在毫米级静电驱动器的基础上研制了一种单翅静电动力系统。如图 8.61 所示,静电驱动器采用长度为 7 mm 的锡箔纸作为悬臂金属梁,金属梁自由端通过柔性铰链传动机构连接超弹性记忆合金丝,记忆合金丝穿过圆形支撑孔并与翅翼结构连接。当直流电压 V_{DC} 施加于正负电极时,金属梁自由端输出振幅并通过柔性铰链和支撑孔实现记忆合金丝的摆动,从而实现翅翼结构的拍动。为实现翅翼结构的扭转运动,翅翼结构和记忆合金丝之间同样采用了柔性铰链扭转机构设计,在气动力的作用下,翅翼结构

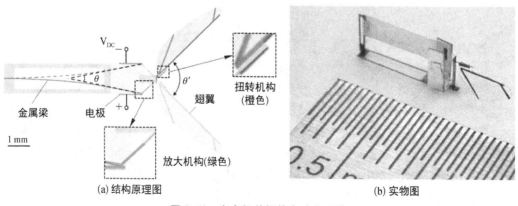

(a) 结构原理图

(b) 实物图

图 8.61　毫米级单翅静电动力系统

可以实现被动扭转。由于自激振动静电驱动器采用直流驱动,上述静电动力系统可直接采用高压电容进行供电,目前该动力系统已实现脱离电源线工作验证。

2018 年,梳齿构型的静电驱动器研制成功,但其工作稳定性不佳,未能应用于静电动力系统[51]。为提高静电驱动器的输出力和输出功率,北京航空航天大学的研究团队提出了一种采用梳齿构型的静电驱动器。如图 8.62 所示,静电驱动器的梳齿电极结构由多对电极并列组成,电极一端通过导电梁将相同极性的电极固连;静电驱动器的振动悬臂梁同样采用梳齿设计,悬臂梁自由端包含多个由导电梁连接的导电微板,导电微板置于梳齿电极中间并可随悬臂梁的振动与电极发生碰撞。当直流电压施加于梳齿电极时,导电微板在静电力的作用下带动悬臂梁激发稳定的自激振动,悬臂梁自由端对外输出高频振动。采用上述梳齿设计的静电驱动器工作频率在 220 Hz 左右,可利用功率最高可达 1.9 mW。由于采用了多对电极的梳齿设计,梳齿构型静电驱动器工作过程中存在击穿的风险,工作稳定性不佳,目前上述静电驱动器尚未应用于静电动力系统。

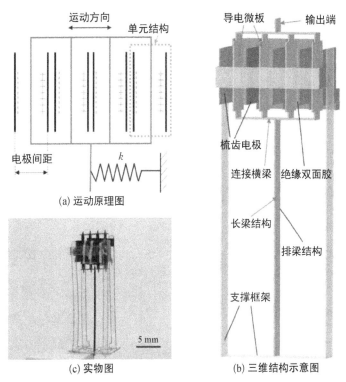

图 8.62　梳齿构型的自激振动静电驱动器

2018 年,采用三角支撑结构的静电驱动器应用于简支梁构型的静电动力系统,气动升力相对采用椭圆支撑的静电动力系统提高 1.5 倍[53]。为进一步提高简支梁构型静电动力系统的气动升力,北京航空航天大学的研究团队在简支梁构型静电驱动器的基础上提出了一种三角支撑结构。如图 8.63 所示,三角支撑在结构上主要包括一个支撑孔和一个三角开口结构,简支梁结构中的支撑梁穿过支撑孔实现翅翼结构和简支梁的支撑,简支梁中的摆动梁位于三角开口结构中,当直流电压施加于正负电极时,简支梁激发稳定的自激振动,摆动梁在振动过程中交替碰撞三角开口结构两侧,引导翅翼结构形成扭转角度。试验结果表明,采用三角支撑后,翅翼结构可以实现与蜜蜂翅翼类似的提前扭转规律,静电动力系统的气动升力相对采用椭圆支撑孔结构提升 1.5 倍。

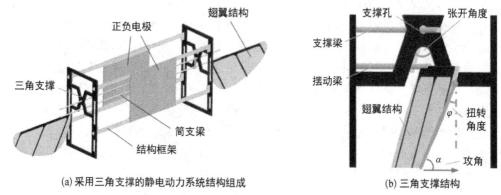

(a) 采用三角支撑的静电动力系统结构组成

(b) 三角支撑结构

图 8.63　采用三角支撑的静电动力系统

在静电驱动器构型及其支撑结构的研制过程中,北京航空航天大学的研究团队也针对静电动力系统的加工工艺和方法开展了系列研究,其中最具代表性的是仿生翅翼结构的加工方法[54]。2017 年,北京航空航天大学研究团队提出了一种基于激光切割和高温键合工艺的翅翼结构加工方法。如图 8.64 所示,该方法采用多层碳纤维材料作为翅脉骨架,采用聚酯薄膜作为翼面材料,翅脉结构的脉络分布和翼面外形通过激光切割工艺实现,上述多层复合材料通过环氧树脂胶在高温下实现黏合。在上述工艺中,通过控制不同区域翅脉结构的厚度,可以调节仿生翅翼结构的刚度分布;通过控制激光切割路径,上述加工工艺可用于制备不同拓扑构型的仿生翅翼。

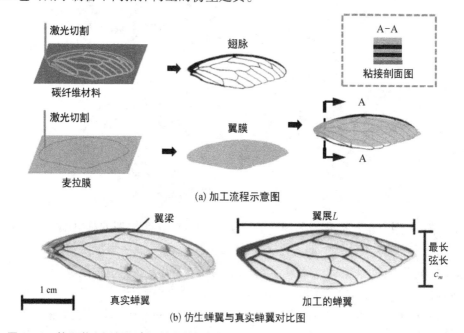

(a) 加工流程示意图

(b) 仿生蝉翼与真实蝉翼对比图

图 8.64　基于激光切割和高温键合的仿生翅翼结构加工流程及其与真实蝉翼的对比示意图

以仿生蝉翼为例,通过控制激光切割路径、翅脉厚度参数和高温键合条件,所制备的仿生蝉翼可实现与真实蝉翼模板高度一致的拓扑构型和力学参数。拓扑构型包括网状翅脉结构、变截面翅脉结构和三维翼面构型(图 8.65)。当最大翅脉厚度为 191 μm 时,仿生蝉翼质量、弯曲刚度和一阶固有频率对比真实蝉翼模板相似度均高达 80% 以上。相比于 Wood 团队提出的激光切割和光刻加工方法,北京航空航天大学研究团队提出的加工工艺可实现翅脉结构的一体成型,避免了人工拼接翅脉结构的误差,提高了加工精度和效率。

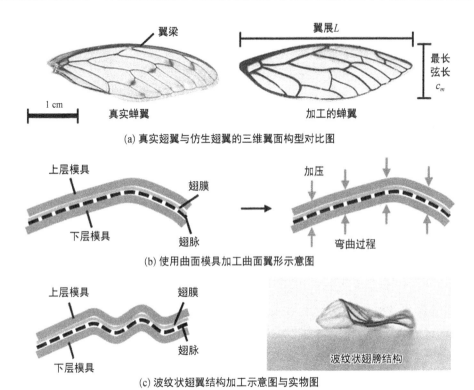

(a) 真实翅翼与仿生翅翼的三维翼面构型对比图

(b) 使用曲面模具加工曲面翼形示意图

(c) 波纹状翅翼结构加工示意图与实物图

图 8.65　仿生蝉翼与真实蝉翼的对比及其三维构型加工示意图

从静电动力系统的发展历程可以看出,静电驱动器仍然是静电动力系统能否实现微型扑翼无人机离地飞行的关键,进一步提升静电驱动器输出力和输出功率是静电动力系统所需攻克的难题。

8.7　本 章 小 结

本章介绍了微型扑翼无人机(翼展小于 15 cm)所采用的动力系统,主要包括电机动力系统、压电动力系统、直线式电磁动力系统和静电动力系统等。

电机动力系统通过微型电机输出扭矩,利用传动机构将旋转运动转换为翅翼结构的拍动和扭转运动,从而输出气动升力和推力,主要适用于翼展 10 cm 及以上的扑翼无人机。目前,采用电机动力系统的微型扑翼无人机(DelFly Micro,翼展 10 cm)已实现自主飞行。

　　压电动力系统、直线式电磁动力系统和静电动力系统等均通过直线式驱动器输出高频往复振动,利用连杆和铰链等传动机构将驱动器的振动输出转换为翅翼结构的拍动和扭转运动,从而输出气动升力和推力,主要适用于翼展 10 cm 及以下的微型扑翼无人机。目前,采用直线式驱动器的动力系统仍处于研制状态,无法实现微型扑翼无人机的自主飞行,动力系统输出功率优化与能源系统微型化、微型扑翼无人机控制系统微型化与集成是其未来发展的方向。

习　　题

1. 微型扑翼无人机的升力产生机制有哪些?

2. 采用电机动力系统的微型扑翼无人机的传动机构各有何优、缺点?

3. 无尾翼的微型扑翼无人机相对于有尾翼的有何优势?

4. 电机在翼展 5 cm 以下的无人机上还可以使用吗? 为什么?

5. 微型压电扑翼无人机在仿生学上是如何模仿双翅目昆虫的? 哪些部分与昆虫相近,而哪些部分与昆虫明显不同?

6. 压电驱动器应用于微型扑翼无人机,需要解决的问题有哪些?

7. 压电动力系统中,2010 年的拍动平面偏移的混合传动机构和 2007 年使用的传动机构相比有哪些优势? 结合压电驱动器、加工、翅翼结构设计与拍动过程谈一谈。

8. 直线式电磁动力系统相比于压电动力系统,在结构、电压需求、能量消耗等方面有何相同与不同点?

9. 自激振动原理的静电驱动器和受迫振动原理的静电驱动器各自的优、缺点是什么?

10. 翅翼结构的光刻加工方法与基于高精度激光切割和高温键合的加工方法有何区别?

参 考 文 献

[1] 陈国栋,贾培发,刘艳. 微型飞行器十年. 国外科技动态,2005,(2): 29 - 33.

[2] FLOREANO D, WOOD R J. Science, technology and the future of small autonomous drones. Nature, 2015, 521(7553): 460 - 466.

[3] 王晓欣. 昆虫扑翼悬停飞行尾涡影响研究. 北京: 清华大学,2012.

[4] WEIS - FOGH T. Quick estimates of flight fitness in hovering animals, including novel mechanisms for lift production. Journal of Experimental Biology, 1973, 59(1): 169 - 230.

[5] LEHMANN F O, SANE S P, DICKINSON M. The aerodynamic effects of wing-wing interaction in flapping insect wings. Journal of Experimental Biology, 2005, 208(16): 3075 - 3092.

[6] DICKINSON M H, LEHMANN F O, SANE S P. Wing rotation and the aerodynamic basis of insect flight. Science, 1999, 284(5422): 1954 - 1960.

[7] SUN M, TANG J. Unsteady aerodynamic force generation by a model fruit fly wing in flapping motion. Journal of Experimental Biology, 2002, 205(1): 55 - 70.

［8］ DE CROON G C H E, PERIN M, REMES B D W, et al. The DelFly: design, aerodynamics, and artificial intelligence of a flapping wing robot. Dordrecht: Springer, 2015.

［9］ GERDES J W, GUPTA S K, WILKERSON S A. A review of bird-inspired flapping wing miniature air vehicle designs. Journal of Mechanisms and Robotics, 2012, 4(2): 021003.

［10］ MADANGOPAL R, KHAN Z A, AGRAWAL S K. Biologically inspired design of small flapping wing air vehicles using four-bar mechanisms and quasi-steady aerodynamics. Journal of Mechanical Design, 2005, 127(4): 867 − 874.

［11］ CAMPOLO D, AZHAR M, LAU G K, et al. Can DC motors directly drive flapping wings at high frequency and large wing strokes? IEEE/ASME Transactions on Mechatronics, 2014, 19 (1): 109 − 120.

［12］ 郭卫东. 机械原理(第二版). 北京: 科学出版社, 2013.

［13］ DE WAGTER C, TIJMONS S, REMES B D W, et al. Autonomous flight of a 20 − gram Flapping Wing MAV with a 4 − gram onboard stereo vision system. Hong Kong : 2014 IEEE International Conference on Robotics and Automation (ICRA), 2014: 4982 − 4987.

［14］ KARASEK M, MUIJRES F T, DE WAGTER C, et al. A tailless aerial robotic flapper reveals that flies use torque coupling in rapid banked turns. Science, 2018, 361(6407): 1089 − 1094.

［15］ KEENNON M, KLINGEBIEL K, WON H. Development of the nano hummingbird: a tailless flapping wing micro air vehicle. Nashville : 50th AIAA Aerospace Sciences Meeting Including the New Horizons Forum and Aerospace Exposition, 2012: 588.

［16］ WOOD R J, STELTZ E, FEARING R S. Optimal energy density piezoelectric bending actuators. Sensors and Actuators A: Physical, 2005, 119(2): 476 − 488.

［17］ WOOD R J. The first takeoff of a biologically inspired at-scale robotic insect. IEEE Transactions on Robotics, 2008, 24(2): 341 − 347.

［18］ MA K Y, FELTON S M, WOOD R J. Design, fabrication, and modeling of the split actuator microrobotic bee. Vilamoura: 2012 IEEE/RSJ International Conference on Intelligent Robots and Systems (IROS), 2012: 1133 − 1140.

［19］ CHIRARATTANANON P, MA K Y, WOOD R J. Adaptive control for takeoff, hovering, and landing of a robotic fly. Tokyo: 2013 IEEE/RSJ International Conference on Intelligent Robots and Systems (IROS), 2013: 3808 − 3815.

［20］ CHIRARATTANANON P, MA K Y, WOOD R J. Adaptive control of a millimeter-scale flapping-wing robot. Bioinspiration & Biomimetics, 2014, 9(2): 025004.

［21］ MA K Y, CHIRARATTANANON P, WOOD R J. Design and fabrication of an insect-scale flying robot for control autonomy. Hamburg : 2015 IEEE/RSJ International Conference on Intelligent Robots and Systems (IROS), 2015: 1558 − 1564.

［22］ GRAULE M A, CHIRARATTANANON P, FULLER S B, et al. Perching and takeoff of a robotic insect on overhangs using switchable electrostatic adhesion. Science, 2016, 352(6288): 978 − 982.

［23］ FULLER S B, TEOH Z E, CHIRARATTANANON P, et al. Stabilizing air dampers for hovering aerial robotics: design, insect-scale flight tests, and scaling. Autonomous Robots, 2017, 41 (8): 1555 − 1573.

［24］ FINIO B M, EUM B, OLAND C, et al. Asymmetric flapping for a robotic fly using a hybrid power-control actuator. St. Louis: 2009 IEEE/RSJ International Conference on Intelligent Robots and Systems

(IROS), 2009: 2755 - 2762.

[25] FINIO B M, WOOD R J. Distributed power and control actuation in the thoracic mechanics of a robotic insect. Bioinspiration & Biomimetics, 2010, 5(4): 045006.

[26] YAN J, AYADHANULA S, SITTI M, et al. Thorax design and wing control for a micromechanical flying insect. Proceedings of the Annual Allerton Conference on Communication Control and Computing, 2001, 39(2): 952 - 961.

[27] FINIO B M, WOOD R J. Optimal energy density piezoelectric twisting actuators. San Francisco: 2011 IEEE/RSJ International Conference on Intelligent Robots and Systems(IROS), 2011: 384 - 389.

[28] JAFFERIS N T, SMITH M J, WOOD R J. Design and manufacturing rules for maximizing the performance of polycrystalline piezoelectric bending actuators. Smart Materials and Structures, 2015, 24(6): 065023.

[29] JAFFERIS N T, LOK M, WINEY N, et al. Multilayer laminated piezoelectric bending actuators: design and manufacturing for optimum power density and efficiency. Smart Materials and Structures, 2016, 25(5): 055033.

[30] GOLDBERG B, DOSHI N, JAYARAM K, et al. Gait studies for a quadrupedal microrobot reveal contrasting running templates in two frequency regimes. Bioinspiration & Biomimetics, 2017, 12 (4): 046005.

[31] HOFFMAN K L, WOOD R J. Passive undulatory gaits enhance walking in a myriapod millirobot. San Francisco: 2011 IEEE/RSJ International Conference on Intelligent Robots and Systems(IROS), 2011: 1479 - 1486.

[32] BAISCH A T, WOOD R J. Pop-up assembly of a quadrupedal ambulatory MicroRobot. Tokyo: 2013 IEEE/RSJ International Conference on Intelligent Robots and Systems (IROS), 2013: 1518 - 1524.

[33] STELTZ E, WOOD R J, AVADHANULA S, et al. Characterization of the micromechanical flying insect by optical position sensing. Barcelona: 2005 IEEE International Conference on Robotics and Automation (ICRA), 2005: 1252 - 1257.

[34] WOOD R J. Design, fabrication, and analysis of a 3DOF, 3 cm flapping-wing MAV. San Diego: 2007 IEEE/RSJ International Conference on Intelligent Robots and Systems (IROS), 2007: 1582 - 1587.

[35] FINIO B M, WHITMEY J P, WOOD R J. Stroke plane deviation for a microrobotic fly. Taipei: 2010 IEEE/RSJ International Conference on Intelligent Robots and Systems (IROS), 2010: 3378 - 3385.

[36] SHANG J K, COMBES S A, FINIO B M, et al. Artificial insect wings of diverse morphology for flapping-wing micro air vehicles. Bioinspiration & Biomimetics, 2009, 4(3): 036002.

[37] ZOU Y, ZHANG W P, ZHANG Z. Liftoff of an electromagnetically driven insect-inspired flapping-wing robot. IEEE Transactions on Robotics, 2016, 32(5): 1285 - 1289.

[38] LIU Z W, YAN X J, QI M J, et al. Design of flexible hinges in electromagnetically driven artificial flapping-wing insects for improved lift force. Journal of Micromechanics and Microengineering, 2019, 29(1): 015011.

[39] DARGENT T, BAO X Q, GRONDEL S, et al. Micromachining of an SU - 8 flapping-wing flying micro-electro-mechanical system. Journal of Micromechanics and Microengineering, 2009, 19(8): 085028.

[40] BAO X Q, DARGENT T, GRONDEL S, et al. Improved micromachining of all SU-8 3D structures for a biologically-inspired flying robot. Microelectronic Engineering, 2011, 88(8): 2218-2224.

[41] BONTEMPS A, VANNESTE T, PAQUET J B, et al. Design and performance of an insect-inspired nano air vehicle. Smart Materials and Structures, 2013, 22(1): 205.

[42] MENG K, ZHANG W P, CHEN W Y, et al. The design and micromachining of an electromagnetic MEMS flapping-wing micro air vehicle. Microsystem Technologies, 2012, 18(1): 127-136.

[43] LIU Z W, YAN X J, QI M J, et al. Lateral moving of an artificial flapping-wing insect driven by low voltage electromagnetic actuator. Las Vegas: 2017 IEEE 30th International Conference on Micro Electro Mechanical Systems (MEMS), 2017: 777-780.

[44] LIU Z W, YAN X J, QI M J, et al. Design of flexible hinges in electromagnetically driven artificial flapping-wing insects for improved lift force. Journal of Micromechanics and Microengineering, 2018, 29(1): 015011.

[45] 丁文镜. 自激振动. 北京: 清华大学出版社, 2009.

[46] 漆明净. 一种静电驱动的微型扑翼动力装置. 北京: 北京航空航天大学, 2015.

[47] KARPELSON M, WEI G Y, WOOD R J. A review of actuation and power electronics options for flapping-wing robotic insects. Pasadena: 2008 IEEE International Conference on Robotics and Automation (ICRA), 2008: 779-786.

[48] SUZUKI K, SHIMOYAMA I, MIURA H. Insect-model based microrobot with elastic hinges. Journal of Microelectromechanical Systems, 1994, 3(1): 4-9.

[49] YAN X J, QI M J, LIN L W. An autonomous impact resonator with metal beam between a pair of parallel-plate electrodes. Sensors and Actuators A: Physical, 2013, 199(9): 366-371.

[50] QI M L, YANG Y, YAN X J, et al. Untethered flight of a tiny balloon via self-sustained electrostatic actuators. Kaohsiung: 2017 19th International Conference on Solid-state Sensors, Actuators and Microsystems (TRANSDUCERS), 2017: 2075-2078.

[51] ZHU Y, YAN X, QI M, et al. A DC drive electrostatic comb actuator based on self-excited vibration. Belfast: 2018 IEEE Micro Electro Mechanical Systems (MEMS), 2018: 592-595.

[52] YAN X J, QI M J, LIN L W. Self-lifting artificial insect wings via electrostatic flapping actuators. Estoril: 2015 28th IEEE International Conference on Micro Electro Mechanical Systems (MEMS), 2015: 22-25.

[53] LIU Z W, YAN X J, QI M J, et al. Electrostatic flapping-wing actuator with improved lift force by the pivot-spar bracket design. Sensors and Actuators A: Physical, 2018, 280(9): 295-302.

[54] LIU Z W, YAN X J, QI M J, et al. Artificial insect wings with biomimetic wing morphology and mechanical properties. Bioinspiration & Biomimetics, 2017, 12(5): 056007.